计算思维与计算机应用基础实验指导

主　编　唐铸文

华中科技大学出版社

中国·武汉

内容简介

本书为《计算思维与计算机应用基础》的配套学习用书,共分为 6 章。每章均按照案例实验、案例分析、强化训练、参考答案的思路编写,主要介绍了计算机基本知识实验、中文操作系统 Windows 7 实验、文字处理软件 Word 2010 实验、电子表格软件 Excel 2010 实验、文稿演示软件 PowerPoint 2010 实验、计算机网络实验等方面的内容。各章的案例实验经精心设计,利于读者巩固知识、提升操作技能;案例分析、强化训练依照教育部考试中心《全国计算机等级考试二级 MS Office 高级应用考试大纲(2019 年版)》所规定的考试内容撰写,有较强的针对性。

本书通俗易懂,实用性强,可作为应用技术大学本科、高等职业院校各专业的计算机基础课程实验教材和计算机等级考试参考用书,也可供全国职称计算机考试培训班和自学者使用。

图书在版编目(CIP)数据

计算思维与计算机应用基础实验指导/唐铸文主编. —武汉:华中科技大学出版社,2019.8(2021.8 重印)
ISBN 978-7-5680-5595-6

Ⅰ. ①计… Ⅱ. ①唐… Ⅲ. ①电子计算机-高等学校-教学参考资料 Ⅳ. ①TP3

中国版本图书馆 CIP 数据核字(2019)第 181828 号

计算思维与计算机应用基础实验指导   唐铸文 主编
Jisuan Siwei yu Jisuanji Yingyong Jichu Shiyan Zhidao

策划编辑:谢燕群
责任编辑:李 昊
封面设计:原色设计
责任监印:徐 露
出版发行:华中科技大学出版社(中国·武汉)   电话:(027)81321913
        武汉市东湖新技术开发区华工科技园   邮编:430223
录　排:华中科技大学惠友文印中心
印　刷:武汉开心印印刷有限公司
开　本:787mm×1092mm　1/16
印　张:17
字　数:418 千字
版　次:2021 年 8 月第 1 版第 3 次印刷
定　价:35.80 元

前　言

计算机技术的发展速度远远超出人们想象，计算机的应用从科学计算、数据处理、自动控制、办公自动化、电子商务，到移动通信、人工智能、物联网、云计算、大数据等信息技术，在社会经济、人文科学、自然科学的方方面面引发了一场深刻的革命，改变着人们的思维和生产、生活、学习方式。无处不在的计算思维已成为人们认识问题、分析问题和解决问题的基本能力之一。

计算思维，不仅是计算机科学技术及相关专业学生应该具备的基本素质和能力，而且是所有大学生应该具备的素质和能力。为了帮助广大在校学生提升计算思维能力，更有效地学好计算机应用技能，并达到熟练地操控计算机，我们编写了本书。在编写中，我们按照教育部高等学校大学计算机课程教学指导委员会《大学计算机基础课程教学基本要求》和教育部考试中心《全国计算机等级考试　二级 MS Office 高级应用考试大纲（2019 年版）》规定的考试内容确定编写大纲，并参照高等院校的教学要求对各教学内容进行了精选，以期达到预定的实验指导效果。

本书为《计算思维与计算机应用基础》的配套学习用书，共分为 6 章。每章均按照案例实验、案例分析、强化训练、参考答案的思路编写，主要设置了计算机基本知识实验、中文操作系统 Windows 7 实验、文字处理软件 Word 2010 实验、电子表格软件 Excel 2010 实验、文稿演示软件 PowerPoint 2010 实验、计算机网络实验等方面的内容。各章的案例实验经精心设计，利于读者巩固知识，提升操作技能；案例分析、强化训练依照最新发布的教学大纲撰写，有较强的针对性。

本书通俗易懂，实用性强，可作为应用技术大学本科、高等职业院校各专业的计算机基础课程实验教材和计算机等级考试参考用书，也可供全国职称计算机考试培训班和自学者使用。

本书在编写过程中得到荆楚理工学院和华中科技大学出版社的大力支持，编者在此表示衷心感谢！

由于编者水平有限，书中的错误之处恳请读者批评指正。

编　者
2019 年 5 月

目　录

第1章 计算机基础知识

1.1 案例实验

实验一 计算机基本知识实验

【实验目的】

(1) 认识计算机硬件的各主要部件，学会组装计算机。

(2) 掌握键盘键位分布及各键区的功能。

(3) 了解计算机启动的几种模式与区别，掌握主机与外部设备的启动顺序。

(4) 了解 Windows 的启动与退出方法，比较几种启动的区别。

任务 1 认识硬件系统

实验前，教师准备一些可用的计算机主板、CPU、内存条、硬盘(好坏各若干块)、声卡、键盘、鼠标等计算机部件。在教师指导下，通过听讲、辨认和练习，认识计算机硬件的各主要部件。

❶ 上课时，教师逐一展示计算机部件，讲解其功能。然后每 4 人一组，观察、了解计算机硬件系统的各组成部分，认识计算机硬件的主要部件。

❷ 用这些计算机部件组装计算机。

❸ 如图 1.1 所示，对照键盘实物，熟悉键盘的功能键区、主键盘区、编辑键区、小键盘区的功能及其作用。

图 1.1 键盘分区示意图

❹ 对照鼠标实物，熟悉鼠标各键的功能。

任务 2 启动计算机

通过讲、认、练的方法，练习启动和关闭计算机。

1. 计算机冷启动

冷启动是指计算机在没有加电的状态下进行初始加电，一般程序是先打开外部设备(如显示器、打印机等)电源，再打开主机箱上的电源。这是因为，主机的运行需要非常稳定的电源，为了防止外设启动引起电源波动而影响主机运行。而关机时，正好相反，一般应先关主机箱上的电源，再关外设电源。这样可以防止外设电源断开一瞬间产生的电压感应冲击对主机造成意外损害。

2. 计算机热启动

热启动是指计算机在 DOS 状态下运行时，同时按下 Ctrl + Alt + Del 键，计算机会重新启动。这种启动方式是在不断电状态下启动计算机的，所以称为热启动。

3. 计算机复位启动

复位启动是指计算机死机后，甚至连键盘都不能响应时采用的一种热启动方式。主机箱面板上一般都会有一个复位(Reset)按钮，按下它，计算机就会重新加载硬盘等所有硬件及系统的各种软件。值得注意的是，这种启动方式对计算机的危害不亚于热启动。

任务 3 中文 Windows 的启动与退出

通过讲、听、练的方法，仔细观察 Windows 的启动与退出。
❶ 直接启动。
❷ 通过菜单启动。

实验二 汉字输入法实验

【实验目的】
(1) 了解键盘的布局特点及常用键的用法。
(2) 学会使用正确的姿势进行指法练习。
(3) 掌握一种中文输入法。
(4) 掌握拼音输入法或五笔字型输入法的编码规则。
(5) 熟练掌握拼音输入法或五笔字型输入法等汉字输入法的基本技能。
(6) 能快速地输入汉字，单个字输入速度达到每分钟 80 字。

任务 1 键盘作业与指法训练

使用金山打字软件，通过讲、认、练的方法，实操练习指法、英文输入、拼音输入、五笔输入，如图 1.2 所示。

任务 2 学习拼音输入法基本知识

拼音输入法有多种，如全拼输入法、简化拼音输入法、智能 ABC 输入法和微软拼音输入法等。全拼输入法是只要会汉语拼音的人就会使用的一种输入法，但重码较多，检索麻烦。智

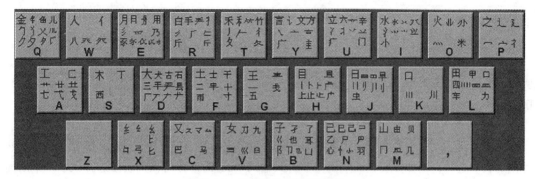

图 1.2 五笔输入键盘示意图

能 ABC 输入法(又称标准输入法)是中文 Windows 中自带的一种汉字输入方法,由北京大学的朱守涛先生发明。它简单易学、快速灵活、功能强大,受到用户的青睐。

1. 智能 ABC 输入法的编码基础

智能 ABC 输入法不是一种纯粹的拼音输入法,而是一种音形结合输入法。它的编码方法很简单,就是:拼音加上字的第一笔形状编码的笔形码。这种编码方法是为了减少全拼输入法检索时翻页的次数,缩小检索范围,提高输入速度。笔形码所代替的笔形如表 1.1 所示。

表 1.1 智能 ABC 输入法的笔形码

编码	笔形
1	横
2	竖
3	撇
4	捺
5	横折
6	竖折
7	十字交叉
8	方框

2. 智能 ABC 输入法的汉字基本输入法

1) 全拼输入

要输入汉字,先直接输入汉语拼音,再按 Enter 键或空格键,然后在列表中选择;如果列表中没有所要的字,则可按 "+" 键(或 Page Down 键)或 "-" 键(或 Page Up 键)翻页,直到找到所需要的汉字为止。例如,要输入 "国家",直接输入拼音 "guojia",再按 Enter 键或空格键即可。

2) 简拼输入

要输入汉字,先输入汉字的声母,再按 Enter 键或空格键,然后在列表中选择。例如,要输入 "国家",可输入 "国" 的声母 "g" 和 "家" 的声母 "j",即输入 "gj",就会显示所有声母为 "gj" 词的列表,在列表中选择要输入的词。如果要输入的词列表的第 1 个,可则直接按空格键,使其输入。智能 ABC 输入法的词库中有大约七万个词条,常用的 5 千个两字词都可采用简拼输入。

3) 混拼输入

所谓混拼输入是指在输入汉字时可以输入某个词中的某些字用简拼，而另一些字用全拼。例如，要输入"国家"，可输入"guoj"(第一个字全拼，第二个字简拼)或"gjia"(第一个字简拼，第二个字全拼)。

4) 音形输入

要输入汉字，先输入拼音和该字的第一笔形状编码的笔形码，再按 Enter 键或空格键，然后在列表中选择。例如，要输入"国"字时，输入"guo8"，即可在列表中选择该字，不用翻页。因"国"字第一笔字形"囗"的编码为"8"。输入"g8"(简拼加第一笔形编码8)或"g81"(简拼加第一笔形编码8和第二笔形编码1)可得到"国"字。又如，要输入"国家"这个词时，可以输入"guo8jia4"或"g8j"或"guoj4"等。

采用音形结合的方法，可以减少同音字或同音词的数量，还可以减少击键次数，提高输入效率。

5) 纯笔形输入

智能 ABC 输入法还提供了纯笔形输入方法。这个方法只需记忆横1、竖2、撇3、点4、折5、弯6、叉7、方8等8个笔形。输入"独体字"按书写顺序逐笔取码，输入"合体字"一分为二，每部分限取三码，一个字最多取六码。

3. 智能 ABC 输入法的切换键

❶ 中英文输入切换。在输入中文过程中，如果要输入大写英文字母，则只需要按一下"Caps Lock"键即可，输入完成后，再按一下该键就还原；如果要输入小写英文字母，则先按"v"键，再输入英文字母，然后按空格键或 Enter 键。例如，要输入 tang，只需直接按 vtang 空格即可。

❷ 全角/半角切换，按 Shift + Space 键。

❸ 中英文标点符号切换，按 Ctrl + . 键。

4. 字母 i 与 I 的特殊用途

1) 输入汉字数字

智能 ABC 输入法提供了阿拉伯数字和中文大小写数字的转换功能。"i"为输入小写中文数字的前导字符，"I"为输入大写中文数字的前导字符。

要输入汉字数字，先按"i"键，再输入要输入的阿拉伯数字，然后按空格键或 Enter 键。例如，要输入中文小写"二〇一九"，直接依次按"i2019"键和空格键即可。而依次按"I2019"键和空格键，可输入中文大写"贰零壹玖"。

2) 输入常用量词

"i"或"I"与一些特定字母的组合可输入常用的量词。智能 ABC 输入法规定的字母的含义为：g[个]、s [十，拾]、b[百，佰]、q[千，仟]、w[万]、e[亿]、z[兆]、d[第]、n[年]、y[月]、r[日]、t[吨]、k[克]、$[元]、h[时]、f[分]、l[里]、m[米]、j[斤]、o[度]、p[磅]、u[微]、i[毫]、a[秒]、c[厘]、x[升]。

例如，依次按"is"键和空格键，可输入"十"字，而依次按"Is"键和空格键，可输入

"拾"字。又如,依次按"i2010n6y2s4r"和空格键,可输入"二〇一〇年六月二十四日";如果依次按"I2010n6y2s4r"和空格键,则可输入"贰零壹零年陆月贰拾肆日"。

5. 字母 v 的特殊用途

1) 输入英文

如前所述,在使用智能 ABC 输入法输入含有英文的中文句子时,键入"v +英文",按空格键即可输入英文,而"v"不会显现出来。

2) 输入字母和特殊符号

如果要输入 GB2312 字符集 1～9 区的各种符号,只需在标准状态下键入"v+数字",如表 1.2 所示。

表 1.2 v 与数字组合键用于输入的符号

V+数字	输入的符号
v1	标点符号和数学符号
v2	数字序号
v3	英文字母的大小写和一些标点符号
v4	日文平假名
v5	日文片假名
v6	希腊字母和一些符号
v7	俄文字母
v8	汉语拼音和一些日文
v9	制表符

例如,依次按"v1"键,向下翻 4 次,再按"2"键,就可以得到符号"Σ";依次按"v2"键,会得到所有编号排版的符号,如" 1."、"(1)"、"①"等;依次按"v3"键,得到常见字符的变体,如"@"、"＊"、"{"、"％"等。

6. 智能 ABC 输入法的记忆功能

1) 自动记忆

自动记忆通常用来记忆词库中没有的生词,刚被记忆的词,并不能立即存入用户词库中,至少要使用 3 次后,才有资格长期保存。允许自动记忆词的最大长度为 9 个汉字,最大词条容量为 17 000 条。自动记忆的特点是自动进行或略加人为干预。所谓人为干预是指用退格键删除不想要的字,并选择所需要的字。凡自动记忆的词,再次输入时,可采用简拼形式输入。

2) 强制记忆

强制记忆词的最大长度为 15 个汉字,最大词条容量为 400 条。强制记忆要解决的问题是人们在输入汉字时经常使用一个长的词条,如单位名称等,可以将该词条用一个代码来表示,再次输入时,只要在该代码前加引导符"u",就可以输入这个长词条。

3) 朦胧回忆

朦胧回忆功能是模拟人脑的瞬时记忆以及不完整记忆的原理,对于刚刚用过的词条,只要输入其中任何字的声母按"Ctrl + -"组合键,即可得到这个词条。

任务3　学习五笔字型输入法基本知识

五笔字型输入法是一种不依赖发音,仅依靠字型特征来编码输入汉字的方法,是目前公认的快捷、先进的汉字输入技术。用这种输入方法输入时重码少,基本不用选字,便于盲打。字与词兼容、字根优选、键盘布局经过精心设计、有较强的规律性,因此,它拥有广泛的用户。

1. 五笔字型输入法编码基础

一个完整的汉字是由若干笔画经过复合、连线、交叉形成一种相对不变的结构组合而成的。这种基本的笔画,相对不变的结构称为"字根"。如"木"、"子"构成"李","日"、"月"构成"明"等。五笔字型输入法把汉字分为3个层次,即笔画、汉字、字根。

1) 5 种笔画

什么叫笔画?在书写汉字时,不间断地一次连续写成的一个线条段称为汉字的笔画。在五笔字型输入法中,汉字的笔画分为横、竖、撇、捺、折5种。为了便于记忆和应用,根据它们使用概率的高低,依次用1、2、3、4、5作为它们的代号,如表1.3所示。

表 1.3　汉字的 5 种笔画

代号	笔画名称	笔画走向	笔画形状
1	横	左→右	一
2	竖	上→下	丨
3	撇	右上→左下	丿
4	捺	左上→右下	丶
5	折	带转折	乙

5种笔画组成字根时,其间的关系可分为4种情况。

❶ 单:5 种笔画自身。

❷ 散:组成字根的笔画之间有一定间距。例如,三、八、心等。

❸ 连:组成字根的笔画之间是相连接的,可以是单笔与单笔相连,也可以是笔笔相连。例如,厂、人、尸、弓等。

❹ 交:组成字根的笔画是互相交叉的。例如,十、力、水、车等。

当然,还会有一种混合的情况,即一个字根的各笔画间,既有连又有交或散。例如,"农"、"禾"。

2) 汉字的 3 种字型

根据构成汉字的各字根之间的位置关系,可以把成千上万的方块汉字分3种类型:左右型、上下型、杂合型。根据汉字的字型,也用1~3给出其形状代号,如表1.4所示。

表 1.4　汉字的 3 种字型

字型代号	字型	字例
1	左右	汉、湘、结、封
2	上下	字、莫、花、华
3	杂合	困、凶、道、乘、太、重、天、且

表中最后一种字型又称独体字，前两种字型又统称合体字，两部分合并在一起的汉字称双合字，三部分合并在一起称三合字。

在为汉字编代码时，由于某些汉字字根较少，即信息量不足，离散不开，所以有必要再补加一个字型信息。而对于由 4 个部分以上组成或者可以分作 4 个部分的汉字，其信息量已够丰富，则不必要再考虑字型信息了。这就是我们今后要取"一二三末"4 个字根，且不足 4 码要追加末笔交叉识别码的原因。

❶ 左右型汉字：这种类型汉字包括以下两种情况。

◆ 在双合字中，两个部分分列左右，其间有一定的距离。例如，肚、胡、理、胆、拥等。

◆ 在三合字中，3 个部分从左至右并列或者单独占据一边的部分与另外两个部分呈左、右排列。例如，侧、别、谈等。

❷ 上下型汉字：这种类型汉字也包括以下两种情况。

◆ 在双合字中，两个部分分列上下，其间有一定距离。例如，字、节、旦、看等。

◆ 在三合字中，3 个部分上下排列或者单占一层的部分与另外两部分作上下排列。例如，意、想、花等。

❸ 外内型汉字和单体型汉字　这种类型汉字是指组成整字的各部分之间没有明确的左右型或上下型关系者。例如，困、同、这、斗、头等。

3) 基本字根及其优选

什么是字根？由若干笔画交叉连接而形成的相对不变的结构称为字根。把字根安排在键盘上，就形成了"字根键盘"。五笔字型中优选了 130 种基本字根，并将基本字根按首笔笔画划分为 5 类，各对应英文键盘的一个区(共 5 个区)，每个区又分 5 个位，位号从键盘中部向两边顺序排列，共 5×5＝25 个键位，各键位的代码，既可以用区位号(11～55)来表示，也可以用对应的字母表示，具体分布情况如下。

一区：横起笔类，共 27 种字根，分"王土大木工"5 个位。区位号分别为 11、12、13、14、15。

二区：竖起笔类，共 23 种字根，分"目日口田山"5 个位。区位号分别为 21、22、23、24、25。

三区：撇起笔类，共 29 种字根，分"禾白月人金"5 个位。区位号分别为 31、32、33、34、35。

四区：捺起笔类，共 23 种字根，分"言立水火之"5 个位。区位号分别为 41、42、43、44、45。

五区：折起笔类，共 28 种字根，分"已子女又纟"5 个位。区位号分别为 51、52、53、54、55。

把全部字根都标记在键盘上，就形成了"五笔字型键盘字根总表"。把同一区的字根联系起来，编成一首词，这种辅助记忆的字根词称为字根助记词，具体如下：

11　王旁青头戋(兼)五一

12　土士二干十寸雨

13　大犬三羊(羊)古石厂

14 木丁西

15 工戈草头右框七

21 目具上止卜虎皮

22 日早两竖与虫依

23 口与川，字根稀

24 田甲方框四车力

25 山由贝，下框几

31 禾竹一撇双人立，反文条头共三一

32 白手看头三二斤

33 月彡(衫) 乃用家衣底

34 人和八，三四里

35 金勺缺点无尾鱼，犬旁留乂儿一点夕，氏无七(妻)

41 言文方广在四一，高头一捺谁人去

42 立辛两点六门广

43 水旁兴头小倒立

44 火业头，四点米

45 之字军盖道建底，摘礻(示)衤(衣)

51 已半巳满不出己，左框折尸心和羽

52 子耳了也框向上

53 女刀九臼山朝西

54 又巴马，丢矢矣

55 慈母无心弓和匕，幼无力

字根总表有一定的编码规律，归纳如下。

❶ 首笔与区号一致，次笔与位号一致。例如，"王"字的首笔是"一"，次笔是"一"，则为 1 区 1 位，编码 11，对应的键是"G"。

❷ 首笔符合区号，且笔画数与区位号一致。例如，"三"字的首笔是"一"，共三划，则为 1 区 3 位，编码 13，对应的键是"D"。

❸ 部分字根与主要字根的形态相近，且首笔符合区号。例如，"五"字的首笔是"一"，与"王"字相近似，则在 1 区 1 位，对应键为"G"。

❹ 个别例外。例如，"力"，其声母为"L"，故安排在该键上。

有的字根没有根本规律，但大都与它们的所在区号有关。例如，"丁、西、目、几、虫、心、羽、巴、马、金、月"等，这些字根只能靠读者记忆。

❺ 在键盘字根布局上，考虑了以下原则。

- 左右手交替打字。这样会有更高的速度，有助于减轻手的疲劳。
- 各手指负担合理。合理分布增加 10 个手指的灵活程度，反应能力。
- 高频键占好位。将常使用的键位安排在中排位置。
- 减少换挡及复合操作。一个键安排 2～6 个字根，不必换挡，采用编码规则自动组字，为提高输入速度创造条件。

4) 汉字的结构分析

基本字根本身在组成汉字时，按照它们之间的位置关系也可以分为 4 种类型。

❶ 单：是指基本字根本身就单独成为一个汉字。例如，口、木、山、田、马、寸等。

❷ 散：是指构成汉字的基本字根之间可以保持一定距离。例如，吕、足、困、汉等。

❸ 连：是指一个基本字根连一单笔画。例如，"丿"下连"目"即成为"自"。连的另一种情况所谓"带点结构"。例如，"勺、术、太"。

按规定，一个基本字根之前或之后的孤立点，一律视作是基本字根相连的关系。

❹ 交：是指几个基本字根交叉套叠之后构成的汉字。例如，"农"是由"冖衣"构成，"申"是由"日丨"构成等。

综上所述，归纳如下。

❶ 基本字根单独成字，在将来的取码中有专门的规定，不需要判断字型。

❷ 属于"散"的汉字，才可以分左右型、上下型。

❸ 属于"连"与"交"的汉字，一律属于第❸型。

❹ 不分左右、上下的汉字，一律属于第❸型。

5) 汉字的末笔字型交叉识别

对于拆不够 4 个字根的汉字，要在打完字根后，加上一个末笔字型交叉识别码，识别码是由末笔代号与字型代号组合而成，如图 1.3 所示。

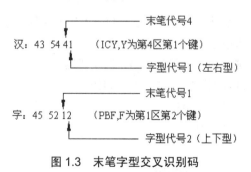

图 1.3 末笔字型交叉识别码

注意：

❶ "键名"及一切成字字根都不用识别码；

❷ 如果一个字加了识别码后仍不足 4 码，则必须补空格。

6) 汉字的拆分原则

拆分原则可归纳为 4 个要点：取大优先、兼顾直观、能连不交、能散不连。

❶ 取大优先：是指在各种可能的拆法中，保证按书写顺序每次都拆出尽可能大的字根，也称能大不小。例如，

夷：一弓人　（11　55　34　GXW）

平：一丷丨　（11　42　21　GUH）

❷ 兼顾直观：是指拆得的字根有较好的直观性，便于联想记忆，给输入带来方便。例如，

自：丿目 (31　21　THD)

舟：丿丹 (31　33　TEI)

羊：丷手 (42　13　UDJ)

❸ 能连不交：是指一个单体结构的字体，能按连关系拆分，就不要按相交的关系拆分。例如，

天：一大 (不能拆作"二人"，因二者相交)

于：一十 (不能拆作"二丨"，因二者相交)

❹ 能散不连：是指一个单体结构的字，如果能视为几个基本字根的散关系，就不能视为连关系。例如，

午：𠂉十 (都不是单笔画，应视作上下关系)

占：卜口 (都不是单笔画，应视作上下关系)

2. 汉字基本输入法

五笔字型输入法把汉字分成 3 类：键名汉字、成字字根汉字、单字。

1) 键名汉字输入

键名是指各键位左上角的黑体字根，它们是组字频度较高，而形体上又有一定代表性的字根，它们中绝大多数本身就是汉字，只要把它们所在键连击 4 次就可以了。例如，

王：　11　11　11　11　（GGGG）

立：　42　42　42　42　（UUUU）

2) 成字字根汉字输入

在每个键位上，除了一个键名字根外，还有数量不等的几种其他字根，它们中间的一部分其本身也是一个汉字，称为成字字根。

成字字根输入公式：键名代码＋首笔代码＋次笔代码＋末笔代码。

如果该字根只有两笔画，则以空格键结束。例如，

由：　25　21　51　11　（MHNG）

十：　12　11　21　（FGH）

五种单笔画的编码如下。

一：　11　11　24　24　（GGLL）

丨：　21　21　24　24　（HHLL）

丿：　31　31　24　24　（TTLL）

丶：　41　41　24　24　（YYLL）

乙：　51　51　24　24　（NNLL）

3) 单字输入

这里的单字是指除键名汉字和成字字根汉字之外的汉字。如果一个字可以取够 4 个字根，就全部用字根键入，只有在不足 4 个字根的情况下，才有必要追加识别码。例如，

副：一口田　　　　(11　23　24　22　GKLJ)

给：纟人一口　　　(55　34　11　23　XWGK)

驭：马又　　　　　(54　54　41　CCY)

汉：氵又　　　　　(43　54　41　ICY)

对识别的末笔，这里有两点规定。

❶ 所有包围型汉字中的末笔，规定取被包围的那一部分笔画结构的末笔。例如，

国：其末笔应取"、"，识别码为43(I)

远：其末笔应取"乙"，识别码为53(V)

❷ 对于字根"刀、九、力、七"，虽然只有两笔，但一般人的笔顺却常有不同，为了保持一致和照顾直观，规定凡是这4种字根当作"末"笔而又需要识别时，一律用它们向右下角伸得最长最远的笔画"折"来识别。例如，

仇：34　54　51

化：34　55　51

4）简码

为了提高输入速度，将常用汉字只取前边一个、两个或三个字根就构成了简码。

❶ 一级简码，即高频字，被安排在 11 到 55 的 25 个键位上。输入方法：击一键加打一空格就可输入一个一级简码汉字。

25 个一级简码如下：

一　11(G)　地　12(F)　在　13(D)　要　14(S)　工　15(A)

上　21(H)　是　22(J)　中　23(K)　国　24(L)　同　25(M)

和　31(T)　的　32(R)　有　33(E)　人　34(W)　我　35(Q)

主　41(Y)　产　42(V)　不　43(I)　为　44(O)　这　45(P)

民　51(N)　了　52(B)　发　53(V)　以　54(C)　经　55(X)

❷ 二级简码。输入方法：只要击其前两个字根加空格键即可。例如，

吧：口巴　(23, 54, KC)

二级简码共有 25×25=625 个。二级简码表如表 1.5 所示。

表 1.5　二级简码表

	GFDSA	HJKLM	TREWQ	YUIOP	NBVCX
G	五于天末开	下理事画现	玫珠表珍列	玉平不来珲	与屯妻到互
F	二寺城霜载	直进吉协南	才垢圾夫无	坟增示赤过	志地雪支坰
D	三夺大厅左	丰百右历面	帮原胡春克	太磁砂灰达	成顾肆友龙
S	本村枯林械	相查可楞机	格析极检构	术样档杰棕	杨李要权楷
A	七革基苛式	牙划或功贡	攻匠菜共区	芳燕东菱芝	世节切芭药
H	睛睦眍盯虎	止旧占卤贞	睡眯肯具餐	眩瞳步眯瞎	卢　眼皮此
J	量时晨果虹	早昌蝇曙遇	昨蝗明蚂晚	景暗晃显晕	电最归紧昆
K	呈叶顺呆呀	中虽吕另员	呼听吸只史	嘛啼吵噗喧	叫啊哪吧哟
L	车轩因困轼	四辊加男轴	力斩胃办罗	罚较　辚边	思团轨轻累
M	同财央朵曲	由则迥崭册	几贩骨内风	凡赠峭　迪	岂邮　风幽

T	生行如条长	处得各务向	笔物秀答称	入科秒秋管	秘季委么第
R	后持拓打找	年提扣押抽	手折扔失换	扩拉朱搂近	所报扫反批
E	且肝胯采肛	胀胆肿肋肌	用遥朋脸胸	及胶膛脒爱	甩服妥肥脂
W	全会估休代	个介保佃仙	作伯仍从你	信们偿伙伫	亿他分公化
Q	钱针然钉氏	外旬名甸负	儿铁角欠多	久匀乐炙锭	包凶争色锴
Y	主针庆订度	让刘训为高	放诉衣认义	方说就变这	记离良充率
U	闰半关亲并	让刘训为高	产瓣前闪交	六立冰普帝	决闻妆冯北
I	汪法尖洒江	小浊澡渐没	少泊肖兴光	注洋水淡学	沁池当汉涨
O	业灶类灯煤	粘烛炽烟灿	烽煌粗粉炮	米料炒炎迷	断籽娄烃糨
P	定守害宁宽	寂审宫军宙	客宾家空宛	社实宵灾之	官字安　它
N	怀导居怵民	收慢避惭届	必怕　愉懈	心习悄屡忱	忆敢恨怪尼
B	卫际承阿陈	耻阳职阵出	降孤阴队隐	防联孙耿辽	也子限取陛
V	姨寻姑杂毁	叟旭如舅妯	九姝奶妗婚	妨嫌录灵巡	刀好好妈姆
C	骊对参骠戏	骒台劝观	矣牟能难允	驻骈驼	马邓艰双
X	线结顷缃红	引旨强细纲	张绵级给约	纺弱纱继综	纪弛绿经比

二级简码中的汉字大都是常用汉字，而且使用频率也非常高。表 1.5 中的二级简码可能要比有些书上多一些，如果常用汉字系统的五笔字型输入法没有这些二级简码，则为华光排版系统所定义的二级简码。

❸ 三级简码，由单字的前 3 个字根码组成，只要击一个字的前 3 个字根加空格键即可输入。例如，“华”字全码、简码如下。

全码：人七十＝ （34　55　12　22　WXFJ）

简码：人七十 （34　55　12　WXF）

❹ 词汇编码，其词汇分为双字词、三字词、四字词和多字词。

双字词的编码为：分别取两个字的单字全码中的前两个字根代码，共 4 码组成。例如，

机器：木几口口 （SMKK）

汉字：氵又宀子 （ICPB）

三字词的编码为：前两个字各取其第一码，最后一个字取其二码，共为 4 码。例如，

计算机：言竹木几 （YTSM）

四字词的编码为：每字各取其第一码，共为 4 码。例如，

汉字编码：氵宀纟石 （IPXD）

光明日报：小日日扌 （IJJR）

多字词的编码为：按“一、二、三、末”的规则，取第一、二、三及最末一个字的第一码，共为 4 码。例如，

电子计算机：日子言木 （JBYS）

中华人民共和国：口人人口 （KWWL）

5) 重码和容错码

❶ 重码，是指编码相同的字。从输入打字的要求看，键位要尽量少，码长要尽量短，重码要尽量少，这显然不是件容易事。例如，键入“YEU”，屏幕显示：“1. 衣 2. 哀”。这时

可用数字键进行选择，若需"哀"，则单击数字键"2"即可。

在五笔字型中，为了提高速度，可做如下处理：当屏幕编号显示重码时，按字的使用频率的高低安排编码，使用频率高的在前。如果用第一个字，只要继续输入下一个字，1 号字会自动跳到屏幕光标处(可减少一次数码操作)。

对于两个重码字，把常用的字仍按照常规编码，不常用的字把末码改成为"L"。例如，喜、嘉是 FKUK 的重码，但输入"嘉"时可输入 FKUL。

❷ 容错码，是指容易弄错编码的字，允许按错码输入。容错分为笔顺容错、字型容错和软件版本容错等 3 种。

笔顺容错，是指书写汉字时，笔顺容易出错。例如，

长： 丿 七 丶　　　　(正确码)
　　七 丿 或 丿 一 丨　(容错码)

字型容错，是指对汉字的 3 种字型(左右型、上下型、杂合型)进行区分时，容许的错误。例如，

右： 𠂇 口 12　　(正确码，应分为上下型)
　　𠂇 口 13　　(容错码，分成杂合型)

软件版本容错，是指已熟悉旧版本的输入者，在使用新版本时，使用已改掉的码作为容错码输入。

1.2　案例分析

例 1.1　微型计算机系统主要包括：内存储器、输入设备、输出设备和_____。

A) 运算器　　　　　B) 控制器　　　　　C) 微处理器　　　　　D) 主机

答：C。

知识点：计算机硬件系统、冯·诺伊曼原理。

分析：微型计算机硬件系统由微处理器、内存储器、输入设备与输出设备组成。微处理器与内存储器合在一起称为主机；运算器和控制器合在一起称为微处理器或中央处理器。

例 1.2　计算机的存储器是一种_____。

A) 运算部件　　　　B) 输入部件　　　　C) 输出部件　　　　D) 记忆部件

答：D。

知识点：存储器。

分析：计算机运算部件负责算术运算和逻辑运算；输入部件用来向计算机输入程序和数据，如键盘为输入部件；输出部件可用来输出程序和数据，如显示器和打印机为输出部件；存储器用来存储程序和数据，属于记忆部件。

例 1.3　在微型计算机的性能指标中，用户可用的内存储器容量通常是指_____。

A) ROM 的容量　　　　　　　　　　B) RAM 的容量

C) ROM 和 RAM 的容量之和　　　　D) CD-ROM 的容量

答：B。

知识点：计算机性能指标、内存储器、ROM、RAM。

分析：ROM 是只读存储器的英文简称，RAM 是随机存储器的英文简称。它们都是内存储器，分别安装在主机板上的不同位置。ROM 对用户来说只能读不能写，只能由计算机生产厂家用特殊方式写入一些重要软件和数据，如计算机开机自检和启动程序以及服务程序等，它们一旦存入就固定在里面，断电后也不会丢失。RAM 可以由用户随时对其进行读、写操作，它能存储 CPU 工作所需的程序和数据。程序和数据是无限的，但 RAM 的容量是有限的，因此用户只能从外存储器调入 CPU 当时所需的那部分程序和数据，用完一批，再换一批。CPU 根据程序来处理数据，处理完成的结果暂存入 RAM 中。人们常说的可用内存容量就是指 RAM 的容量。

CD-ROM 是只读型光盘的英文简称，其特点也是只能写一次，写好后的数据将永远保存在光盘上。这种光盘非常适合存储百科全书、技术手册、文献资料等数据量庞大的内容。

例 1.4 计算机根据运算速度、存储能力、功能强弱、配套设备等因素可划分为_____。

A) 台式计算机、便携式计算机、膝上型计算机

B) 电子管计算机、晶体管计算机、集成电路计算机

C) 巨型机、大型机、中型机、小型机和微型机

D) 8 位机、16 位机、32 位机、64 位机

答：C。

知识点：计算机分类。

分析：根据计算机所采用的电子元器件的不同，可将计算机划分为：电子管计算机、晶体管计算机和集成电路计算机。

随着超大规模集成电路技术的发展，微型计算机进入快速发展时期，计算机技术和应用进一步普及。微型计算机按字长划分，可分为 8 位机、16 位机、32 位机、64 位机，而微型计算机按体积大小划分，又可分为台式计算机、便携式计算机、膝上型计算机。计算机根据运算速度、存储能力、功能强弱、配套设备等因素可划分为巨型机、大型机、中型机、小型机和微型机。

例 1.5 在下列字符中，其 ASCII 码值最大的一个是_____。

A) Z   B) 9   C) 空格字符   D) a

答：D。

知识点：计算机编码、ASCII 码。

分析：根据 ASCII 码表的安排顺序是：空格字符、数字符、大写英文字符、小写英文字符。所以，在这四个选项中，小写字母 a 的 ASCII 码值是最大的。

例 1.6 计算机存储器的容量一般是以 KB 为单位的，如 640 KB 等，这里的 1 KB 等于_❶_，640 KB 的内存容量为_❷_。对于容量大的计算机，也常以 MB 为单位表示其存储器的容量，1 MB 表示_❸_。在计算机中数据存储的最小单位是_❹_。一台计算机的字长为 4 B，这意味着它_❺_，在计算机中通常是以_❻_为单位传输数据的。

❶ A) 1024 个二进制符号   B) 1000 个二进制符号

　　C) 1024 B   D) 1000 B

❷ A) 640000 B　　　B) 64000 B　　　C) 655360 B　　　D) 32000 B
❸ A) 1048576 B　　B) 1000 KB　　　C) 1024000 B　　D) 1000000 B
❹ A) 位　　　　　　B) 字节　　　　　C) 字　　　　　　D) 字长
❺ A) 能处理的数值最大为 4 位十进制数 9999
　 B) 能处理的字符串最多由 4 个英文字母组成
　 C) 在 CPU 中作为一个整体加以传输处理的二进制代码为 32 位
　 D) 在 CPU 中运算的结果最大为 2^{32}
❻ A) 字　　　　　　B) 字节　　　　　C) 位　　　　　　D) 字块
答：❶C　❷C　❸A　❹A　❺C　❻C。

知识点：数据存储的单位及换算、位、字节、字。

分析：位是计算机中存储数据的最小单位，指二进制数中的一个位数，其值为 0 或 1；字节是计算机用来表示存储空间大小的最基本的单位；字是计算机内部作为一个整体参与运算、处理和传送的一串二进制数。其中，1 KB=2^{10} B，1 MB=2^{20} B =1024 KB。

例 1.7　计算机病毒是指_____。
A) 生物病毒感染　　　　　　　　B) 细菌感染
C) 被损坏的程序　　　　　　　　D) 特制的具有破坏性小程序
答：D。

知识点：计算机病毒的概念。

分析：所谓计算机病毒，是指一种在计算机系统运行过程中能把自身精确地拷贝或有修改地拷贝到其他程序体内的程序。它是人为非法制造的具有破坏性的程序。这与生物病毒或细菌感染毫无关系，只不过是借用其称呼而已。

例 1.8　使用的防杀病毒软件的作用是_____。
A) 检查计算机是否感染病毒，清除已感染的任何病毒
B) 杜绝病毒对计算机的侵害
C) 检查计算机是否感染病毒，清除部分已感染的病毒
D) 检查已感染的任何病毒，清除部分已感染的病毒
答：C。

知识点：计算机病毒的防控。

分析：使用防杀病毒软件的作用是检查计算机是否感染病毒，而不一定能查出所有病毒。因为新病毒层出不穷，无法全部检查出来。至于清除病毒，也只能清除部分已查出的病毒，而无法清除全部计算机病毒。

例 1.9　计算机病毒的特点是具有隐蔽性、潜伏性、传染性、激发性和_____。
A) 恶作剧性　　　B) 入侵性　　　C) 破坏性　　　D) 可扩散性
答：C。

知识点：计算机病毒的特征。

分析：一般来说，计算机病毒特征可归纳为以下几个。

① 隐蔽性。病毒是人为制造的小程序，该程序一般不易被察觉和发现。病毒既然是某些人的恶作剧，因此其编造者也想方设法使它不易被发现。编写病毒程序是一种犯罪行为。

② 潜伏性。病毒具有依附其他媒体而寄生的能力。病毒侵入后，一般不立即活动，需要等一段时间，可以是几周、几个月甚至于几年，等条件成熟后才发作。

③ 破坏性。凡是由软件手段能触及计算机资源的地方均可受到计算机病毒的破坏。其表现：占有 CPU 运行时间和内存开销，从而造成进程堵塞；对数据或文件进行破坏；扰乱屏幕的显示等。计算机病毒可以中断一个大型计算机中心的正常工作或使一个计算机网络处于瘫痪状态，从而造成灾难性的后果。

④ 传染性。对绝大多数计算机病毒来讲，传染性是一个重要特征。源病毒可以是一个独立的程序体，具有很强的再生机制，它通过修改别的程序把自己拷贝进去，从而达到扩散的目的。

⑤ 激发性。在一定的条件下，通过外界刺激可使病毒程序活跃起来。激发的本质是一种条件控制。根据病毒制造者的设定，例如，在某个时间或日期、特定的用户标识符的出现、特定文件的出现或使用、用户的安全保密等级或者一个文件使用的次数等，均可使病毒体激活并发起攻击。

例 1.10 下列几个不同数制的整数中，最大的一个是_____。

A) $(1001001)_2$ B) $(77)_8$ C) $(70)_{10}$ D) $(5A)_{16}$

答：D。

知识点：数制、不同进制之间的换算。

分析：进行不同进制数的大小比较时，首先应将它们转换为相同进制的数，然后再进行大小比较。

因为：$(1001001)_2 = (73)_{10}$，$(77)_8 = (63)_{10}$，$(5A)_{16} = (90)_{10}$。

1.3 强化训练

一、选择题

1. 第一台电子计算机使用的逻辑部件是_____。

A) 集成电路   B) 大规模集成电路   C) 晶体管   D) 电子管

2. 运算器的主要功能是_____。

A) 实现算术运算和逻辑运算

B) 保存各种指令信息供系统其他部件使用

C) 分析指令并进行译码

D) 按主频的频率定时发出时钟脉冲

3. 第四代计算机的主要元器件采用的是_____。

A) 晶体管   B) 小规模集成电路

C) 电子管   D) 大规模和超大规模集成电路

4. 计算机硬件的五大基本构件包括：运算器、存储器、输入设备、输出设备和_____。

A) 显示器   B) 控制器   C) 磁盘驱动器   D) 鼠标器

5. 系统总线包括_____与控制线三种。

A) 数据线、地址线　　　B) 数据线、逻辑线　　C) 接口线、逻辑线　　D) 接口线、地址线

6. 系统总线中，数据线传送信息，地址线指出信息的来源和目的地，控制线规定总线的动作，一切都是_____负责指挥。

A) 总线控制设备　　　B) 总线控制逻辑　　　C) 系统本身　　　D) CPU

7. 运算器的功能是_____。

A) 执行算术运算指令　　　　　　　　B) 执行逻辑运算指令

C) 执行算术、逻辑运算指令　　　　　D) 执行数据分析指令

8. 计算机的软件系统可分为_____。

A) 程序和数据　　　　　　　　　B) 操作系统和语言处理系统

C) 程序、数据和文档　　　　　　D) 系统软件和应用软件

9. 若你正在编辑某个文件时突然停电，则_____中的信息将全部丢失。

A) RAM 和 ROM　　　B) RAM　　　C) ROM　　　D) 硬盘或软盘

10. 在计算机中信息储存的最小单位是_____。

A) 字节　　　　　B) 字长　　　　　C) 字段　　　　　D) 位

11. 在计算机中通常以_____为单位传送信息。

A) 位　　　　　B) 字　　　　　C) 字节　　　　　D) 双字

12. 存储容量 1 GB 等于_____。

A) 1024 B　　　　　B) 1024 KB　　　　　C) 1024 TB　　　　　D) 1024 MB

13. 下面属于输入设备的是_____。

A) 绘图仪　　　　　B) 打印机　　　　　C) 显示器　　　　　D) 键盘

14. 下列 4 种设备中，属于计算机输出设备的是_____。

A) 扫描仪　　　　　B) 键盘　　　　　C) 绘图仪　　　　　D) 鼠标

15. 下列关于存储器的叙述中正确的是_____。

A) CPU 能直接访问存储在内存中的数据，也能直接访问存储在外存中的数据

B) CPU 不能直接访问存储在内存中的数据，能直接访问存储在外存中的数据

C) CPU 只能直接访问存储在内存中的数据，不能直接访问存储在外存中的数据

D) CPU 既不能直接访问存储在内存中的数据，也不能直接访问存储在外存中的数据

16. 在微型计算机中，应用最普遍的字符编码是_____。

A) ASCII 码　　　　　B) BCD 码　　　　　C) 汉字编码　　　　　D) 补码

17. 下列字符中，其 ASCII 码值最大的是_____。

A) 9　　　　　B) D　　　　　C) a　　　　　D) y

18. 五笔字型输入法属于_____。

A) 音码输入法　　　B) 形码输入法　　　C) 音形结合输入法　　　D) 联想输入法

19. 与十进制数 100 等值的二进制数是_____。

A) 0010011　　　　　B) 1100010　　　　　C) 1100100　　　　　D) 1100110

20. 执行二进制算术加运算 11001001+00100111，其运算结果是_____。

A) 11101111　　　　　B) 11110000　　　　　C) 00000001　　　　　D) 10100010

21. 16 个二进制位可表示整数的范围是_____。

A) 0～65535   B) –32768～32767

C) –32768～32768   D) –32768～32767 或 0～65535

22. 与十进制数 291 等值的十六进制数为_____。

A) 123   B) 213   C) 231   D) 132

23. 计算机病毒可以使整个计算机瘫痪，危害极大。那么计算机病毒是_____。

A) 一条命令   B) 一段特殊的程序   C) 一种生物病毒   D) 一种芯片

24. 计算机发现病毒后最彻底的消除方式是_____。

A) 用查毒软件处理   B) 删除磁盘文件

C) 用杀毒药水处理   D) 格式化磁盘

25. 下列选项中，不属于计算机病毒特点的是_____。

A) 破坏性   B) 潜伏性   C) 传染性   D) 免疫性

26. 到目前为止，计算机经历了_____个阶段。

A) 3   B) 4   C) 5   D) 6

27. 完整的计算机硬件系统一般包括外部设备和_____。

A) 运算器和控制器   B) 存储器   C) 主机   D) 中央处理器

28. 微型计算机的内存主要包括_____。

A) RAM、ROM   B) SRAM、DROM   C) PROM、EPROM   D) CD-ROM、DVD

29. 微型计算机的外存主要包括_____。

A) RAM、ROM、软盘、硬盘   B) 软盘、硬盘、光盘

C) 软盘、硬盘   D) 硬盘、CD-ROM、DVD

30. 下列各组设备中，全部属于输入设备的一组是_____。

A) 键盘、磁盘和打印机   B) 键盘、扫描仪和鼠标

C) 键盘、鼠标和显示器   D) 硬盘、打印机和键盘

31. 微型计算机硬件系统中最核心的部件是_____。

A) 硬盘   B) CPU   C) 内存储器   D) I/O 设备

32. 通常以 MIPS 为单位衡量微型计算机的性能，它指的是计算机的_____。

A) 传输速率   B) 存储器容量   C) 字长   D) 运算速度

33. _____是标准的输入设备。

A) 绘图仪   B) 显示器   C) 键盘   D) 扫描仪

34. 下列设备中，既能向主机输入数据又能接收主机输出数据的设备是_____

A) 打印机   B) 显示器   C) 软盘驱动盘   D) 光笔

35. 下列 4 种软件中，属于系统软件的是_____。

A) WPS   B) Word   C) DOS   D) Excel

36. 软件可分为系统软件和_____软件。

A) 高级   B) 专用   C) 应用   D) 通用

37. 计算机可以直接执行的语言是_____。

A) 自然语言   B) 汇编语言   C) 机器语言   D) 高级语言

38. CAD 软件可用于绘制_____。

A) 机械零件图　　　　B) 建筑设计图　　　　C) 服装设计图　　　　D) 以上都对

39. 计算机中字节的英文名称为_____。

A) Bit　　　　　　　B) Byte　　　　　　　C) Unit　　　　　　　D) Word

40. GB2312 编码收录_____个常用汉字和 682 个图形符号。

A) 6763　　　　　　　B) 3755　　　　　　　C) 3008　　　　　　　D) 7445

二、填空题

1. 计算机软件主要分为_____和_____。

2. 组成第二代计算机的主要元件是_____。

3. 存储器一般可以分为_____和_____两种。

4. 内存储器按工作方式可分为_____和_____两类。

5. 目前微型计算机中常用的鼠标有_____和_____两类。

6. 在计算机中，Intel Core i7 通常指的是_____的型号。

7. 按照打印机的工作方式可分为_____、_____、_____和_____ 4 类。

8. _____是主机和外部音频设备的通道。

9. 一个二进制整数从右向左数第八位上的 1 相当于_____的_____次方。

10. 表示 7 种状态至少需要_____位二进制码。

11. 十六进制数 F 所对应的二进制数是_____。

12. 已知字符"A"的 ASCII 为 65，则字符"F"的 ASCII 为_____。

13. 十进制数 87 转换成二进制数是_____。

14. 计算机病毒具有_____、_____、_____和_____等特点。

15. 计算机能直接识别和执行的语言是_____。

三、操作题

1. 查看一下计算机配置情况，并查看计算机中所安装的软件。

2. 查找资料，了解什么是计算机发展过程中的"摩尔定律"。

3. 试写出下列文字的五笔字型输入法的编码和智能 ABC 输入法的编码。

画；垢；赠；甩；乙；绷；高级；计算机；光明日报；中华人民共和国。

4. 将十进制数 357.96 分别转换为二进制数、八进制数、十六进制数；将二进制数 111010011010110 分别转换为八进制数、十六进制数。

5. 下载一种打字软件，安装后再找一篇科技论文作为测试材料，测试一下打字速度，看看每分钟能否达到 40 个汉字以上。

6. 在计算机上安装一种杀毒软件，并将其病毒库更新为最新的，然后扫描所有的硬盘，看看是否有病毒，如果有，立即进行杀毒处理。

1.4 参考答案

一、选择题

1~5. DADBA   6~10. DCDBD   11~15. ADDCC   16~20. ADBCB
21~25. DABAD   26~30. BAABB   31~35. BDCCC   36~40. CCDBA

二、填空题

1. 系统软件、应用软件

2. 晶体管

3. 内存储器、外存储器

4. 随机存储器(RAM)、只读存储器(ROM)

5. 机械式鼠标、光电式鼠标

6. CPU

7. 激光打印机、喷墨式打印机、针式打印机、点阵打印机

8. 声卡

9. 2、7(说明. 次序不能颠倒)

10. 3

11. 1111

12. 69

13. 1010111

14：寄生性、传染性、潜伏性、破坏性、隐蔽性、可触发性、非授权性、针对性、主动性
(说明：可任填 5 个)

15：机器语言

三、操作题

1. 操作步骤如下。

❶ 用鼠标右键单击"开始"按钮，在右键快捷菜单中单击"控制面板"命令。

❷ 打开"控制面板"窗口，单击"系统和安全"选项，显示"系统和安全"窗口。

❸ 在"系统和安全"窗口中，单击"系统"选项，即可查看计算机的配置情况。

❹ 在"系统和安全"窗口左侧，单击"程序"选项，显示"程序"窗口。

❺ 在"程序"窗口右侧，单击"程序和功能"选项，即可查看计算机中所安装的软件。

2. 答题要点如下。

❶ 人物、时间。摩尔定律是由英特尔(Intel)创始人之一戈登·摩尔(Gordon Moore)于 1965 年 4 月提出来的。

❷ 定律内容。当价格不变时，集成电路上可容纳的元器件的数目，每隔 18~24 个月便会增加一倍，性能也将提升一倍。1975 年，在 IEEE 国际电子组件大会上，摩尔把"每年增加一倍"修改为"每两年增加一倍"。

❸ 定律验证。摩尔定律是对计算机芯片发展趋势的一种分析预测。从计算机的三大要素微处理器芯片、半导体存储器和系统软件来考察摩尔定律是正确的。

❹ 摩尔定律正在失效。随着技术的进步，当传统硅材料芯片上线条的宽度达到纳米数量级时，材料的物理、化学性能将发生质的变化，采用现行工艺的半导体器件不能正常工作。

❺ 技术突破。碳纳米管芯片符合摩尔定律。

3. 文字的五笔字型输入法的编码和智能 ABC 输入法的编码如表 1.6 所示。

表 1.6 文字的五笔字型编码和智能 ABC 编码表

字词	五笔字型编码	智能 ABC 编码(音形)
画	GLBJ	HUA1
垢	FRGK	GOU7
赠	Mulj	ZENG2
甩	ENV	SHUAI3
乙	NNLL	YI6
缃	XSHG	XIANG6
高级	Ymxe	GAOJ6
计算机	YtsM	JSJ7
光明日报	IJJR	GMRB1
中华人民共和国	KWWL	Z2H3R3M5G1H3G8

4. 答:

$(357.96)_{10}=(101100101.1111)_2$

$(357.96)_{10}=(545.7532)_8$

$(357.96)_{10}=(165.F5C2)_{16}$

$(111010011010110)_2=(72326)_8$

$(111010011010110)_2=(74D6)_{16}$

5. 略。

6. 略。

第2章 操作系统的功能和使用

2.1 案例实验

实验一 Windows 基本操作

【实验目的】

(1) 熟练掌握鼠标的使用技巧。

(2) 学会设置"开始"菜单、"任务栏"的方法。

(3) 掌握设置或修改系统日期和时间的方法。

(4) 掌握加快计算机启动速度的方法。

(5) 学会使用"远程协助"寻求帮助的方法。

任务 1 鼠标的使用

教师引导学生科学地掌握鼠标的使用。学生练习灵活使用鼠标的左、中、右 3 个按键，进行指向、单击、单击右键、双击、拖曳操作。较熟练后，使用拖曳方法移动文件。

❶ 在"Windows 资源管理器"窗口的导航窗格中单击"文档"库，内容窗格中即显示"文档库"中的文件和文件夹。

❷ 如有必要，可向下移动导航窗格滚动条至合适位置。

❸ 在"文档库"中，通过按下鼠标左键并拖曳来选择相邻的 3 个文件(见图 2.1 中虚线框

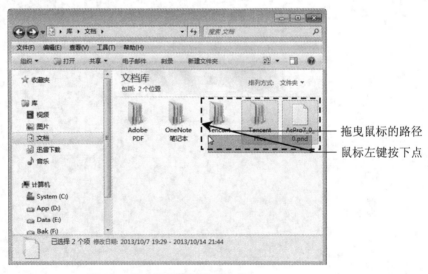

图 2.1 拖曳鼠标以便选中文件

内的文件），选中后释放鼠标，被选中的文件有浅蓝色矩形框。

❹ 按下鼠标左键，拖曳被选中的3个文件至导航窗格中的"迅雷下载"，如图2.2所示。当"迅雷下载"图标有浅蓝色矩形框时，表示被选中。图2.2所示有3个文件被复制到"迅雷下载"。

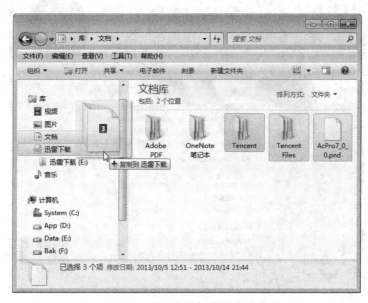

图2.2 拖曳鼠标移动文件

❺ 释放鼠标，完成文件移动。这时，被选中的3个文件移动到了"迅雷下载"中。

这里，读者需要思考：这3个文件在"文档库"中是否还存在？为什么？

任务2 个性化桌面背景

1. 修改 Windows 7 的登录背景

要改变 Windows 7 系统的登录背景，应先准备一张格式为 JPG 且大小不超过 256KB 的图片。同时，不同版本的 Windows 7 系统，操作方法也不相同。因此如果要更换计算机的登录背景，一定要先查看自己的 Windows 7 系统是家庭高级版或专业版、企业版，还是旗舰版。本方法只适用于 Windows 7 旗舰版。

❶ 鼠标右键单击"计算机"，在快捷菜单中单击"属性"。或者，在"开始"菜单中的搜索框中输入"winver"并按 Enter 键，即可查看 Windows 7 的详细版本号，如图2.3所示。

❷ 按 Win+R 键，或在"开始"菜单中打开"运行"对话框，在"打开"文本框中输入"gpedit.msc"，单击"确定"按钮。或者，在"开始"菜单中的搜索框中输入"gpedit.msc"，按 Enter 键，打开"本地组策略编辑器"窗口。先在左侧窗格中依次单击"计算机配置"、"管理模板"、"系统"、"登录"选项，再在右侧窗格中双击"总是用经典登录"选项，打开"总是用经典登录"窗口，如图2.4所示。

图 2.3　Windows 的版本号

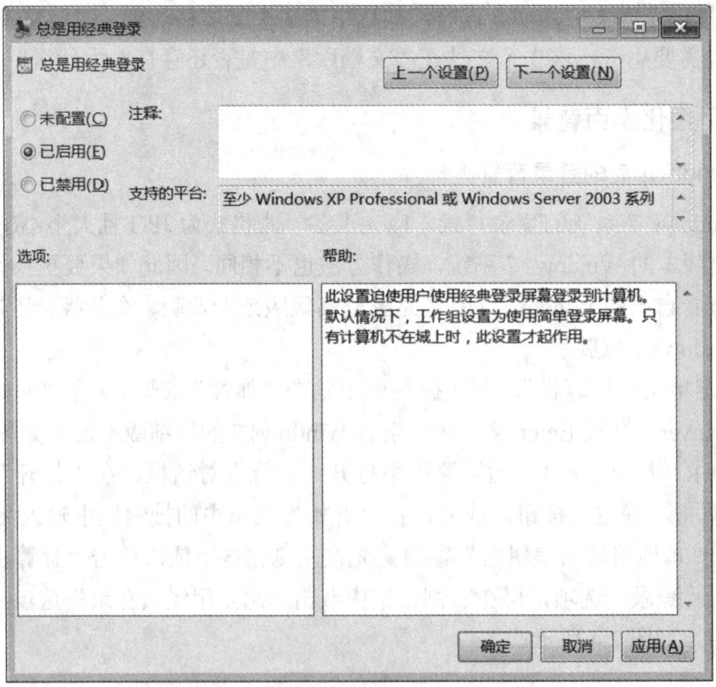

图 2.4　"总是用经典登录"窗口

❸ 选中"已启用"单选按钮，依次单击"应用"按钮、"确定"按钮，关闭"总是用经典登录"窗口，再关闭"本地组策略编辑器"窗口。

❹ 打开 Windows 资源管理器，在地址栏中输入"C:\Windows\System32\oobe\info\backgrounds"，然后将事先准备好的 JPG 格式的图片重命名为"backgrounddefault.jpg"，复制到这里即可替代原来的文件。

2. 实现桌面背景的自动更换

❶ 用鼠标右键单击桌面空白处，在快捷菜单中选择"个性化"命令，打开"个性化"窗口，单击"桌面背景"超链接，打开"桌面背景"窗口，如图 2.5 所示。

图 2.5 "桌面背景"窗口

❷ 按住 Ctrl 键，选择需要设置为桌面背景的图片。

❸ 设置时间间隔与桌面图片的播放模式，单击"保存修改"按钮。

3. 优化桌面动画效果

❶ 用鼠标右键单击桌面上的"计算机"图标，在快捷菜单中选择"属性"命令，打开"系统"对话框。

❷ 在窗口左侧单击"高级系统设置"超链接，打开"系统属性"对话框。

❸ 如图 2.6 所示，单击"高级"选项卡，在"性能"选项组中单击"设置"按钮。

图 2.6   "系统属性"对话框

❹ 打开"性能选项"对话框,如图 2.7 所示。单击选择"视觉效果"选项卡,选中"自定义"单选钮,在列表中取消"在最大化和最小化时动态显示窗口"复选框,单击"确定"按钮。

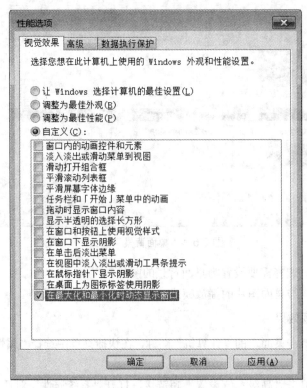

图 2.7   "性能选项"对话框

任务 3 个性化"开始"菜单

1. 将程序添加到"开始"菜单固定程序区域

将一个程序(如"Word 2010")添加到"开始"菜单的已有固定程序区域。

❶ 单击"开始"按钮,显示"开始"菜单,指向"所有程序",再单击"Microsoft Office"。

❷ 在程序列表中,找到 Microsoft Word 2010,用鼠标右键单击它。

❸ 在如图 2.8 所示的快捷菜单中单击"附到「开始」菜单"命令项即可。

单击"开始"按钮,显示"开始"菜单,发现"Microsoft Word 2010"程序已显示在"开始"菜单的已固定程序区域了。

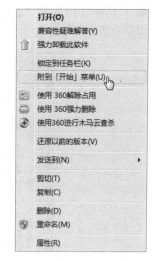

图 2.8 命令项的鼠标右键快捷菜单

2. 利用对话框个性化"开始"菜单

利用"自定义「开始」菜单"对话框个性化"开始"菜单。

❶ 用鼠标右键单击"开始"按钮,在弹出的快捷菜单上单击"属性"命令,如图 2.9 所示。

图 2.9 "开始"按钮的鼠标右键快捷菜单

❷ 打开"任务栏和「开始」菜单属性"对话框,如图 2.10 所示。用户可在该对话框中选择"电源按钮操作"方式(关机、切换用户、注销、锁定、重新启动、睡眠)和"隐私"策略。

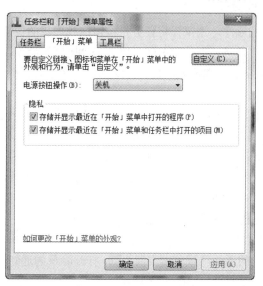

图 2.10 "任务栏和「开始」菜单属性"对话框

❸ 单击图 2.10 中的"自定义"按钮，打开"自定义「开始」菜单"对话框，如图 2.11 所示，用户可在该对话框按自己的喜好进行设置。

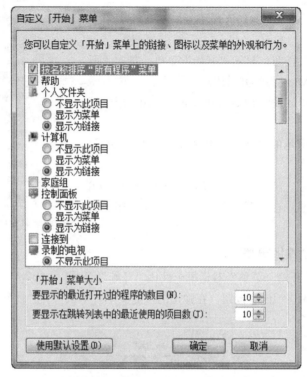

图 2.11 "自定义「开始」菜单"对话框

❹ 设置完成后，单击"确定"按钮，关闭对话框。

任务 4 个性化"任务栏"

❶ 更改任务栏按钮的顺序。用鼠标将任务栏按钮拖到理想的位置即可。

❷ 用鼠标右键单击"任务栏"的空白区，再单击"属性"命令，显示"任务栏和「开始」菜单属性"对话框的"任务栏"选项卡，如图 2.12 所示。在该对话框中，可以更改任务栏按钮的大小、外观和分组。

◆ 使用小图标：如果要减少任务栏按钮的高度，就选择"使用小图标"前面的复选框。

◆ 任务栏按钮："任务栏按钮"的默认设置为"始终合并、隐藏标签"，这个设置会阻止显示标签(窗口标题)，Windows 总是将一个应用程序的多个窗口合并成一个任务栏按钮。如果选择"当任务栏被占满时合并"，每个窗口就都会有自己的任务栏按钮，直到任务栏变得过于拥挤，Windows 才会将一个程序的多个窗口合并成单个任务栏按钮。如果选择"从不合并"，打开的窗口越多，每个任务栏按钮的大小就会越来越小。

❸ 如果要更改通知区域中某个项目的行为，则在图 2.12 中单击"通知区域"中的"自定义"按钮(或者在任务栏上的通知区域单击上箭头▲，打开隐藏的通知区域，再选择"自定义")，显示"通知区域图标"控制面板，如图 2.13 所示。

图 2.12 设置任务栏

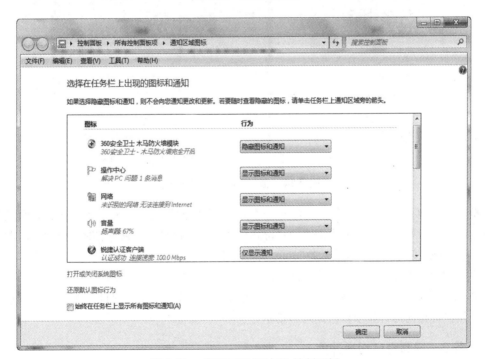

图 2.13 "通知区域图标"控制面板

❹ 单击要改变项目行为的下拉按钮,根据需要选择一个行为的"显示图标和通知"或"隐藏图标和通知"或"仅显示通知",完成更改后,单击"确定"按钮。

❺ 如果要改变任务栏的大小,可先用鼠标右键单击任务栏上的任意空白区域,在弹出的快捷菜单上去掉"锁定任务栏"前的小勾(如果没有小勾,则表示任务栏被解锁了),再用鼠标对准任务栏的上边框,当鼠标指针变成双向箭头时,按下鼠标左键上下拖动就可改变任务栏的

大小。

❻ 如果要移动任务栏，可先按上述方法解锁任务栏，然后用鼠标拖动任务栏到理想的位置。

任务 5　修改系统日期和时间

❶ 用鼠标右键单击通知区域的日期和时间图标，在如图 2.14(a)所示的快捷菜单中单击"调整日期/时间"命令，显示如图 2.14(b)所示的"日期和时间"对话框。或者，用鼠标左键单击通知区域的日期和时间图标，再在日期和时间面板中选择"更改日期和时间设置"，也可以打开该对话框。

(a) 快捷菜单　　　　　　　　　　(b)"日期和时间"对话框

图 2.14　修改系统日期和时间

❷ 在"日期和时间"标签中，单击"更改日期和时间"按钮，显示"日期和时间设置"对话框。在"日期"区域，选择正确的月份和日期；在"时间"区域内的时间框中，用微调按钮(上下箭头)改变时间，或直接修改时间。单击"日历设置"，可自定义日期和时间格式。

❸ 在"附加时钟"标签中，还可以再添加两个不同时区的时钟。

❹ 设置完成后，单击"确定"按钮，关闭对话框。任务栏上的时间就会改变，显示新的时间，用鼠标指向时钟显示新日期屏幕提示。

任务 6　提高窗口切换速度

❶ 用鼠标右键单击桌面上"计算机"，在快捷菜单中选择"属性"命令。在打开的窗口中单击左下角的"性能信息和工具"超链接。

❷ 如图 2.15 所示，在打开的"性能信息和工具"窗口中单击左侧的"调整视觉效果"超链接，打开"性能选项"对话框，单击"视觉效果"选项卡。

图 2.15　"桌面背景"窗口

❸ Windows 7 系统默认显示所有的视觉特效，用户可以在这里自定义显示部分效果，从而提升系统速度。

❹ 取消选中列表最后的"在最大化和最小化时动态显示窗口"复选框。

任务 7　提升 Windows 7 系统启动速度

❶ 在 Windows 7 系统的"开始"菜单的搜索框中输入"msconfig"，按 Enter 键，打开"系统配置"对话框，单击"引导"选项卡，如图 2.16 所示。

图 2.16　"系统配置"对话框

❷ 单击"高级选项"按钮，打开"引导高级选项"对话框，如图 2.17 所示，选中"处理

器数"复选框和"最大内存"复选框,并将两者的数值调整为最大值,单击"确定"按钮。

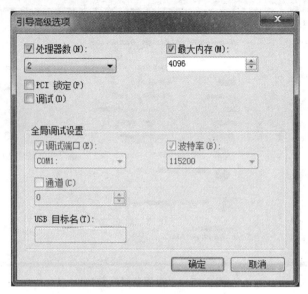

图 2.17　"引导高级选项"对话框

❸ 如图 2.18 所示,打开"系统配置"对话框,单击"重新启动"按钮,使设置生效。想要确切知道节省的时间,可以先记录下之前开机时所用时间,然后做详细比较。

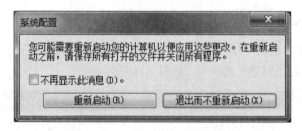

图 2.18　"系统配置"对话框

任务8　使用"轻松连接"请求协助

在教师配合下,使用"轻松连接"请求协助,其操作步骤如下。

❶ 通过以下4种方式打开如图 2.19 所示的"Windows 远程协助"对话框。

◆ 在"开始"菜单中选择"所有程序"→"维护"→"Windows 远程协助"。

◆ 在"开始"菜单的搜索框中输入"远程",然后单击结果列表中的"Windows 远程协助"(不要单击"远程桌面连接")。

◆ 在任何命令行(包括"开始"菜单的搜索框)中输入"msra"。

◆ 在"Windows 帮助和支持"中单击"询问",再单击"Windows 远程协助"链接。

❷ 在"Windows 远程协助"窗口中,单击"邀请信任的人帮助您"。

❸ 如果以前用过"轻松连接"功能,下一个对话框会显示上一个会话是在什么时候跟谁发生的,单击这个链接即可重新连接。如果想建立一个新连接,请单击"请求某个人帮助您"。

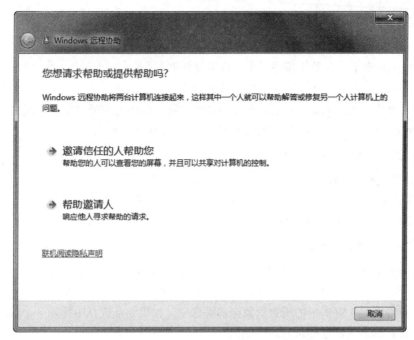

图 2.19 "Windows 远程协助"对话框

❹ 如果选择设置一个新连接,"Windows 远程协助"会生成一个由字母和数字组成的 12 位密码,并将这个密码以电话、电子邮件或者即时通信的方式传给帮助者。

"新手"用"轻松连接"邀请了"专家"后,"专家"要执行以下几步操作。

❶ 打开"Windows 远程协助"。

❷ 单击"帮助邀请人"。

❸ 单击"帮助某个新人"(如果想重新建立以前的一个连接,直接从列表中选择连接即可)。

❹ 单击"使用轻松连接"。

❺ 输入 12 位密码 (密码不区分大小写)。

实验二 文件管理的操作

【实验目的】

(1) 掌握选定文件或文件夹的方法和技巧。

(2) 掌握文件或文件夹重命名的方法和技巧。

(3) 掌握查看、添加或更改文件或文件夹属性的方法。

(4) 掌握将文件包含到库或从库中删除文件的方法。

(5) 掌握创建虚拟硬盘的方法。

任务 1 选定文件或文件夹

1. 选定单个文件或文件夹

用鼠标单击所要选定的文件或文件夹,显示为带浅蓝色的底色和边框,即为完成选择。

2. 选定多个连续的文件或文件夹

❶ 单击所要选定的第一个文件或文件夹。

❷ 按住 Shift 键不放，单击最后一个文件或文件夹。

❸ 松开 Shift 键，完成连续的文件或文件夹的选择。

若用键盘操作，则步骤如下：用方向键移动光标到所要选定的第一个文件或文件夹上，然后按住 Shift 键不放，用方向键移动光标到最后一个文件或文件夹上。

3. 选定多个不连续的文件或文件夹

❶ 单击所要选定的第一个文件或文件夹。

❷ 按住 Ctrl 键不放，单击其余的要选定的文件或文件夹。

❸ 松开 Ctrl 键，完成不连续的文件或文件夹的选择。

4. 选定全部文件或文件夹

❶ 在"Windows 资源管理器"中，用鼠标单击选定要操作的"内容"窗格。

❷ 在工具栏上单击"组织"，然后单击"全选"。或者，按"Ctrl + A"键。

这时，在"内容"窗格中的所有对象全部被选中。如果要从选择中排除一个或多个项目，则按住 Ctrl 键，然后单击这些项目。

5. 使用复选框选择多个文件或文件夹

❶ 依次单击"开始"、"控制面板"、"外观和个性化"，再单击"文件夹选项"，打开"文件夹选项"对话框。或者，单击工具栏上的"组织"，再单击"文件夹和搜索选项"，也可以打开"文件夹选项"对话框。

❷ 单击"查看"选项卡。

❸ 在"高级设置"列表中，选中"使用复选框以选择项"复选框，单击"应用"按钮，最后单击"确定"按钮。

❹ 用鼠标指向"Windows 资源管理器"的内容窗格中的文件或文件夹时，项目的左侧或左上角(与使用的视图有关)会出现复选框，单击即可选中它，如图 2.20 所示。

图 2.20　文件和文件夹被选中时的形态

任务 2　建立文件或文件夹

❶ 要建立文件夹，可执行以下操作。

◆ 在"Windows 资源管理器"的导航窗格中，选定将要建立文件夹所在的文件夹。

◆ 在工具栏上单击"新建文件夹"。输入文件夹名称，按 Enter 键。

❷ 如果要新建文件或文件夹，则用鼠标右键单击内容窗格的空白区域，弹出如图 2.21 所示的快捷菜单，用鼠标指向"新建"。

图 2.21 用快捷菜单建立文件或文件夹

❸ 如果要建立文件夹，则单击"文件夹"；如果要建立文件，则要选择建立的文件类型。

❹ 窗口中将出现带临时名称的文件或文件夹，键入新文件或文件夹的名称，按 Enter 键或用鼠标左键单击其他任何地方。

任务 3 重命名文件或文件夹

❶ 在"Windows 资源管理器"的内容窗格中单击要重命名的文件或文件夹。

❷ 在工具栏上单击"组织"菜单，再单击"重命名"命令。或者，用鼠标右键单击要重命名的文件或文件夹，从弹出快捷菜单中选择"重命名"命令，如图 2.22 所示。

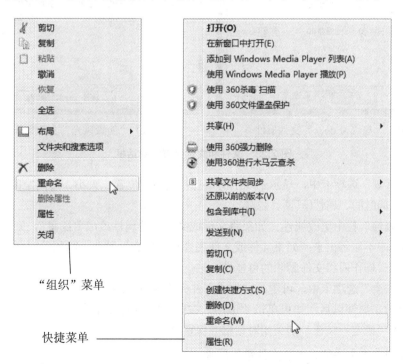

图 2.22 "重命名"文件或文件夹

这时，文件或文件夹名呈反白显示，如 西藏风光 。用鼠标连续两次单击文件或文件夹名也可使其反白显示。

❸ 直接键入新名称，然后按 Enter 键或用鼠标单击其他空白处。

任务 4　文件或文件夹属性的操作

1. 查看或更改文件或文件夹的属性

❶ 选定要查看或更改属性的文件或文件夹。

❷ 在"组织"菜单或快捷菜单中选择"属性"命令，打开如图 2.23 所示的对话框(文件和文件夹属性对话框有所不同，不同的文件的属性对话框又略有不同，请注意观察)。

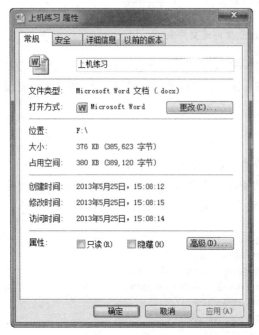
(a)　"上机练习.docx"文件属性

(b)　"西藏风光"文件夹属性

图 2.23　文件和文件夹属性对话框

❸ 在"常规"选项卡中，显示了以下的信息：类型、位置、大小、占用空间、创建时间、修改时间、访问时间、属性(只读、隐藏)。

❹ 在"属性"栏中更改属性。如果将文件或文件夹的属性改成"隐藏"，则在"Windows 资源管理器"中不显示出来；如果文件或文件夹具有"只读"属性，则删除时需要附加确认，从而减小了因误操作而将文件删除的可能性。

❺ 在"安全"选项卡中，可更改文件或文件夹的修改权限。

❻ 在更改了属性以后，如果单击"应用"按钮，则不关闭对话框就可使所进行的操作有效；如果单击"确定"按钮，则关闭对话框并保留更改。

2. 在细节窗格中添加或更改文件常见属性

❶ 打开包含要更改的文件的文件夹，然后单击文件。

❷ 在 "Windows 资源管理器" 的细节窗格中, 在要添加或更改的属性旁单击, 键入新的属性(或更改该属性), 然后单击 "保存" 按钮, 如图 2.24 所示。

图 2.24 在细节窗格中添加或更改文件属性

❸ 若要添加多个属性, 则应使用分号将每个项目分隔开。若要对视频、图片文件使用分级属性对文件进行分级, 则单击要应用的代表分级的星星。

3. 添加或更改细节窗格中未显示的文件属性

❶ 打开包含要更改的文件的文件夹。

❷ 用鼠标右键单击该文件, 然后单击 "属性"; 或者先选中该文件, 再在工具栏上单击 "组织", 然后单击 "属性"。

❸ 在 "属性" 对话框中, 单击 "详细信息" 选项卡, 如图 2.25 所示。

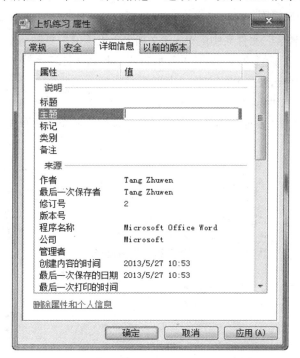

图 2.25 文件 "属性" 对话框的 "详细信息"

❹ 在 "值" 下, 在要添加或更改的属性旁单击, 键入字词或短语, 然后单击 "确定" 按钮。如果 "值" 下的部分显示为空, 在该位置单击, 将会显示一个框。

4. 在保存文件时添加或更改属性

❶ 在所使用程序的 "文件" 菜单中, 单击 "另存为" 按钮, 出现 "另存为" 对话框。

❷ 在 "另存为" 对话框中键入标记和其他属性, 如图 2.26 所示。

图 2.26 在"另存为"对话框中向文件添加属性

❸ 键入该文件的名称，然后单击"保存"对话框。

任务 5 "库"的操作

1. 将文件包含到文档库

将事先创建好"教学"文件夹中的 Word 文档"上机练习"复制到文档库。

❶ 在"Windows 资源管理器"窗口的导航窗格中找到并打开"教学"文件夹。

❷ 在内容窗格中单击要复制的文件"上机练习"。

❸ 单击工具栏上的"组织"菜单，再单击"复制"命令；或者用鼠标右键单击"上机练习"，在快捷菜单中单击"复制"命令；或者单击"编辑"菜单，再单击"复制"命令，如图 2.27 所示。

图 2.27 复制文件或文件夹

❹ 在导航窗格中单击文档库。

❺ 单击工具栏上"组织"菜单中的"粘贴"命令；或者，在文档库的内容窗格中的空白
处单击鼠标右键，在快捷菜单中单击"粘贴"命令；或者，单击"编辑"菜单中的"粘贴"命
令。完成复制。

❻ 更改文件副本的文件名，如更名为"上机练习 2"。

2. 从文档库中删除文件

删除文档库中的"上机练习"文件。

❶ 在"Windows 资源管理器"窗口导航窗格中，用鼠标指向"库"，库的前面出现符号"▷"，
单击它，展开库文件夹，再单击"文档"。

❷ 在"内容"窗格中选中"上机练习"文档。

❸ 按 Delete 键，或选择"组织"菜单中的"删除"命令，或选择"文件"菜单中的"删
除"命令。

这时，出现"删除文件"对话框，如图 2.28 所示。

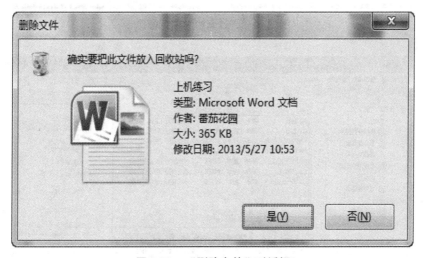

图 2.28　"删除文件"对话框

❹ 单击对话框中的"是"按钮，即可将被选定对象"上机练习"移入回收站文件夹中(这
称为预删除，此文件夹还可以通过"回收站"文件夹将其恢复)。

任务 6　创建虚拟硬盘

❶ 用鼠标右键单击桌面上"计算机"图标，在快捷菜单中选择"管理"命令，打开"计
算机管理"窗口，如图 2.29 所示。在左侧窗格中选择"磁盘管理"选项。

❷ 在右侧的"操作"窗格中单击"更多操作"，如图 2.30 所示，在弹出的下拉菜单中选择
"创建 VHD"选项。

图 2.29 "计算机管理"窗口

图 2.30 在下拉菜单中选择"创建 VHD"选项

❸ 打开"创建和附加虚拟硬盘"对话框,如图 2.31 所示。

❹ 指定虚拟磁盘的位置和大小,单击"确定"按钮以完成操作。

❺ 在"计算机管理"窗口右侧的"操作"窗格中单击"更多操作",在弹出的下拉列表中选择"附加 VHD"选项,打开"附加虚拟硬盘"对话框,如图 2.32 所示,指定虚拟硬盘的位置和设置其是否只读。

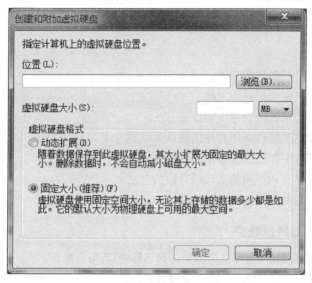

图 2.31　"创建和附加虚拟硬盘"对话框

图 2.32　"附加虚拟硬盘"对话框

❻ 在中间区域的窗格中，右键单击新创建的虚拟硬盘"磁盘 2"，在弹出的快捷菜单中选择"初始化磁盘"选项。打开"初始化磁盘"对话框，如图 2.33 所示，选择要设置的分区模式。

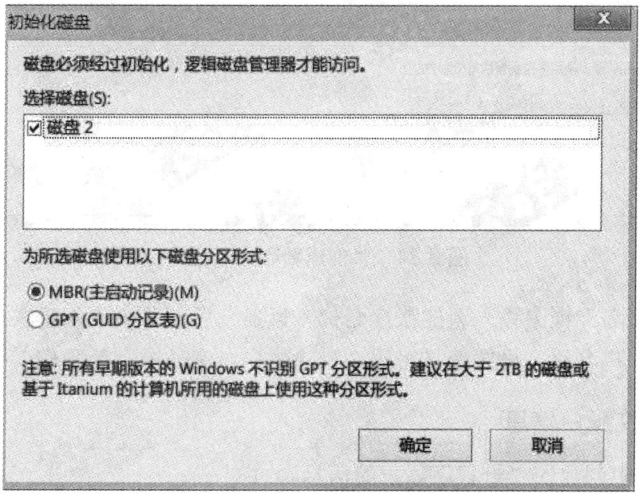

图 2.33　"初始化磁盘"对话框

实验三 控制面板的操作

【实验目的】

(1) 掌握创建新用户账户的方法。

(2) 掌握修改用户账户信息的方法。

(3) 掌握快速启动家长控制速度的设置方法。

(4) 掌握检查和更改附件应用程序的默认关联的方法。

(5) 掌握从计算机中删除或安装字体的方法。

(6) 掌握驱动程序自动更新的关闭或开启的方法。

(7) 掌握消息通知的关闭或开启的方法。

任务 1 创建新用户账户

创建一个名为"野狼"(也可以是其他任何名称)的新用户账户。

❶ 在"用户账户"窗口中,单击"管理其他账户",出现"管理账户"窗口。或者,在控制面板主窗口中单击"用户账户和家庭安全"下的"添加或删除用户账户"。

❷ 在"管理账户"窗口中,单击"创建一个新账户",出现如图 2.34 所示的"创建新账户"窗口。

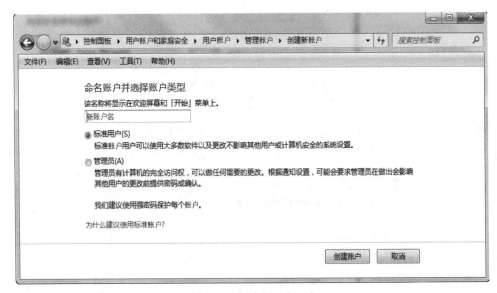

图 2.34 "创建新账户"窗口

❸ 在"新账户名"框中输入新的账户名称"野狼"后,单击"创建账户"按钮。

❹ 进行更改账户名称、设置登录密码、删除账户、家长控制等操作。

任务 2 修改账户信息

修改在任务 1 中创建的"野狼"账户的信息。

❶ 新用户账户创建后,会出现如图 2.35 所示的"管理账户"窗口。

图 2.35 "管理账户"窗口列出的用户账户

❷ 在"选择希望更改的账户"列表中，单击"野狼"图标，出现如图 2.36 所示的"更改账户"窗口。

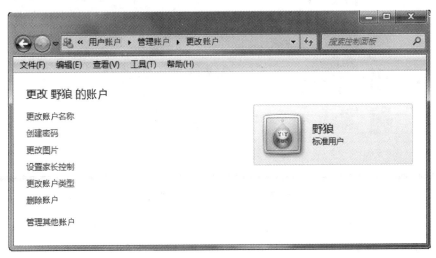

图 2.36 "更改账户"窗口

❸ 单击"更改账户名称"，出现"重命名账户"窗口，在"新账户名"框中输入一个新名称后，单击"更改名称"按钮，就可将"野狼"这一名称更改为其他名称。

单击"创建密码"，出现"创建密码"窗口，在"新密码"框中输入一组密码，在"确认新密码"框中再次输入同一组密码，在"输入密码提示"框中输入一密码提示(用于在忘记密码时帮助用户回忆密码)，单击"创建密码"按钮，完成密码创建。

单击"更改图片"，出现"选择图片"窗口，在系统图片列表中选择一个新图片，也可以单击"浏览更多图片"，在打开的"Windows 资源管理器"窗口中选择其他图片。单击"更改图片"按钮完成图片更改，更改后的图片会出现在欢迎屏幕上。

单击"家长控制"，出现"家长控制"窗口。在这里限制用户使用计算机的时间，筛选 Web 内容，指定能运行的游戏和其他程序。具有管理员权限才能查看或更改"家长控制"设置，而且为不是管理员账户的标准用户配置"家长控制"权限。

单击"更改账户类型"，出现"更改账户类型"窗口，在此可将账户类型更改为"管理员"或"标准用户"。

任务3 加快启动家长控制的速度

❶ 双击桌面上的"计算机"图标，在打开的窗口中单击"打开控制面板"按钮，打开"控制面板"窗口，如图 2.37 所示。

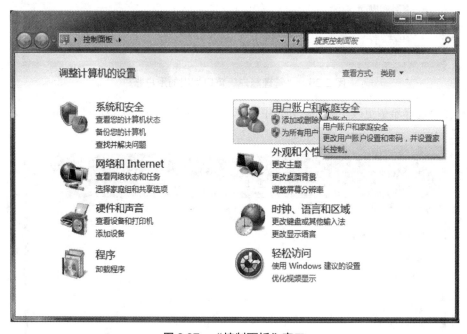

图 2.37 "控制面板"窗口

❷ 单击"用户账户和家庭安全"，打开"用户账户和家庭安全"窗口，再单击"家长控制"。创建一个新账户，单击该新账户打开"用户控制"窗口，如图 2.38 所示。

❸ 在该窗口中，选中"启用，应用当前设置"单选钮。用户可以根据需要对时间、游戏及允许和阻止特定程序等进行设置。

❹ 单击"确定"按钮。

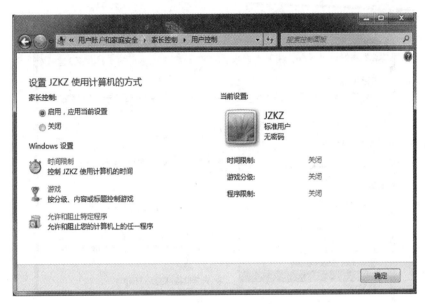

图 2.38 "用户控制"窗口

任务 4 检查和更改应用程序的默认关联

检查和更改"画图"程序的默认关联。

❶ 单击"开始"菜单右侧的"默认程序",打开如图 2.39 所示的窗口。

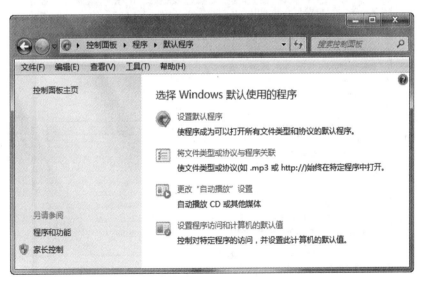

图 2.39 "默认程序"窗口

❷ 单击"默认程序",打开如图 2.40 所示的"设置默认程序"窗口,选择"画图"后,发现"画图"总共能处理 3 个文件类型或协议。

❸ 要查看和修改"画图"当前处理的文件类型或协议,单击"选择此程序的默认值",打开如图 2.41 所示的"设置程序关联"窗口,列出了"画图"能处理的所有扩展名和协议。

图 2.40　"画图"被设为 3 个文件类型或协议的默认程序

图 2.41　设置程序关联

❹ 要使"画图"成为其他扩展名或协议的默认程序，先选中对应的复选框，再单击"保存"按钮。要使"画图"成为唯一的默认程序，先选中"全选"复选框，再单击"保存"按钮；

或者在图 2.40 中单击"将此程序设置为默认值"。

任务 5　删除系统中多余的字体

❶　依次单击"开始"、"控制面板",打开 Windows 7 系统的"控制面板"窗口,如图 2.42 所示。

图 2.42　"控制面板"窗口

❷　单击右上方的"查看方式"后的"类别"按钮,在弹出的下拉列表中选择"小图标"选项,如图 2.43 所示在"控制面板"窗口中单击"字体"。

图 2.43　"控制面板"小图标窗口

❸ 在如图 2.44 所示的"字体"窗口中，将那些从来不用或者不认识的字体删除，删除的字体越多，就能得到越多的空闲系统资源。如果担心以后用到这些字体时不方便寻找，也可以不删除，而是将不用的字体保存在另外的文件夹中，然后将其放到其他磁盘中即可。

也可以在系统盘中找到字体文件夹"Fonts"(C:\Windows\Fonts)，删除其中不用的字体。

图 2.44　"字体"窗口

任务 6　关闭自动更新驱动程序

Windows Update 是现在大多数 Windows 的一种自动更新工具，一般用来为漏洞、驱动和软件提供升级和更新。但是，可以通过设置来关闭硬件驱动程序的自动更新。

❶ 打开"控制面板"窗口，单击"查看设备和打印机"，再打开"设备和打印机"窗口，如图 2.45 所示。

❷ 在图 2.45 中，右键单击"JCLG-PC"图标，从弹出的快捷菜单中选择"设备安装设置"命令。打开"设备安装设置"对话框，如图 2.46 所示。

❸ 在对话框中选中"否，让我选择要执行的操作"单选钮，再选中"从不安装来自 Windows Update 的驱动程序软件"单选钮。

❹ 单击"保存更改"按钮。

任务 7　关闭系统通知

1. 关闭系统消息通知

❶ 依次单击"开始"、"控制面板"、"查看方式"后的"类别"按钮，打开"所有控制面板项"窗口，如图 2.47 所示，单击"通知区域图标"。

图 2.45 "设备和打印机"窗口

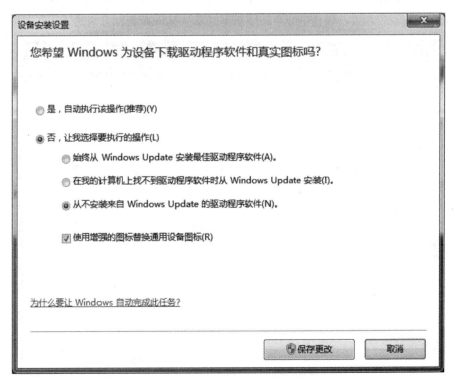

图 2.46 "设备安装设置"对话框

图 2.47 "所有控制面板项"窗口

❷ 如图 2.48 所示，用户可以在打开的"通知区域图标"窗口中改变操作中心、网络、声音、Windows 资源管理器、媒体中心小程序托盘以及 Windows 自动升级的通知和图标。

图 2.48 "通知区域图标"窗口

2. 关闭安全通知

❶ 打开"控制面板"窗口,单击"系统和安全",然后在打开的窗口中单击"操作中心"。在打开的"操作中心"窗口的左侧导航栏中单击"更改操作中心设置",打开"更改操作中心设置"窗口,如图 2.49 所示。

图 2.49 "更改操作中心设置"窗口

❷ 用户可以在该窗口中关闭一些通知,包括 Windows Update、Internet 安全设置、网络防火墙、间谍软件和相关保护、用户账户控制、病毒防护、Windows 备份、Windows 疑难解答及检查更新等。

实验四 附件应用程序使用

【实验目的】

学会使用 Windows 附件应用程序开展相应的工作。

任务 1 使用"写字板"对文档进行简单排版

❶ 单击"开始"按钮,然后在弹出的菜单中依次单击"所有程序"、"附件"、"写字板"。

❷ 打开"写字板"窗口,在编辑区输入需要的文字,插入图片等,如图 2.50 所示。

❸ 选中文字、图片等对象,使用功能区中的命令设置其格式。

任务 2 在 Word 文档中打开"画图"程序

❶ 单击"开始"按钮,依次指向"所有程序"、"Microsoft Office",再单击"Microsoft Word

2010"命令项,启动 Word 字处理软件。

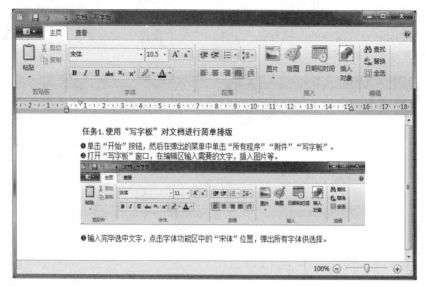

图 2.50 用"写字板"对文档排版

❷ 在"插入"选项卡的"文本"组中单击"对象",打开如图 2.51 所示的"对象"对话框。

图 2.51 选择插入"Bitmap Image"对象

❸ 在"对象类型"列表框中选中"Bitmap Image"。

❹ 单击"确定"按钮。

这时,"画图"程序插入 Word 文档中,如图 2.52 所示。

❺ 在文档中绘图区域,用"画图"程序的工具绘图,完成后在文档的空白处单击鼠标左键,回到 Word 文档编辑状态。

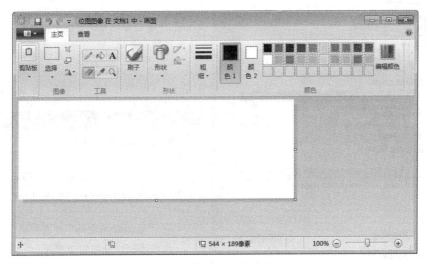

图 2.52 插入"画图"程序的 Word 窗口

实验五 磁盘维护

【实验目的】

(1) 掌握磁盘清理、磁盘碎片整理的方法。

(2) 了解磁盘清理、磁盘碎片整理程序维护计算机磁盘的方法。

任务 1 清理系统盘

❶ 单击"开始"按钮，依次指向"所有程序"、"附件"、"系统工具"，再单击"磁盘清理"命令，打开"驱动器选择"对话框，如图 2.53(a)所示。

在"控制面板"窗口，依次单击"系统和安全"、"释放磁盘空间"，也能打开该对话框。

❷ 先从"驱动器"下拉列表中选择待清理的磁盘盘符，如 C 盘，再单击"确定"按钮。系统开始搜索待清理文件，显示"磁盘清理"对话框，计算 C 盘上可以释放的空间，如图 2.53(b)所示。

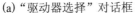
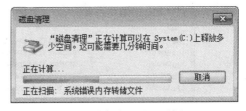

(a)"驱动器选择"对话框　　　　　　　(b)"磁盘清理"对话框

图 2.53 选择要清理的磁盘

❸ 计算结束后，自动关闭"磁盘清理"对话框，显示"System (C:)的磁盘清理"对话框，如图 2.54 所示。

❹ 在"要删除的文件"列表框中，显示了待清理项目的名称，单击项目名称左侧的复选框，确认待清理的项目。单击"确定"按钮，出现"磁盘清理"对话框，单击"删除文件"按

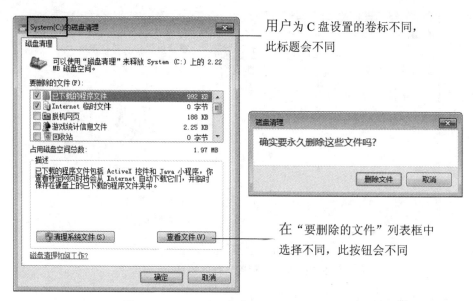

用户为 C 盘设置的卷标不同，
此标题会不同

在"要删除的文件"列表框中
选择不同，此按钮会不同

图 2.54　"System (C:)的磁盘清理"对话框

钮，计算机开始进行磁盘清理工作，并显示磁盘清理进度对话框。

任务 2　整理系统盘碎片

❶ 单击"开始"按钮，依次指向"所有程序"、"附件"、"系统工具"，单击再"磁盘碎片整理程序"命令，打开"磁盘碎片整理程序"窗口，如图 2.55 所示。

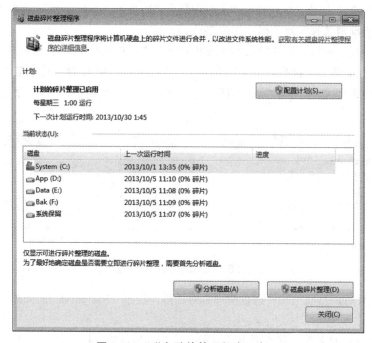

图 2.55　"磁盘碎片整理程序"窗口

在"控制面板"窗口，依次单击"系统和安全"、"对硬盘进行磁盘整理"，也可打开该窗口。

❷ 在"当前状态"列表中，单击待整理碎片的驱动器名称，如 C 盘。

❸ 单击"分析磁盘"按钮，进行磁盘碎片分析。分析完成后，系统会为用户提出需要或不需要进行碎片整理的报告，用户根据实际决定是否进行碎片整理。若决定进行碎片整理，则单击"磁盘碎片整理"按钮，开始碎片整理并在"进度"栏下显示整理进度(可能需要几分钟到几小时才能完成，具体取决于硬盘碎片的大小和程度)。

❹ 整理完成后，在"上一次运行时间"栏下显示当前时间，单击"关闭"按钮结束操作。

2.2　案例分析

例 2.1　Windows 中用户可以用来查看最新消息并解决计算机问题的功能名称是什么？

答：操作中心。

知识点：操作中心的作用。

分析：操作中心是一个查看警报和执行操作的中心位置，它可帮助保持 Windows 稳定运行。依次单击"开始"、"控制面板"、"系统和安全"、"操作中心"，可打开"操作中心"窗口，如图 2.56 所示。单击"安全"或"维护"右侧的箭头，可查看详细信息。

图 2.56　"操作中心"窗口

将鼠标指向任务栏最右侧的通知区域中的"操作中心"图标 ，可快速查看操作中心中是否有新消息，单击某消息解决问题，也可单击该图标，打开"操作中心"。

例2.2 在 E 盘上创建文件夹"JSJ"，应该如何操作？

答：操作步骤如下。

❶ 在任务栏上单击"Windows 资源管理器"图标，打开"Windows 资源管理器"窗口。

❷ 在导航窗格依次单击"计算机"、"E"盘图标。

❸ 单击工具栏上的"新建文件夹"按钮，即在内容窗格中创建一个新文件夹，并选中文件夹名。

❹ 直接输入"JSJ"，在空白处单击完成操作。

其他方法：在 E 盘任意空白处用鼠标右键单击，在弹出的快捷菜单中选"新建"，在下级子菜单中选择"文件夹"命令，输入文件名"JSJ"。

知识点：创建文件夹。

例2.3 创建文件夹"JSJ"的桌面快捷方式。

答：操作步骤依次为选中文件夹"JSJ"、"文件"菜单、"发送到"、"桌面快捷方式"。

其他方法：选中并用鼠标右键单击文件夹"JSJ"，"发送到"、"桌面快捷方式"。或者选中文件夹"JSJ"、直接用鼠标将"JSJ"拖曳到桌面上。

知识点：创建文件、文件夹或程序的桌面快捷方式。

例2.4 将 E 盘文件夹"JSJ"设置为只读，隐藏属性。

答：在"Windows 资源管理器"窗口中，选中"JSJ"文件夹，单击"文件"、"属性"，弹出"JSJ 属性"对话框，在"常规"选项卡中选中"只读"、"隐藏"复选框，依次单击"应用"按钮、"确定"按钮。

知识点：文件或文件夹属性。

例2.5 写出启动"记事本"的操作步骤。

答：依次单击"开始"、"所有程序"、"附件"、"记事本"。

知识点：记事本的应用、文本文件。

例2.6 要安装 Windows 7，系统磁盘分区应该是什么格式？为什么？

答：NTFS 格式。

其原因如下。

❶ NTFS 是一个可恢复的文件系统，在 NTFS 分区上，用户很少需要运行磁盘修复程序，NTFS 通过使用标准的事务处理日志和恢复技术来保证分区的一致性。发生系统失败事件时，NTFS 使用日志文件和检查点信息自动恢复文件系统的一致性。

❷ NTFS 支持对分区、文件夹和文件的压缩。任何基于 Windows 的应用程序对 NTFS 分区上的压缩文件进行读写时不需要事先由其他程序进行解压缩，当对文件进行读取时，文件将自动进行解压缩；当文件关闭或保存时，会自动对文件进行压缩。

❸ NTFS 采用了更小的簇，可以更有效率地管理磁盘空间。当分区的大小在 2GB 以上(2GB～2TB)时，簇的大小都为 4KB。相比之下，NTFS 可以比 FAT32 更有效地管理磁盘空间，最大限度地避免了磁盘空间的浪费。

❹ 在 NTFS 分区上，可以为共享资源、文件夹以及文件设置访问许可权限。

知识点：磁盘格式化、NTFS 格式的优点。

例2.7 在 Windows 7 中，可以进行哪些个性化设置？简述操作步骤。

答：在 Windows 7 中，至少可以进行 7 个方面的个性化设置。

❶ 更换桌面主题。其操作步骤为：在桌面空白处用鼠标右键单击，在弹出的快捷菜单中选择"个性化"选项，打开"个性化"窗口。系统中预先提供数十款不同的主题，用户可以随意挑选其中的任何一款。

❷ 创建桌面背景幻灯片。其操作步骤为：在"个性化"窗口，单击"桌面背景"，打开"桌面背景"窗口，选择图片位置列表，按住 Ctrl 键选择多个图片文件，设定时间参数和图片显示方式，最后单击"保存"即可。

❸ 移动任务栏。其操作步骤为：用鼠标右键单击任务栏，选择"属性"命令，单击"任务栏"选项卡，在"屏幕任务栏位置"下拉列表中选择所需的位置，单击"确定"按钮。

❹ 添加应用程序和文档到任务栏。其操作步骤为：若是正在使用的程序和文档，则在任务栏上，用鼠标右键单击它的图标，在快捷菜单中选择"将此程序锁定到任务栏"命令；若是未运行的程序，则在资源管理器窗口中找到该文件，在"文件"菜单或在快捷菜单中单击"锁定到任务栏"命令。

❺ 自定义开始菜单。其操作步骤为：用鼠标右键单击"开始"按钮，选择"属性"命令，打开"任务栏和「开始」菜单属性"对话框"「开始」菜单"选项卡，单击"自定义"按钮，打开"自定义「开始」菜单"对话框，如图 2.57 所示，选择设置，单击"确定"按钮。

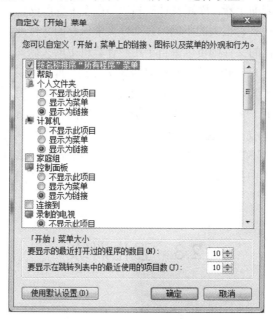

图 2.57　"自定义「开始」菜单"对话框

❻ 设置关机按钮选项。其操作步骤为：用鼠标右键单击"开始"按钮，选择"属性"命令，再选择"「开始」菜单"选项卡，在"电源按钮操作"下拉列表中选择默认系统状态，单击"确定"按钮。

❼ 添加桌面小工具。其操作步骤为：用鼠标右键单击桌面空白处，在快捷菜单中选择"小工具"命令，如图 2.58 所示，双击某个工具即可将该工具添加到桌面。

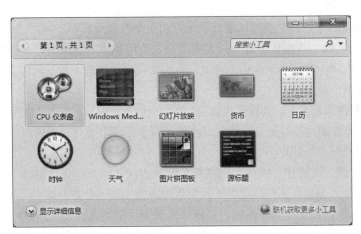

图 2.58 系统小工具

知识点：更换桌面主题、创建桌面背景幻灯片、移动任务栏、添加应用程序和文档到任务栏、自定义开始菜单、设置关机按钮选项、添加桌面小工具等。

例 2.8 Windows 7 的默认库有哪些？库与文件夹有什么区别？

答：Windows 7 中有视频、图片、文档和音乐 4 个默认库。

一是存储的差异。表面上看，库跟文件夹相似，在库中也可以包含各种各样的子库与文件等。但是其本质上与文件夹有很大的不同，在文件夹中保存的文件或者子文件夹，要存储在同一个地方，而在库中存储的文件则可以来自于用户计算机上的关联文件，或者来自于移动磁盘上的文件。这个差异看起来比较细小，但确是传统文件夹与库之间的最本质的差异。

二是管理方式上的差异。库的管理方式更加接近于快捷方式，用户可以不用关心文件或文件夹的具体存储位置。用户在库中就可以看到所需要了解的全部文件(只要用户事先把这些存储在硬盘或移动磁盘中的文件或者文件夹加入库中)。或者说，库中的对象就是各种文件夹与文件的一个快照，库中并不真正存储文件，只提供一种更加快捷的管理方式。如果库中的文件来自移动磁盘，那么在库中打开这些文件时，要确保移动磁盘已经连接到用户主机上了。

知识点：库、文件夹。

2.3 强化训练

一、选择题

1. Windows 的整个显示屏幕称为_____。

A) 窗口   B) 操作台   C) 工作台   D) 桌面

2. 在 Windows 默认状态下，鼠标指针 的含义是_____。

A) 忙   B) 链接选择   C) 后台操作   D) 不可用

3. 安装并启动 Windows 系统后，由系统安排在桌面上的图标是_____。

A) 资源管理器   B) 回收站   C) Word   D) Internet Explorer

4. 在 Windows 中为了重新排列桌面上的图标，首先应进行的操作是_____。

A) 用鼠标右键单击桌面空白处

B) 用鼠标右键单击任务栏空白处

C) 用鼠标右键单击已打开窗口的空白处

D) 用鼠标右键单击"开始"菜单空白处

5. 删除 Windows 桌面上的某个应用程序快捷方式图标，意味着_____。

A) 该应用程序连同其图标一起被删除

B) 只删除了该应用程序，对应的图标被隐藏

C) 只删除了图标，对应的应用程序被保留

D) 该应用程序连同图标一起被隐藏

6. 在 Windows 中，任务栏_____。

A) 只能改变位置，不能改变大小

B) 只能改变大小，不能改变位置

C) 既不能改变位置，也不能改变大小

D) 既能改变位置，也能改变大小

7. Windows 中文件的属性有_____。

A) 只读、隐藏　　　　B) 存档、只读　　　　C) 隐藏、存档　　　　D) 备份、存档

8. 下列叙述中，正确的是_____。

A) "开始"菜单只能用鼠标单击"开始"按钮才能打开

B) Windows 任务栏的大小是不能改变的

C) "开始"菜单是系统生成的，用户不能更改它

D) Windows 的任务栏可以放在桌面任意一条边上

9. 利用窗口左上角的控制菜单图标不能实现的操作是_____。

A) 最大化窗口　　　　B) 打开窗口　　　　C) 移动窗口　　　　D) 最小化窗口

10. 在 Windows 中，利用键盘操作，移动已选定窗口的正确方法是_____。

A) 按 Alt+空格键打开窗口的控制菜单，然后按 N 键，用光标键移动窗口并按 Enter 键确认

B) 按 Alt+空格键打开窗口的快捷菜单，然后按 M 键，用光标键移动窗口并按 Enter 键确认

C) 按 Alt+空格键打开窗口的快捷菜单，然后按 N 键，用光标键移动窗口并按 Enter 键确认

D) 按 Alt+空格键打开窗口的控制菜单，然后按 M 键，用光标键移动窗口并按 Enter 键确认

11. 在 Windows 中，用户同时打开多个窗口时，可以层叠式或堆叠式排列。要想改变窗口的排列方式，应进行的操作是_____。

A) 用鼠标右键单击任务栏空白处，然后在弹出的快捷菜单中选取要排列的方式

B) 用鼠标右键单击桌面空白处，然后在弹出的快捷菜单中选取要排列的方式

C) 打开资源管理器，依次选择"查看"、"排列图标"命令

D) 打开"计算机"窗口，依次选择"查看"、"排列图标"命令

12. 在 Windows 中，在一个窗口已经最大化后，下列叙述中错误的是_____。

A) 该窗口可以关闭　　　　　　　　　　B) 该窗口可以移动

C) 该窗口可以最小化　　　　　　　　　D) 该窗口可以还原

13. 在 Windows 下，在一个应用程序窗口被最小化后，该应用程序_____。
A) 终止运行
B) 暂停运行
C) 继续在后台运行
D) 继续在前台运行

14. Windows 中窗口与对话框的区别是_____。
A) 对话框不能移动，也不能改变大小
B) 两者都能移动，但对话框不能改变大小
C) 两者都能改变大小，但对话框不能移动
D) 两者都能改变大小和移动

15. 下列关于 Windows 对话框的叙述中，错误的是_____。
A) 对话框是提供给用户与计算机对话的界面
B) 对话框的位置可以移动，但大小不能改变
C) 对话框的位置和大小都不能改变
D) 对话框中可能会出现滚动条

16. 在 Windows 中，用户可以使用_____功能释放磁盘空间。
A) 磁盘清理
B) 磁盘碎片整理
C) 桌面清理
D) 删除桌面快捷方式

17. 在"Windows 资源管理器"中，单击左侧导航窗格中文件夹图标左侧的"▨"图标后，屏幕上显示结果的变化是_____。
A) 该文件夹的下级文件夹显示在窗口右部
B) 左侧导航窗格中显示的该文件夹的下级文件夹消失
C) 该文件夹的下级文件夹显示在左侧导航窗格中
D) 右侧窗格中显示的该文件夹的下级文件夹消失

18. 在"Windows 的资源管理器"中，若希望显示文件的名称、类型、大小等信息，则应该选择"查看"菜单中的_____命令。
A) 列表
B) 详细资料
C) 大图标
D) 小图标

19. "Windows 是一个多任务操作系统"指的是_____。
A) Windows 可运行多种类型各异的应用程序
B) Windows 可同时运行多个应用程序
C) Windows 可供多个用户同时使用
D) Windows 可同时管理多种资源

20. 不能打开"Windows 资源管理器"的操作是_____。
A) 单击任务栏上的"Windows 资源管理器"图标
B) 用鼠标右键单击"开始"按钮
C) 在"开始"菜单中依次选择"所有程序"、"附件"、"Windows 资源管理器"命令
D) 单击任务栏空白处

21. 按住鼠标左键的同时，在同一驱动器不同文件夹内拖动某一对象，结果是_____。
A) 移动该对象
B) 复制该对象
C) 无任何结果
D) 删除该对象

22. 非法的 Windows 文件夹名是_____。
A) x+y
B) x−y
C) X*Y
D) X÷Y

23. 执行_____操作，将立即删除选定的文件或文件夹，而不会将它们放入回收站。

A) 按住 Shift 键，再按 Del 键　　　　　　B) 按 Del 键

C) 选择"文件"，"删除"菜单命令　　　　　D) 在快捷菜单中选择"删除"命令

24. 在 Windows 的窗口中，选中末尾带有省略号的菜单命令意味着_____。

A) 将弹出下级菜单　　　　　　　　　　　B) 将执行该菜单命令

C) 该菜单项已被选用　　　　　　　　　　D) 将弹出一个对话框

25. Windows 中，按 PrintScreen 键，则使整个桌面内容_____。

A) 打印到打印纸上　　　　　　　　　　　B) 打印到指定文件

C) 复制到指定文件　　　　　　　　　　　D) 复制到剪贴板

26. 图标是 Windows 操作系统中的一个重要概念，用于表示 Windows 的对象。它可以指_____。

A) 文档或文件夹　　　　　　　　　　　　B) 应用程序

C) 设备或其他的计算机　　　　　　　　　D) 以上都正确

27. 在 Windows 中，下列关于"任务栏"的叙述，错误的是_____。

A) 可以将任务栏设置为自动隐藏

B) 任务栏可以移动

C) 通过任务栏上的按钮，可实现窗口之间的切换

D) 在任务栏上，只能显示当前活动窗口名称

28. 将鼠标指针移动到窗口边框上，当其变为_____形状时，拖动鼠标就可以改变窗口大小。

A) 小手　　　　　　B) 双向箭头　　　　　C) 四方向箭头　　　　D) 十字

29. 用鼠标右键单击"计算机"图标，在弹出的快捷菜单中选择"属性"命令，可以直接查看_____。

A) 系统属性　　　　B) 控制面板　　　　　C) 硬盘信息　　　　　D) C 盘信息

30. 在 Windows 中，回收站是_____。

A) 内存中的一块区域　　　　　　　　　　B) 硬盘上的一块区域

C) 软盘上的一块区域　　　　　　　　　　D) 高速缓存的一块区域

31. 下列关于 Windows 回收站的叙述中，错误的是_____。

A) 回收站可以暂时或永久存放硬盘上被删除的信息

B) 放入回收站的信息可以恢复

C) 回收站所占据的空间是可以调整的

D) 回收站可以存放 U 盘上被删除的信息

32. 在 Windows 默认环境中，中英文输入切换键是_____。

A) Ctrl+Alt　　　　　B) Ctrl+空格　　　　C) Shift+空格　　　　D) Ctrl+Shift

33. 主题是计算机上的图片、颜色和声音的组合，它包括_____。

A) 桌面背景　　　　　B) 窗口边框颜色　　　C) 屏幕保护程序　　　D) 声音方案

34. 能够提供即时信息及可轻松访问常用工具的桌面元素是_____。

A) 桌面图标　　　　　B) 桌面小工具　　　　C) 任务栏　　　　　　D) 桌面背景

35. 保存"画图"程序建立的文件时，默认的扩展名是_____。

A) GIF   B) JPEG   C) PNG   D) BMP

36. Windows 中录音机录制的声音文件默认的扩展名是_____。

A) MP3   B) WAV   C) WMA   D) RM

37. MP3 文件属于_____。

A) 无损音频格式文件   B) MIDI 数字合成音乐格式文件

C) 压缩音频格式文件   D) 都不对

38. 使用 Windows DVD Maker 制作简单的 DVD 视频时，若要选择多张图片或多个视频时，则应在按住_____键的时间单击要添加的每图片或每个视频。

A) Ctrl   B) Shift   C) Alt   D) Esc

39. 桌面"便笺"程序不支持的输入方式是_____。

A) 键盘输入   B) 手写输入   C) 扫描输入   D) 语音输入

40. 写字板是一个用于_____的应用程序。

A) 图形处理   B) 程序处理   C) 文字处理   D) 信息处理

二、填空题

1. 在 Windows 中，一个库中最多可以包含_____个文件夹。

2. 在 Windows 中，由于各级文件夹之间有包含关系，使得所有文件夹构成_____状结构。

3. 在 Windows 中，按住鼠标左键在不同驱动器之间拖动对象时，系统默认的操作是_____。

4. 选定多个连续的文件或文件夹，应首先选定第一个文件或文件夹，然后按住_____键，单击最后一个文件或文件夹。

5. 在 Windows 的"回收站"窗口中，要想恢复选定的文件或文件夹，可以工具栏上的_____按钮。

6. 文本框用于输入_____，用户既可直接在文本框中键入信息，也可单击右端带有的_____按钮打开下拉列表框，从中选取所需信息。

7. Windows 提供许多种字体，字体文件存放在_____文件夹中。

8. 在选定文件或文件夹后，欲改变其属性设置，可以用鼠标_____键，然后在弹出的_____中选择"属性"命令。

9. 在 Windows 中，配置声音方案就是定义在发生某些事件时所发出的声音。配置声音方案应通过控制面板中的_____选项。

10. 在中文 Windows 中，为了添加某一中文输入法，应在"控制面板"窗口中选择_____选项。

11. 若使用"写字板"程序创建一个文档，如果没有指定该文档的存放位置，则系统将该文档默认存放在_____中。

12. 使用"记事本"程序创建的文件默认扩展名是_____。

13. 双击桌面上的图标即可_____该图标代表的程序或窗口。

14. 要排列桌面上的图标，可用鼠标_____键单击桌面空白处，在弹出的快捷菜单中选择_____命令。

15. 剪切、复制、粘贴、全选操作的快捷键分别是_____、_____、_____、_____。

16. 按"Alt+Esc"组合键可以完成活动_____的切换，相当于用鼠标单击活动_____按钮。

17. 用户当前正在使用的窗口为_____窗口。

18. 用鼠标单击应用程序窗口的_____按钮时，将导致应用程序运行结束。

19. 和 Windows 系统相关的文件都放在_____文件夹及其子文件夹中，应用程序默认都放在_____文件夹中。

20. 操作系统的基本功能包括_____、_____、_____、_____和_____5 大部分。

三、操作题

1. 将"开始"菜单上的图片更改为用户的头像(用户的照片事先存放在"图片"库中)。

2. 将桌面更改为用户的照片(假设用户的照片已存放在"图片"库中)。

3. 在计算机桌面上创建一个"画图"程序的快捷方式。

4. 从网上下载"方正魏碑繁体"字体，并安装到自己的计算机上。

5. 用尽可能多的方法在 Windows 中获得帮助信息。

6. 在移动存储器中创建一个文件夹，并用自己的姓氏拼音命名。再在该文件夹下创建 3 个子文件夹，分别命名为 study、music、photo。

7. 在"Windows 资源管理器"中练习复制、删除、移动文件和文件夹。

8. 对计算机进行磁盘清理和磁盘碎片整理。

9. 在磁盘上查找特定的文件。

10. 为计算机添加用户账户。

2.4 参考答案

一、选择题

| 1～5. DABAC | 6～10. DACBD | 11～15. ABCBC | 16～20. ABBBD |
| 21～25. ACADD | 26～30. DDBAB | 31～35. DDCBC | 36～40. CCBDC |

二、填空题

1. 50	2. 树	3. 移动	4. Shift
5. 还原此项目	6. 文本、下拉列表箭头 (说明：次序不能颠倒)		
7. Fonts	8. 右、快捷菜单 (说明：次序不能颠倒)		
9. 硬件和声音	10. 时钟、语言和区域		11. 文档库
12. txt	13. 打开	14. 右、查看 (说明：次序不能颠倒)	
15. Ctrl+X、Ctrl+C、Ctrl+V、Ctrl+A		16. 窗口、任务栏 (说明：次序不能颠倒)	

17. 活动　　　　18. 关闭

19. Windows、Program Files（说明：次序不能颠倒）

20. CPU 管理、存储管理、输入/输出设备管理、作业管理、文件管理

三、操作题

1. 用户可以将"开始"菜单上的图片更改为用户的头像。其操作步骤如下。

❶ 用户将自己头像照片事先存放在"图片"库中。

❷ 依次用鼠标单击"开始"按钮、开始菜单上的用户名、"更改账户设置"命令。

❸ 打开"设置·你的账户"窗口，如图 2.59 所示。

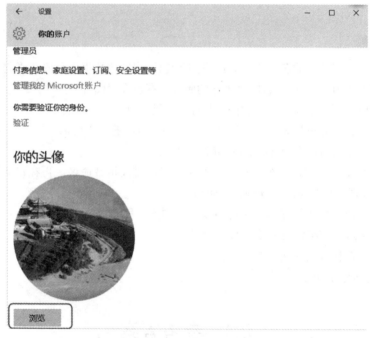

图 2.59　"设置·你的账户"窗口

❹ 单击"浏览"，打开"打开"对话框，如图 2.60 所示，在左窗格单击"图片"库，在右窗格单击用户头像，再单击"选择图片"按钮。

2. 用户可以将桌面背景更改为自己的照片。其操作步骤如下。

❶ 用户将自己头像照片事先存放在"图片"库中。

❷ 在"图片"库中，用鼠标右键单击自己头像，在右键快捷中单击"设置为桌面背景"命令。

3. 在计算机桌面上创建"画图"程序快捷方式的操作步骤如下。

❶ 依次单击"开始"按钮、"所有应用"、"Windows 附件"。

❷ 找到"画图"程序，按下鼠标左键，将其拖曳到桌面。

4. 下载、安装"方正魏碑繁体"字体到计算机上的操作步骤如下。

❶ 打开浏览器，找一款搜索引擎，如"百度"。

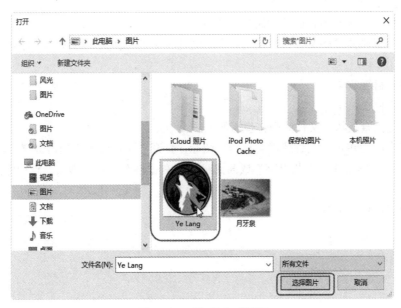

图 2.60　"打开"对话框

❷ 在搜索框中输入"方正魏碑繁体",打开字体网站,下载字体。

❸ 用鼠标右键单击字体文件,然后单击"Install"命令。

5. 详见教材 2.2.6 节。

6. 具体操作步骤如下。

❶ 用鼠标右键在移动存储器中的任意空白处单击。

❷ 如图 2.61 所示,在快捷菜单中,用鼠标指向"新建"命令,在下一级子菜单中单击"文件夹"命令。

图 2.61　创建文件夹

❸ 将文件夹名称改为自己的姓氏拼音命名。

❹ 双击打开刚建立的文件夹，用前述方法创建 3 个子文件夹，分别命名为 study、music、photo。

7. 详见教材 2.3.3 节。

8. 详见教材 2.7 节。

9. 在磁盘上查找特定文件的操作步骤如下。

❶ 在任务栏上单击"文件资源管理器"图标，打开"文件资源管理器"窗口。

❷ 在左窗格单击选中"此电脑"或某磁盘，在右窗格右上角"搜索"框中输入要查找的文件名即可。

10. 详见教材 2.4.1 节。

第 3 章　Word 的使用

3.1　案例实验

实验一　Word 功能区的使用

【实验目的】

(1) 熟悉 Word 工作窗口。

(2) 了解功能区的组成。

(3) 掌握向快速访问工具栏上添加或删除按钮的方法。

(4) 掌握"图片工具"、"表格工具"等常用选项卡的显示和使用。

(5) 掌握显示/关闭"剪贴板"、"样式"任务窗格的方法。

(6) 学会自定义选项卡。

(7) 了解键提示的使用。

任务 1　向快速访问工具栏上添加或删除按钮

❶ 单击"快速访问工具栏"右侧的"自定义快速访问工具栏"按钮"▾"，打开"自定义快速访问工具栏"菜单。

❷ 在该菜单中选中要添加到"快速访问工具栏"上的按钮，如"新建"、"打开"。

完成上述两个步骤后的结果如图 3.1 所示。

图 3.1　向快速访问工具栏上添加按钮

❸ 如果"自定义快速访问工具栏"菜单中没有所需要的按钮，那么，先在"组"中找到所需要的按钮，再用鼠标右键单击该按钮，在弹出的快捷菜单中单击"添加到快速访问工具栏"即可。

❹ 如果要从"快速访问工具栏"上删除按钮，那么，先在"快速访问工具栏"上用鼠标右键单击要删除的按钮，再在弹出的快捷菜单中单击"从快速访问工具栏删除"即可。

任务 2　显示"图片工具"选项卡

假设用户向正在编辑的文档中插入了一幅图片。现在，需要对该图片做进一步的处理，如更改文本环绕图片的方式或者剪裁该图片。

❶ 选中该图片。此时，图片 4 个角各出现一个小圆圈，4 条边的中点各出现一个小方块。此时"图片工具"选项卡也将出现，如图 3.2 所示。

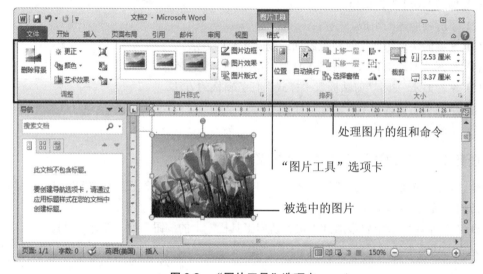

图 3.2　"图片工具"选项卡

❷ 单击"图片工具"选项卡。此时，显示用于处理图片的组和命令，如"图片样式"组。
❸ 在图片外单击时，"图片工具"选项卡会自动消失，其他组将重新出现。

任务 3　显示"表格工具"选项卡

❶ 选中文档中的表格或在表格中单击，"表格工具"选项卡出现，该选项卡又包含两个子选项卡，即"设计"选项卡和"布局"选项卡。
❷ 单击"表格工具"选项卡，并显示"设计"子选项卡，如图 3.3 所示。
❸ 在表格外单击时，"表格工具"选项卡会自动消失，其他组将重新出现。

从上面练习可以看出，"图片工具"选项卡只包含 1 个"格式"子选项卡，而"表格工具"选项卡包含"设计"和"布局"两个子选项卡。

任务 4　显示/关闭"剪贴板"任务窗格和"样式"任务窗格

❶ 单击"开始"选项卡。

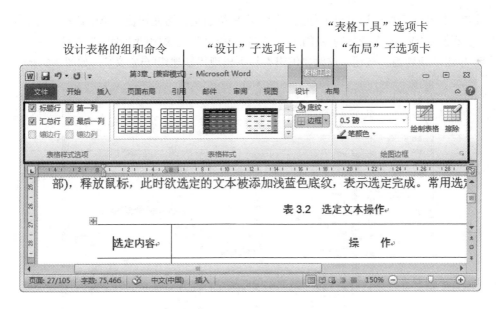

图 3.3 "表格工具"选项卡

❷ 单击"剪贴板"组右下角的"▣",系统打开"剪贴板"任务窗格。此窗格位于 Word 窗口的左侧。

❸ 单击"样式"组右下角的"▣",系统打开"样式"任务窗格。此窗格悬浮于 Word 窗口的右侧。

"剪贴板"任务窗格和"样式"任务窗格如图 3.4 所示。

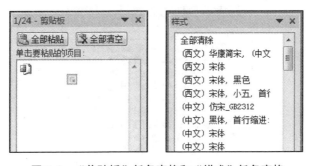

图 3.4 "剪贴板"任务窗格和"样式"任务窗格

❹ 分别单击任务窗格右上角的"关闭"按钮"✕",关闭这两个任务窗格。

任务 5 自定义选项卡

在"开始"选项卡中自定义"常用工具"组，并在该组中添加"保存"、"电子邮件"、"分隔符"、"格式刷"和"查找"等 5 个按钮。

❶ 单击"文件"选项卡。

❷ 单击"选项"按钮，打开"Word 选项"对话框，在左侧单击"自定义功能区"，在右侧"自定义功能区"列表框中选择"编辑"选项。

或者，先在"开始"选项卡上任意位置单击鼠标右键，再在快捷菜单中选择"自定义功能区"，直接进入"Word 选项"对话框的"自定义功能区"列表中的"编辑"选项。

❸ 单击"新建组"按钮，这时"编辑"栏下出现"新建组(自定义)"，如图 3.5 所示。

图 3.5　在"Word 选项"对话框自定义功能区

❹ 单击"重命名"按钮，打开"重命名"对话框，如图 3.6 所示。

图 3.6　"重命名"对话框

❺ 在"显示名称"框输入新建组名称——"常用工具"，单击"确定"按钮。

❻ 如图 3.7 所示，在"从下列位置选择命令"列表中，分别选择需要添加到"常用工具"组中的按钮("保存"、"电子邮件"、"格式刷"、"分隔符"和"查找")，单击"添加"按钮，这时将所选择的命令添加到新建组中。完成添加命令后，单击"确定"按钮。

❼ 单击"开始"选项卡，可以看到自定义的功能组——常用工具，如图 3.8 所示。

图 3.7 向新建组(常用工具)中添加命令

图 3.8 "开始"选项卡中的自定义功能组

要删除功能区中的按钮,先在如图 3.7 所示的"自定义功能区"列表中选中要删除的按钮,再单击"删除"按钮。删除工作完成后,单击"确定"按钮。

任务 6 键提示的使用

使用键提示,将文本"Word 2010"设置为"加粗"。

❶ 选中"Word 2010"。

❷ 按 Alt 键,显示功能区选项卡的键提示。

❸ 按 H 键,出现"开始"选项卡,并显示其所有命令的键提示,如图 3.9 所示。

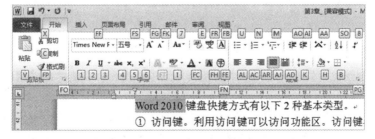

图 3.9 "开始"选项卡的所有命令的键提示

❹ 按 1 键,"Word 2010"被加粗。

实验二　使用模板创建文档和创建特色模板

【实验目的】

(1) 认识模板,掌握模板的概念。

(2) 掌握应用现有模板创建新文档的方法。

(3) 掌握创建模板的方法。

(4) 能熟练创建自己的特色模板,学会在模板中添加控件。

任务 1　使用已安装的模板创建某太空旅行服务公司的传真封页

太空旅行服务公司对外联络部张经理经常需要向其他公司发送传真,也会经常用到传真封页。张经理不想每次都花时间在 Word 中创建传真封页,于是使用 Word 已包含的"平衡传真"模板创建了一个太空旅行服务公司传真封页。

❶ 单击"文件"选项卡。

❷ 如图 3.10 所示,单击"新建",在"可用模板"列表中选择"样本模板"。

图 3.10　选择"样本模板"

❸ 在"样本模板"列表中选择"平衡传真"选项,在窗口右侧单击"创建"按钮,如图 3.11 所示。

❹ 新建的"平衡传真"模板文档如图 3.12 所示。在此文档中,张经理用自己规划的内容替换占位符(图 3.12 中方括号)。例如,先用鼠标单击"键入发件人公司名称"占位符,再输入"太空旅行服务公司"等,就可建立所需要的传真封页文档。

图 3.11　使用"平衡传真"模板创建文档

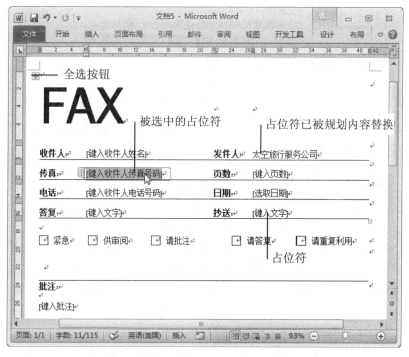

图 3.12　"平衡传真"模板文档

❺ 完成后，单击"快速访问工具栏"上的保存按钮，将此文档以文件名"传真封页"保存在 E 盘的 CH03 文件夹(用户事先创建)中。

任务 2　使用 Office.com 模板创建某太空旅行服务公司主办的会议议程

太空旅行服务公司对外联络部张经理要为该公司主办的第五期解决全球金融危机论坛准备一份会议议程。他的操作步骤如下。

❶ 单击"文件"选项卡，再单击"新建"。

❷ 在"Office.com 模板"列表中单击"会议议程"类。

❸ 在"会议议程"列表中单击所需模板"会议议程"选项，然后单击窗口右侧的"下载"按钮。

❹ 下载完成，创建该模板的文档。

❺ 在此模板中，对有关内容作适当修订，如图 3.13 所示。

图 3.13　用模板创建的会议议程

❻ 完成后，单击"快速访问工具栏"上的"保存"按钮，将此文档以文件名"论坛 5 议程.docx"保存在 E 盘的 CH03 文件夹中。

任务 3　创建某太空旅行服务公司的特色发票

太空旅行服务公司在筹办第五期解决全球金融危机论坛时，公司财务部经理要求出纳小况为与会代表们开具具有本公司特色的发票，以加深代表们对本公司的印象。小况的做法如下。

❶ 根据空白模板和上述练习提供的方法创建新模板，式样如图 3.14 所示，将其命名为"论坛 5 发票.dotx"，保存在默认的模板文件夹中，并使此模板处于打开状态。

说明：文档中不变化的内容和表格是事先输入的，方括号及其中的内容在模板设计完成前是不存在的。

❷ 显示"开发工具"选项卡。

◆ 单击"文件"选项卡，再单击"选项"按钮，打开"Word 选项"对话框。

◆ 单击"自定义功能区"。

◆ 在"自定义功能区"和"主选项卡"下，选中"开发工具"复选框。

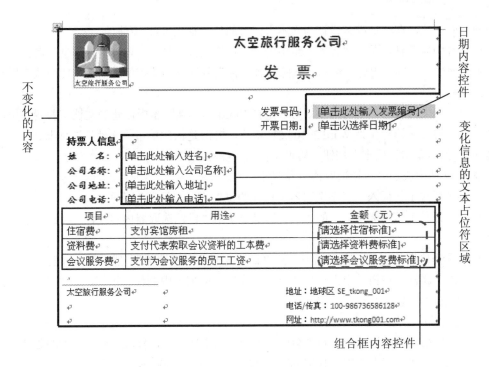

图 3.14　小况创建的发票模板

◆ 单击"确定"按钮。

这时，"开发工具"选项卡显示在功能区上。

❸ 向文档中添加 RTF 控件。

◆ 将光标置于要插入控件的位置，如"发票号码"后面。

◆ 在"开发工具"选项卡的"控件"组中单击"格式文本内容控件"按钮，控件被插入并显示"单击此处输入文字。"字样，形成一个内容控件占位符，如图 3.15 所示。

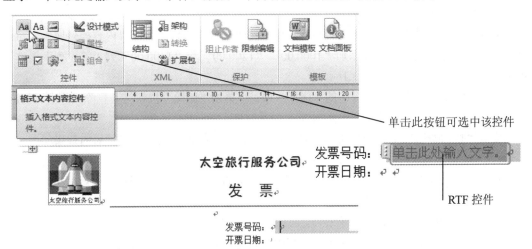

图 3.15　添加 RTF 控件到模板中

同样的方法，在其他准备设计为文本占位符的位置插入 RTF 控件。

◆ 选择内容控件，单击"控件"组中的"属性"按钮，打开"内容控件属性"对话框。选中"RTF 属性"下的"内容被编辑后删除内容控件"复选框，该控件将出现在使用该模板创建的任何文档中。

说明：如果内容控件不可用，则可能是在 Word 的早期版本中创建的文档。若要使用内容控件，必须将该文档转换为 Word 2010 文件格式，方法是依次单击"文件"选项卡、"信息"、"转换"，然后单击"确定"按钮。转换文档后，保存该文档。

❹ 向文档中添加"日期选取器内容控件"。

◆ 将光标置于要插入"日期选取器"控件的位置"开票日期"后面。

◆ 在"开发工具"选项卡上的"控件"组中单击"日期选取器内容控件"按钮，添加日期控件。

◆ 要选择日期的格式，在文档中选择"日期选取器内容控件"，然后在"开发工具"选项卡上，单击"属性"按钮。单击"日期显示格式"下的列表中的任一示例，如"2014 年 2 月 21 日"。单击"确定"按钮。

❺ 向文档中添加"组合框内容控件"。

由于"住宿费"、"资料费"和"会议服务费"都是标准档，标准不同，享受的服务、获得的资料不同。如"资料费"有"1000.00"、"1200.00"和"1400.00"3 个标准。所以，在这 3 处要添加"组合框"控件。

◆ 将光标置于要插入"组合框内容控件"的位置，如"住宿费"栏"金额(元)"单元格下的一个单元格内。

◆ 在"开发工具"选项卡的"控件"组中单击"组合框内容控件"按钮，组合框控件添加到该模板中。

同样的方法，添加另外两个组合框内容控件。

◆ 单击"组合框内容控件"前的按钮以选中该控件，如"资料费"栏最后一个单元格中的组合控件。

◆ 在"开发工具"选项卡的"控件"组中单击"属性"按钮，打开"内容控件属性"对话框，单击"添加"按钮，分别添加"1000.00"、"1200.00"和"1400.00"到"下拉列表属性"框中，形成一个选项集，如图 3.16 所示。

◆ 选中"下拉列表属性"框中的"选择一项。"，单击"删除"按钮将其删除。单击"确定"按钮，关闭该对话框。

完成"住宿费"、"资料费"和"会议服务费"组合框控件中选项集设置后的效果如图 3.17 所示。

说明：如果选中图 3.16 中的"无法编辑内容"复选框，那么其他用户使用该模板时，不能编辑文档的下拉列表中的选项集。

❻ 修改模板中的说明文字。

有时，包括关于如何填写已添加到模板中的特定内容控件的占位符说明非常重要。当用户使用该模板创建文档时，这些说明由用户输入或选择的内容进行替换。

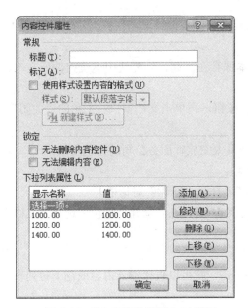

图 3.16 "内容控件属性"对话框   图 3.17 完成后的效果

◆ 在"开发工具"选项卡的"控件"组中单击"设计模式"。

◆ 按照事先规划好的内容编辑占位符文本,并将其设置为任何需要的格式。例如,将"发票号码"后面的占位符"单击此处输入文字。"修改为"[单击此处输入发票编号]"。又如,将"住宿费"栏最后一个单元格中的占位符"选择一项。"修改为"[请选择住宿标准]",等等。

◆ 单击"设计模式"按钮。

❼ 为模板添加保护。

可以在模板中向个别内容控件添加保护,以防被他人删除或编辑特定的内容控件或控件组。

◆ 选择要限制更改的内容控件或控件组。

◆ 在"开发工具"选项卡的"控件"组中选择"属性"。

◆ 在"内容控件属性"对话框的"锁定"栏下,如果选中"无法删除内容控件"复选框,则表示该选项允许编辑控件的内容,但无法将控件本身从模板或基于该模板的文档中删除;如果选中"无法编辑内容"复选框,则表示该选项允许删除控件,但不允许编辑控件中的内容。

也可以为模板的所有内容添加保护。

◆ 在"开发工具"选项卡上的"保护"组中单击"限制编辑",打开"限制格式和编辑" 任务窗格。

◆ 在"限制格式和编辑"任务窗格的"编辑限制"下,选中"仅允许在文档中进行此类编辑"复选框。

◆ 在编辑限制列表中单击所需的限制。

◆ 要选择其他限制选项,单击"限制权限"。例如,授权某用户阅读或更改文档。

限制选项包括设置文档的到期日期和允许用户复制内容。

◆ 在"启动强制保护"下,单击"是,启动强制保护"。

◆ 要为文档指定密码，以便只有知道该密码的审阅者能够取消保护，可在"新密码(可选)"框中键入密码，然后确认此密码。

❽ 如果要将若干个内容控件甚至几段文本保存在一起，则先选中这些控件或文本，然后单击"控件"组中的"组合"按钮。

❾ 单击"快速访问工具栏"上的"保存"按钮，再单击文档窗口右上角的"关闭"按钮，关闭该模板。

❿ 使用该模板创建发票文档为与会代表开具太空旅行服务公司的特色发票。

◆ 单击"文件"选项卡，再单击"新建"项。

◆ 在"可用模板"列表中单击"我的模板"，打开"新建"对话框。

◆ 在"我的模板"列表中选择"论坛 5 发票.dotx"，在"新建"选项下选择"文档"单选框。

◆ 单击"确定"按钮，打开新文档窗口。

现在，用鼠标指向文档中的文本占位符并单击，就可以直接输入内容或在下拉列表中选择输入了。

实验三　文档编辑

【实验目的】

(1) 掌握 Word 文本输入技巧。

(2) 掌握 Word 文档的编辑方法。

(3) 掌握插入符号的方法。

(4) 掌握保存文档的方法。

(5) 掌握查找和替换文本的方法。

(6) 掌握使用"修订"功能修订文档的方法。

(7) 学会在文档中插入或删除批注。

任务 1　输入文本

在文档中输入"文本开始"到"文本结束"之间的文本，输入时首行不空格。在输入文本时，要注意观察自动换行是如何进行的。现在要创建的是太空旅行服务公司主办的第五期解决全球金融危机论坛的材料。本期论坛的主题是"金融危机催生理论智慧"，共收录了《金融海啸给经济学理论的冲击》和《金融、经济危机与理论家的责任》两份典型材料。

文本开始

金融危机催生理论智慧

金融海啸给经济学理论的冲击

长久以来，人们已经习惯了"一分为二"（字面含义上）地看待事物，"红与白"、"善与恶"、"好与坏"、"美与丑"，等等，却对两极之间的广袤调和态度轻佻、漫不经心甚或熟视无睹。究其原因，或许"中间"便失去了鲜明，故难造成"狂抓眼球"

的轰动；或因"调和"便失去了对约束条件的简单化处理，使得思维方程从一元、二元一跃成为复杂的多元，实在消耗脑力；或因"缓冲"便失去了明确的敌手，使得那些由人类伊始便扎根心中的竞争意识所演化成的斗争哲学难以淋漓尽致的洋溢。

然而，"中道"与"中庸"是世界文化史中人类共同的诉求，也是我们当前和谐社会理念下文化的深层架构。因此，我们在学术界呼唤第三种声音，尽管此种声音在许多情况下因没有站队而缺乏大后方的掩护、支撑与声援，但它往往集第一、二种声音之优点于一身，并能有效弥补它们的欠缺，因此常常是温和而没有偏颇的；同时，第三种声音避开了意识形态之争，避开了因争论而争论、因反驳而反驳的亢奋，于清净淡泊又沉稳缜密的土壤中便更容易结出客观性的硕果。

金融、经济危机与理论家的责任
——一个企业家对当前现实问题的思考

从深层分析，这次金融危机的根本原因是理论的误区导致的结果。政府可以应对性地解决矛盾，但不能根本性地解决问题，这是理论家的责任。

理论是政府发展经济和国家管理的依据，金融和经济危机产生主要原因是经济学理论问题有严重局限性。也就是说，没有追根溯源的理论，就不能提供系统整体的科学指导。上层建筑的政府管理者，使用有局限性的理论发挥主观能动性，驾驭经济发展和国家管理，在经济发展进入一定的历史阶段，必然会出现大大小小的周期性的金融和经济危机，严重影响经济的持续发展，政府也只能根据实践的具体状况，采取临时应对性的政策和措施。理论家应为政治家和国家管理政府提供治理国家的理论依据，政治家和国家政府管理国家，要以理论为依据，发挥上层建筑、国家和政府人员的聪明才智，开创性地发挥管理才能，管理好国家，保障国家安全和社会和谐，满足国民生活消费日益不断增长提高的消费需要，这样的政府才能受到全体国民的拥护和爱戴。

文本结束

❶ 启动 Word 时，系统会创建一个空白文档。它看起来像一张白纸(默认为 A4 大小)，并且占据了屏幕的大部分空间。

如果 Word 已启动且要新建一个空白文档，那么可先单击文件选项卡，再单击"新建"命令，然后在打开的"新建文档"对话框中单击"创建"按钮。

❷ 在当前窗口中的空白文档中输入"金融危机催生理论智慧"，按回车键。

❸ 继续输入，每输入一段，按一次回车键，直到输入完全部文本。

任务 2 使用即点即输在文档中输入文本

接着任务 1，使用即点即输在文档尾部居中插入"太空旅行服务公司　版权所有"字样。

❶ 检查是否处于页面视图方式。若不是，则在"状态栏"上的视图区选择"页面视图"。

❷ 在页面上横向来回移动鼠标，观察它的变化，鼠标显示将要设置的样式。

❸ 当鼠标显示为"居中对齐"样式时，将鼠标置于上一个任务中的文档尾部的页面中心。

❹ 双击鼠标，并输入"太空旅行服务公司　版权所有"。

任务3 在文档中插入符号

接着任务2，在文档中"太空旅行服务公司"字样之后"版权所有"字样之前插入"📖"、"【"、"】"、"©"符号，再删除"📖"、"【"、"】"3个符号。

❶ 将插入点定位在要插入符号的位置，如"太空旅行服务公司"与"版权所有"文字之间。

❷ 单击"插入"选项卡，在"符号"组单击"符号"，再单击"其他符号"，打开如图3.18所示的"符号"对话框。

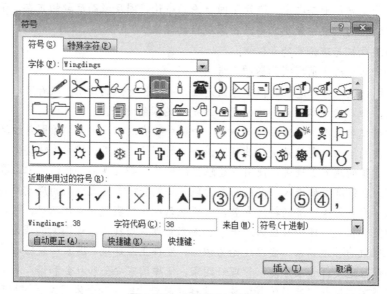

图3.18 "符号"对话框

❸ 单击"符号"选项卡，显示可供插入的符号，在"字体"列表框中选择"Wingdings"，选中所需的符号"📖"后再单击"插入"按钮；再在"字体"列表框中选择"(普通文本)"，选中"【"或"】"后，单击"插入"按钮。

❹ 单击"特殊字符"选项卡，显示"长划线"、"版权所有"、"注册"等20种特殊符号。在"字符"列表框中选择"版权所有"，单击"插入"按钮。或者，用键盘依次输入"("、"C"、")"，也会显示"版权所有"符号"©"。

❺ 由于"📖"、"【"、"】"3个符号与"太空旅行服务公司 版权所有"内容不符，是插入错误，因此要删除。删除方法是，先选中要删除的符号，再按Delete键。

任务4 保存未命名的文档

接着任务3，将新文档保存到硬盘上。我们已经完成了解决全球金融危机论坛材料的部分工作，现将该文档命名为"论坛01.docx"，并保存到E盘(或其他磁盘)的"CH03"文件夹(事先创建)中。

❶ 单击"文件"选项卡，再单击"另存为"命令或"保存"命令保存，或者单击"快速访问工具栏"上的"保存"命令按钮 🖫，打开"另存为"对话框，如图3.19所示。系统默认

将文档保存在"文档"库中。

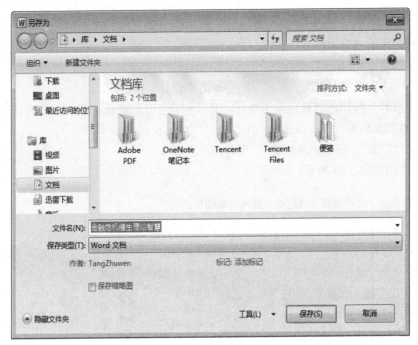

图 3.19　默认的"另存为"对话框

❷ 滑动对话框左窗格垂直滚动条，单击"计算机"，再选择 E 盘。在右窗格中，双击"CH03"文件夹。

❸ 在"文件名"框中输入要保存的文件名。注意"金融危机催生理论智慧"出现在"文件名"框中，将其更改为"论坛 01"。

❹ 在"保存类型"列表框中显示的是要保存的文件类型，默认类型是"Word 文档"，扩展名为 docx，并自动添加。若我们要保存为其他类型的文件，则单击该列表框的下拉箭头，选择所需的文件类型。

❺ 单击"保存"按钮保存这个文档，同时，在 Word 标题栏显示文件名"论坛 01.docx"。

任务 5　替换文本

在"论坛 01.docx"文档中，在本应输入"经济"的地方错误地输入了"经济社会"。现将"经济社会"替换为"经济"。

❶ 在"开始"选项卡的"编辑"组中单击"替换"命令，或单击窗口右下角的"选择浏览对象"按钮，再单击"查找"命令，打开"查找和替换"对话框，选中"替换"标签。

❷ 在"查找内容"框中输入要搜索的文字"经济社会"，在"替换为"框中输入替换文字"经济"。

❸ 单击"更多"按钮，设置替换的更多选项，如格式、通配符等。

❹ "全部替换"表示满足条件就全部替换；单击"查找下一处"按钮表示继续查找；"替换"表示替换当前一个。

❺ 完成替换后，单击"快速访问工具栏"上的"保存"按钮。

任务6　使用修订功能修订文档

对"论坛01.docx"文档进行修订。

❶ 打开"论坛01.docx"文档。

❷ 在"审阅"选项卡上的"修订"组中单击"修订"按钮。

这时，"修订"按钮的背景色发生变化，显示它已打开。此后，我们所做的任何更改将标记为修订，直到我们再次单击该按钮关闭"修订"时为止。

❸ 删除"广袤"，将"态度轻佻、"更改为"区域"。

修订后文档如图3.20所示。

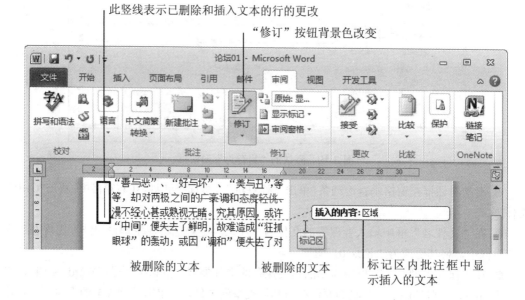

图 3.20　使用"修订"功能后的文档

❹ 单击"快速访问工具栏"上的"保存"按钮。

使该文档保持打开状态，以便任务7继续使用。

任务7　在文档中插入批注

在任务6中，我们将"广袤调和"更改成了"调和区域"，但仍然觉得用词还是不够妥当，所以需要插入批注以便讨论。

❶ 将光标放在要批注的文本(如"调和")的末尾。

❷ 在"审阅"选项卡的"批注"组中单击"新建批注"按钮。

文档页边标记区显示批注的批注框。要批注的文本"调和"以我们的审阅颜色突出显示。我们在批注的批注框中键入文本，如图3.21所示。

❸ 单击"快速访问工具栏"上的"保存"按钮。

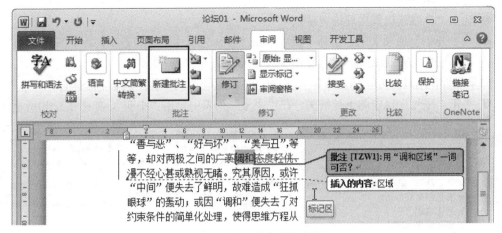

图 3.21　在文档中插入批注

任务 8　接受修订和删除批注

通过接受修订和删除批注，消除对"论坛 01.docx"文档中的修订。

❶ 打开 E 盘"CH03"文件夹下的"论坛 01.docx"文档。

❷ 按上述方法逐一接受修订，删除批注。

❸ 将该文档另存为"论坛 02.docx"，保存在 E 盘"CH03"文件夹下。

❹ 关闭文档。

实验四　文档排版

【实验目的】

(1) 掌握文档排版的方法。

(2) 掌握段落缩进的方法和技巧。

(3) 掌握"格式刷"的使用技巧。

(4) 掌握特殊格式(如首字下沉、边框和底纹、分节符、分栏)的设置方法。

(5) 掌握在文档中插入、设置图片(包括剪贴画、艺术字)的方法。

(6) 学会水印制作。

任务 1　按要求对文档"论坛 02.docx"排版

在"论坛 02.docx"文档中，将栏目标题"金融危机催生理论智慧"字体设置为"方正综艺简体"(如果计算机中安装了此字体)、字体大小为"小初"；将第一篇文章标题字体设置为"方正小标宋体简体"、字体大小为"二号"；将第二篇文章主标题字体设置为"宋体"，字体大小为"三号"，加粗，加着重号，副标题字体设置为"楷体"，字体大小为"小三"。

要完成此任务，可使用"开始"选项卡的"字体"组中的"字体"和"字号"命令。它显示的是当前插入点字符的格式设置。如果不进行新的定义，显示的字体和字号将用于下一个键入的文字。若所做的选择包含多种字体和字号，那么字体和字号的显示将为空。

❶ 打开 E 盘"CH03"文件夹下的"论坛 02.docx"文档。

❷ 选中"金融危机催生理论智慧"。

❸ 在"开始"选项卡的"字体"组中单击"字体"框中的下拉箭头，在"所有字体"列表中找到并选择"方正综艺简体"，如图 3.22(a)所示。

如果最近使用过"方正综艺简体"，则可在"最近使用的字体"列表中选择它。

❹ 单击"字号"框中的下拉箭头，在"字号"列表中单击"小初"，如图 3.22(b)所示。

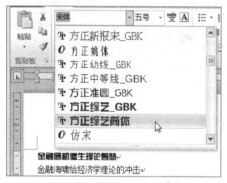

(a) 设置字体   (b) 设置字号

图 3.22 设置文本的字体和字号

❺ 按步骤❷～步骤❹的方法设置任务所要求的其他文字的字体和字号。

❻ 选中"金融、经济危机与理论家的责任"。在"开始"选项卡的"字体"组中单击"加粗"按钮 **B**。单击"字体"组右下角的"对话框启动器" ，打开"字体"对话框，如图 3.23 所示。单击"着重号"框中的下拉箭头，选择"."，为字符加着重号。

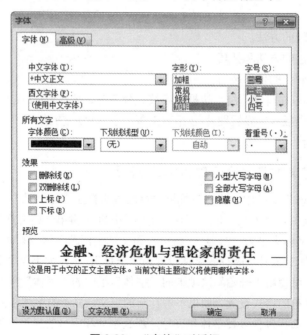

图 3.23 "字体"对话框

对"论坛 02.docx"按任务要求完成格式化后的效果如图 3.24 所示。

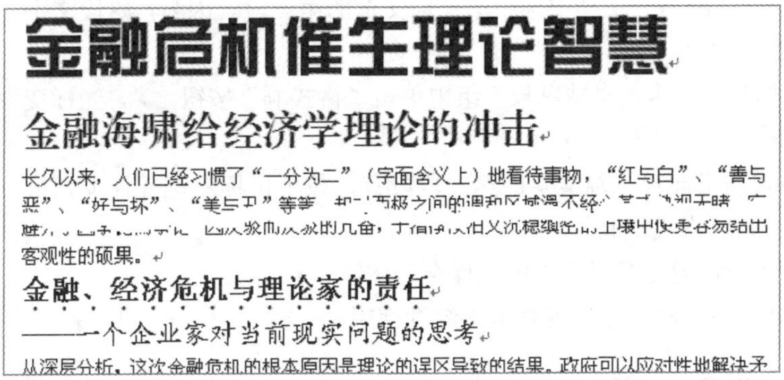

图 3.24 对"论坛 02.docx"中的标题进行格式化后的效果

❼ 单击"快速访问工具栏"上的"保存"按钮，保存该文档。再单击文档窗口右上角的关闭按钮，关闭文档。

任务 2 使用水平标尺设置段落缩进

将"论坛 02.docx"文档中第一篇文章的第二段首行缩进 2 个汉字。

❶ 打开 E 盘中"CH03"文件夹下的"论坛 02.docx"文档。

❷ 选择欲进行缩进的段落，即文档中第一篇文章的第二段。或者将光标置于该段落的段首。

❸ 向右拖曳"首行缩进"标记，使之缩进 2 个汉字。

这时，被选择的段或当前插入点所在的段随缩进标记伸缩自动重新排版。

❹ 单击"快速访问工具栏"上的"保存"按钮。

使该文档处于打开状态，以便任务 3 继续使用。

任务 3 使用"段落"组中的相关按钮设置段落缩进

将"论坛 02.docx"文档中第二篇文章的主标题设置为"居中对齐"；副标题设置为左缩进，破折号与主标题左侧对齐。

❶ 选中第二篇文章的主标题"金融、经济危机与理论家的责任"。

❷ 单击"开始"选项卡的"段落"组中的"居中"按钮。

这时，所选文本居中对齐。

❸ 选中第二篇文章的副标题"——一个企业家对当前现实问题的思考"。

❹ 单击"开始"选项卡的"段落"组中的"增加缩进量"按钮。在单击"增加缩进量"按钮时，要注意观察所选段落的缩进情况，直到破折号与主标题左侧对齐。

❺ 单击"快速访问工具栏"上的"保存"按钮。

使该文档处于打开状态，以便任务 4 继续使用。

任务 4 使用"格式刷"复制格式

将"论坛 02.docx"文档中第二篇文章的 3 段首行缩进 2 个汉字。用"格式刷"复制段落格式方法完成。

❶ 在"论坛 02.docx"文档中选中第一篇文章的第二段。因为，这段文字已在任务 2 中设置了首行缩进 2 个汉字。

❷ 在"开始"选项卡的"剪贴板"组中单击"格式刷"按钮 🖌，光标变为插入点和涂刷的组合光标"▲I"。

❸ 用该格式刷指向第二篇文章的第一段段首，按下鼠标左键并拖曳到第三段文字结尾，释放鼠标左键，完成格式复制。

❹ 单击"快速访问工具栏"上的"保存"按钮。

使该文档处于打开状态，以便任务 5 继续使用。

任务5 创建首字下沉

将"论坛 02.docx"文档中第一篇文章正文第一段第一个字"长"设置为：首字下沉 2 行，距正文 0.5 厘米。

❶ 将插入点定位在第一段文字中的任意位置，或选中第一段文字，或选中该段的第一个字"长"。

❷ 在"插入"选项卡的"文本"组中单击"首字下沉"按钮，再单击"首字下沉选项"，打开"首字下沉"对话框，如图 3.25 所示。

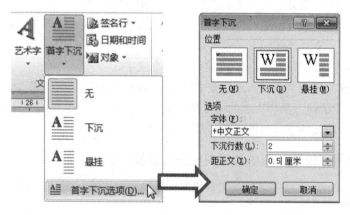

图 3.25 "首字下沉"对话框

❸ 在"位置"栏选中"下沉"；在"选项"栏设置字体为"中文正文"(默认)，下沉行数设为"2"，距正文"0.5 毫米"。

❹ 设置完成后单击"确定"按钮。

❺ 单击"快速访问工具栏"上的"保存"按钮。

❻ 将该文档重命名为"论坛 03.docx"保存到"CH03"文件夹中。关闭该文档。

任务6 添加边框和底纹

为"论坛 03.docx"文档的栏目标题段落加边框和底纹，底纹颜色设为浅绿色。

❶ 打开"论坛 03.docx"文档。

❷ 选定要添加边框的段落"金融危机催生理论智慧"。

选定的段落,要包含段落尾部的段落标记"↵"。否则,只选定了段落中的字符,而没有选定段落。

❸ 在"页面布局"选项卡的"页面背景"组中单击"页面边框"按钮,打开"边框和底纹"对话框,单击"边框"选项卡,如图 3.26 所示。

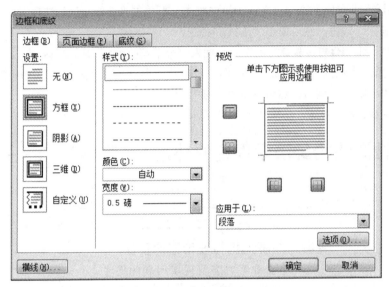

图 3.26 "边框和底纹"对话框

❹ 在"设置"栏中选"方框",在"样式"列表框中选择"实线",在"颜色"下拉列表中选择"自动",在"宽度"下拉列表中选择"0.5 磅",在"应用于"下拉列表中选择"段落"。

❺ 单击"底纹"选项卡,在"填充"栏颜色下拉列表中选择"浅绿"色。

"底纹"选项卡有关选项说明如下。

◆ "填充"框:用于选择底纹的颜色,即背景色。

◆ "样式"列表框:用于选择底纹的样式,即底纹的百分比和图案。

◆ "颜色"列表框:用于选择底纹内填充点的颜色,即前景色。

❻ 在"预览"框可看到设置后的效果。若不满意,则可改变设置;若满意,则单击"确定"按钮,设置完成。

❼ 单击"快速访问工具栏"上的"保存"按钮后,关闭该文档。

任务 7 插入分节符

在"论坛 03.docx"文档中,先删除第一篇文章的首字下沉,再在第一篇文章的第一段段首和第二段末以及第二篇文章的第一段段首插入连续分节符。

❶ 打开 E 盘"CH03"文件夹下的"论坛 03.docx"。

❷ 选中下沉的字"长",单击"插入"选项卡的"文本"组中的"首字下沉"按钮,再单击"无"命令。

此时,第一篇文章的首字下沉格式被删除。让我们尝试在不删除首字下沉格式的情况下,插入节隔符。

❸ 将插入点定位于第一篇文章的第一段段首(用鼠标在段首单击)。

❹ 在"页面布局"选项卡的"页面设置"组中单击"分隔符"按钮,再单击"连续"命令。

这时,"分节符(连续)"标识被插入。

❺ 先将插入点定位于第一篇文章的第二段末,再单击"页面布局"选项卡的"页面设置"组中的"分隔符"按钮,然后单击"连续"命令。

请比较执行步骤❹与步骤❺的操作后,插入"分节符(连续)"标识以区别。

❻ 先将插入点定位于第二篇文章的第一段段首,再单击"页面布局"选项卡的"页面设置"组中的"分隔符"按钮,然后单击"连续"命令。

执行步骤❹、❺、❻后,结果如图3.27所示。

图3.27 在文档中插入分隔符

❼ 单击"文件"选项卡,再单击"另存为",将该文档另存为"论坛04.docx",并保存在E盘"CH03"文件夹下。

使"论坛04.docx"保持打开状态,以便在任务8中继续使用。

任务8 建立分栏格式

在"论坛04.docx"文档中,将第一篇文章正文分为2栏,右栏为15.5个字符,栏间距为2个字符;将第二篇文章正文分2栏,左栏为15.5个字符,栏间距为2个字符。栏间加分隔线。

❶ 选中第一篇文章正文部分,并确认为"页面视图"。

❷ 在"页面布局"选项卡的"页面设置"组中单击"分栏"按钮,再单击"更多分栏"命令,显示"分栏"对话框,如图3.28所示。

❸ 在"预设"栏选中"右";在"列数"框选择"2";在"宽度和间距"栏设第2栏宽度为"15.5字符","间距"设为"2字符";选中"分隔线"复选框,在各栏间加分隔线。

❹ 单击"确定"按钮。

❺ 重复步骤❶~步骤❹,将第二篇文章正文分为两栏。只是在"预设"栏要选中"左",并设置第一栏的栏宽为"15.5字符"。

❻ 按照任务5描述的方法,恢复设置第一篇文章第一段的首字下沉格式。

❼ 先单击"快速访问工具栏"中的"保存"按钮,然后关闭该文档。

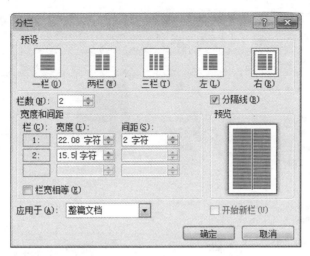

图 3.28　"分栏"对话框

说明：

❶ 如果选中"栏宽相等"复选框，表示建立相同的栏宽。

❷ 在本实验任务 5 中，对第一篇文章的第一段设置了"首字下沉"，在设置分栏前，应删除"首字下沉"设置。

❸ 在同一文档中可以多种分栏并存。

❹ 有时，经过分栏操作后，经常会看到经过分栏的文档还是只显示一栏的效果。可能的原因如下。

◆ 当前文档处于"普通视图"下。在该视图下，看不到分栏的实际效果，必须切换到"页面视图"或"打印预览"显示方式。

◆ Word 在分栏时根据纸张的高度，从左到右布局文档，当要分栏的文档较少时，就会产生上述结果。改进的方法是在要分栏的文档结束处插入分隔符。

任务 9　在文档中插入图片

在 E 盘 CH03 文件夹下有一张 bmp 格式的图片(需事先准备好)，将该图片插入"论坛04.docx"文档中，然后将该文档另存为"论坛 05.docx"。

❶ 将插入点定位于第二篇文章最后一段的下一行首，或我们认为合适的位置。

❷ 在"插入"选项卡的"插图"组中单击"图片"命令，显示如图 3.29 所示"插入图片"窗口。

❸ 在左窗格找到 E 盘 CH03 文件夹。

❹ 在"所有图片"按钮的下拉列表框中，选择图片文件类型(Windows 位图)，或选择"所有图片"。

❺ 选择要插入的图形文件，然后单击"插入"按钮。

此时，图片按"嵌入型"插入文档中。使用"图片工具"选项卡可以设置图片格式。

❻ 单击"文件"选项卡，再单击"另存为"，将该文档另存为"论坛 05.docx"，并保存在E 盘中的 CH03 文件夹下。

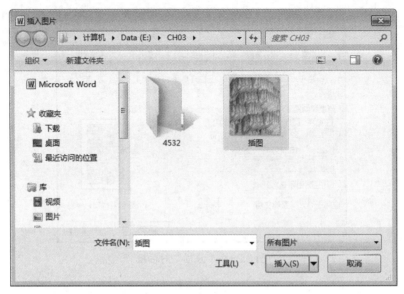

图 3.29　"插入图片"对话框

使该文档保持打开状态，以便在任务 10 继续使用。

任务 10　裁剪图片

对文档"论坛 05.docx"中的图片进行适当裁剪。

❶ 在图形中任意位置单击鼠标左键，图形四周出现有 8 个方向句柄。

❷ 在"图片工具"选项卡的"大小"组中单击"裁剪"命令 ▧，图片四周出现图片边界，鼠标指针变为裁剪形 ✥，用鼠标上下左右拖动图片，完成图片裁剪。

❸ 用鼠标指向 4 个角，指针变成角裁剪形状(┏、┓、┗或┛)；或用鼠标指向 4 条边的中点，指针变成边裁剪形状(┷、┳、┫或┣)。

❹ 按住鼠标左键，朝图片内部拖动鼠标，就可裁剪掉图形相应部分。

❺ 单击"快速访问工具栏"上的"保存"按钮。

❻ 关闭该文档。

任务 11　通过页眉和页脚制作水印

为文档"论坛 05.docx"添加页眉，插入太空旅行服务公司名称和徽标。

❶ 单击"文件"选项卡，再单击"打开"，在 E 盘 CH03 文件夹中找到并打开文档"论坛 05.docx"并打开。

❷ 在"插入"选项卡的"页眉和页脚"组中单击"页眉"，选择"编辑页眉"。

这时，处于页眉编辑状态，同时显示"页眉和页脚工具"选项卡的"设计"子选项卡。

❸ 在"插入"选项卡的"插图"组中单击"图片"，在 E 盘 CH03 文件夹中找到"公司徽标.bmp"文件(该文件是事先保存在 CH03 文件夹中的)后，单击"插入"按钮。

❹ 输入"太空旅行服务公司"文本。

❺ 选中"公司徽标.bmp"图片，在"图片工具"选项卡的"格式"子选项卡的"大小"

组中单击"形状高度" 📶 框后的微调按钮，将图片高度调整为 1cm 左右，图片宽度等比调整。

❻ 选中文本"太空旅行服务公司"，单击"开始"选项卡的"字体"组，通过"字体"框和"字号"框，将字体、字号设置为"方正小标宋简体"、"二号"。

❼ 设置页眉左对齐，按钮空格键使"太空旅行服务公司"文本在页眉中居中。

❽ 在步骤❸中，单击"插入"选项卡的"文本"组中的"文本框"，选择"简单文本框"，并将其拖曳至页眉。之后，就可以重复步骤❹～步骤❼，在文本框内加入作为水印的文字、图形等内容。对图形用"图片工具"选项卡上的有关"组"进行相关设置，把文本框环绕方式设置为"无环绕"，还可对水印进行格式化工作。

❾ 在"页眉和页脚工具"选项卡的"关闭"组中单击"关闭页眉和页脚"。

水印制作完成，在文档的每一页将看到水印的效果。

❿ 单击"快速访问工具栏"上的"保存"按钮。

使该水印处于打开状态，以便在任务 12 中继续使用。

任务 12　通过图形的层叠来制作水印

把任务 9 中插入"论坛 05.docx"中的那幅图片制作成水印。

❶ 选中图片。

❷ 在"图片工具"选项卡的"格式"子选项卡的"排列"组中单击"自动换行"，选择"衬于文字下方"命令，让正文穿越图形显示。

❸ 在"图片工具"选项卡的"格式"子选项卡的"调整"组中单击"颜色"，在"重新着色"列表中选择"冲蚀"或其他颜色样式，使图片呈暗淡色。

或者通过改变"调整"组中的"更正"命令下的"亮度和对比度"来使图形呈暗淡色。

❹ 水印制作完成。移动图片到文档中的适当位置。

❺ 单击"快速访问工具栏"上的"保存"按钮。并关闭该文档。

实验五　创建 SmartArt 图形

【实验目的】

学会 SmartArt 图形的选择、使用和设置的技巧。

任务 1　创建某居委会办事指南流程图，以方便居民办事

❶ 在文档中定位插入点。

❷ 在"插入"选项卡的"插图"组中单击"SmartArt"，打开"选择 SmartArt 图形"对话框，如图 3.30 所示。

❸ 选择所需的类型(如"流程")和布局(如"垂直 V 形列表")，单击"确定"按钮。

这时，SmartArt 图形插入文档中，如图 3.31 所示。用鼠标指向 SmartArt 图形四角或四条边的中央带点处，按下鼠标左键再曳鼠标可改变 SmartArt 图形的大小。

❹ 单击 SmartArt 图形中的一个形状，然后键入文本。或者，单击"文本"窗格中的"[文本]"，然后键入或粘贴文字。或者，从其他程序复制文字，单击"[文本]"，然后粘贴到"文本"窗格中。

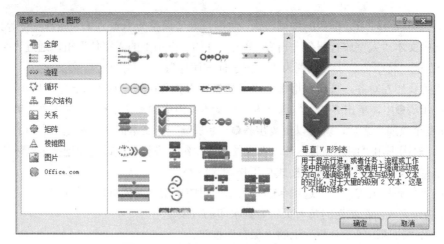

图 3.30 "选择 SmartArt 图形"对话框

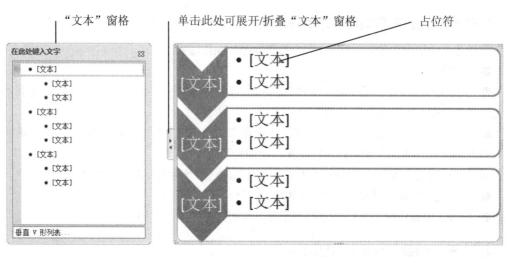

图 3.31 SmartArt 图形示例

❺ 如果看不到"文本"窗格，则先单击 SmartArt 图形，在"SmartArt 工具"选项卡的"设计"子选项卡的"创建图形"组中单击"文本窗格"。

任务 2 在 SmartArt 图形后面添加形状

在任务 1 中创建某居委会办事指南流程图只有 3 组，无法列出全部事项流程，需要增加。

❶ 单击需要在后面添加的形状，如"罗小乐"。

❷ 在"SmartArt 工具"选项卡的"设计"子选项卡的"创建图形"组中单击"添加形状"按钮右侧的"其他"按钮，选择"在后面添加形状"命令，如图 3.32 所示。

❸ 在"SmartArt 工具"选项卡的"设计"子选项卡的"创建图形"组中单击两次"添加项目符号"按钮。

❹ 按照任务 1 步骤❹的方法，在添加的形状中输入文字。

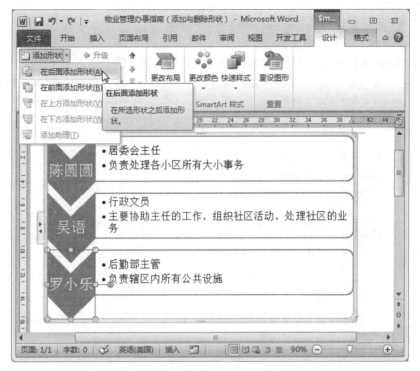

图 3.32 添加形状

任务 3 更改 SmartArt 图形的颜色

将任务 2 中的某居委会办事指南流程图的颜色更改"强调文字颜色 6"样式。

❶ 单击 SmartArt 图形。

❷ 在"SmartArt 工具"选项卡的"设计"子选项卡的"SmartArt 样式"组中单击"更改颜色"。

❸ 在其列表中单击所需的颜色变体"渐变范围—强调文字颜色 6"。

任务 4 更改图形样式

在任务 3 的基础上，将图形样式更改为"强烈效果"样式。

❶ 单击 SmartArt 图形。

❷ 在"SmartArt 工具"选项卡的"设计"子选项卡上的"SmartArt 样式"组中单击"快速样式"栏右侧的"其他"按钮。

❸ 在打开的列表中的"文档的最佳匹配对象"栏中单击所需的"强烈效果"样式。

任务 5 更改形状和文本样式

在任务 4 的基础上，将图形样式更改为"强烈效果"样式。

❶ 单击 SmartArt 图形，如"陈圆圆"。

❷ 单击"SmartArt 工具"选项卡的"格式"子选项卡。

❸ 在"形状样式"组中单击"快速样式"栏右侧的"其他"按钮。在打开的列表中，单

击所需的样式，如"彩色填充—绿色，强调颜色 1"。

❹ 重复步骤❸，设置其他形状。

❺ 单击 SmartArt 图形，再单击"SmartArt 工具"选项卡的"格式"子选项卡，在"艺术字样式"组中单击"文本填充"栏右侧的"其他"按钮，在打开的列表中单击所需要的艺术字样式。

实验五完成后的 SmartArt 图形如图 3.33 所示。

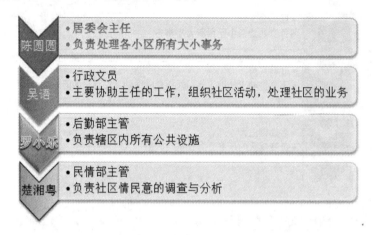

图 3.33　实验五完成后的 SmartArt 图形

实验六　绘制文本框

【实验目的】

掌握文本框的使用技巧。

任务 1　制作年末促销活动宣传单

某灯具商店小李要制作年末促销活动宣传单。在宣传单的文字全部输入后，小李觉得要在宣传单中突出活动中的优惠措施。于是，小李在宣传单文档中绘制如图 3.34 所示的文本框，并将优惠措施部分的文字移进文本框。

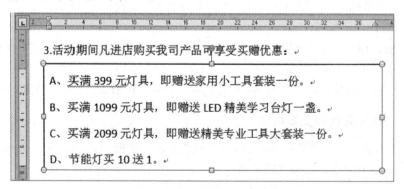

图 3.34　自主绘制文本框

❶ 在"插入"选项卡的"文本"组中单击"文本框",选择"绘制文本框"或"绘制竖排文本框"。或者在"插入"选项卡的"插图"组中单击"形状",再选择"文本框"或"垂直文本框"。

❷ 选定插入点,将鼠标指针移动到文档中需要插入文本框的地方,鼠标指针将变成十字线形状。按住鼠标左键,拖动鼠标,绘制文本框。

❸ 当文本框的边框达到所需大小后,释放鼠标。必要时,用鼠标拖动文本框到需要位置。

❹ 将文档中的文字移到文本框(选择文字,按住鼠标左键不放,拖至文本框中),或在文本框中输入文字。

任务 2 设置文本框的格式

设置任务 1 中文本框的格式,使这部分内容更直观。

❶ 选中要设置格式的文本框。

❷ 在"绘图工具"选项卡的"格式"子选项卡的"形状样式"组中单击"快速样式"栏右侧的"其他"按钮。

❸ 在快速样式列表中,选择一种样式,如"细微效果—绿色,强调颜色 1"样式。

或者,单击"形状样式"组右下角的"对话框启动器",打开"设置形状格式"对话框。在"填充"栏设置文本框填充效果,在"线型"栏设置文本框线型,在"阴影"栏设置文本框把握机遇效果等,完成后单击"关闭"按钮。

实验七 表格制作

【实验目的】

掌握 Word 文档中表格制作技巧。

任务 1 制作 2 列 6 行的简单表格

在实验二任务 2 中,文档"论坛 5 议程.docx"里有一简单表格。这个表格可以用快速插入表格的方法制作。

❶ 单击"文件"选项卡,再单击"新建",新建一空文档。

❷ 将插入点定位在文档中的合适位置。

❸ 在"插入"选项卡的"表格"组中单击"表格",在"插入表格"示意框中拖动鼠标,当行数、列数满足要求(这里应当是 2 列 6 行)时,单击鼠标,在文档中插入一个空表格。

在"插入表格"示意框中拖动鼠标时,文档中也显示将要插入的表格,如图 3.35 所示。

这个表格也可用下述本实验任务 2 的方法制作。

❹ 单击"文件"选项卡,指向"另存为",再单击"Word 文档"。在"另存为"对话框中,将该文档以"论坛 5 议程-1.docx"为文件名保存到 E 盘 CH03 文件夹中。

使该文档保持打开状态,以便在下面的练习和任务 2 中继续使用。在任务 2 我们将逐步制作一个与"论坛 5 议程.docx"中一样的表格。

图 3.35　快速插入一个空表格

任务 2　向表格中输入规划的文本

向任务 1 的空表格中输入规划的文本，如图 3.36 所示。

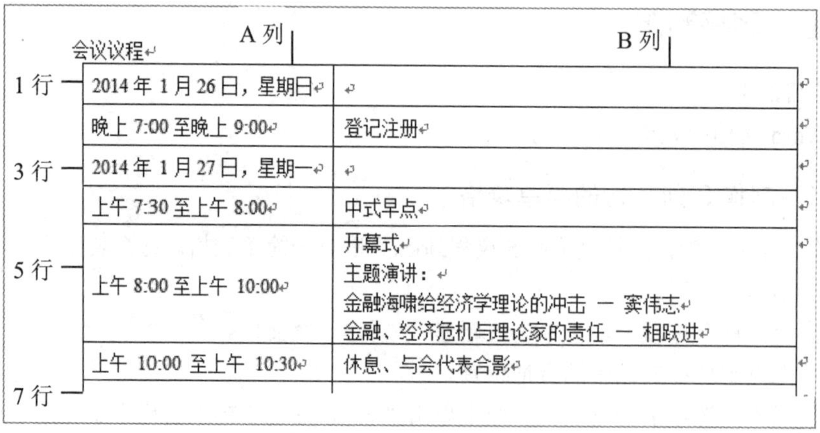

会议议程	A 列	B 列
1 行 —	2014 年 1 月 26 日，星期日	
	晚上 7:00 至晚上 9:00	登记注册
3 行 —	2014 年 1 月 27 日，星期一	
	上午 7:30 至上午 8:00	中式早点
5 行 —	上午 8:00 至上午 10:00	开幕式 主题演讲： 金融海啸给经济学理论的冲击 — 窦伟志 金融、经济危机与理论家的责任 — 相跃进
	上午 10:00 至上午 10:30	休息、与会代表合影
7 行 —		

图 3.36　输入表格内容

为了叙述方便，我们用字母表示列标，用数字表示行号，用字母与数字表示单元格，如 A1 表示处于第 A 列第 1 行的单元格。

❶ 单击 A1 单元格，将插入点定位于 A1 单元格。

❷ 键入"2014 年 1 月 26 日，星期日"文本。

❸ 由于 B1 单元格中无内容可输入，所以按 2 次 Tab 键，将光标移到 A2 单元格，或单击 A2 单元格。

❹ 键入"晚上 7:00 至晚上 9:00"，按 Tab 键或单击 B2 单元格……

❺ 在 B5 单元格中键入文本时，键入"开幕式"后，按 Enter 键，再键入"主题演讲："，按 Enter 键……直到输入全部文本。

❻ 完成文本输入后，单击"快速访问工具栏"上的"保存"按钮，保存该文档。

使该文档保持打开状态，以便在下面的练习和任务 3 中继续使用。

任务 3　调整表格的列宽和行高

精确设置文档"论坛 5 议程-1.docx"中表格的行高度和列宽度。

❶ 选中第 1 行或 A1 单元格(见图 3.36)。

❷ 在"表格工具"选项卡的"布局"子选项卡的"单元格大小"组中单击"表格行高"框上的微调按钮，可调整所选定行或单元格所在行的行高度，如调整为 0.75 厘米。

同样的方法，调整第 2～7 行的行高度，第 5 行的行高度调整为 2.25 厘米。

❸ 选中第 A 列。

❹ 在"表格工具"选项卡的"布局"子选项卡的"单元格大小"组中单击"表格列宽"框上的微调按钮，可调整该列的列宽度，如调整为 4.95 厘米。

如果只选中某单元格(如 A1)，那么只能调整 A1 单元格的列宽度，而不能调整 A1 单元格所在列的列宽度。

❺ 在完成了步骤❸、步骤❹的操作后，如果 B 列自动变窄，则可先选中 B 列或 B 列中的某单元格，再单击"表格工具"选项卡的"布局"子选项卡的"单元格大小"组中的"自动调整"，然后选择"根据窗口自动调整表格"，使 B 列向右延伸至窗口右边界。

按下列步骤❻～步骤❽，也可以完成步骤❶～步骤❹的操作。

❻ 选中某行或某列。

❼ 在"表格工具"选项卡的"布局"子选项卡的"单元格大小"组的右下角单击"对话框启动器"，打开"表格属性"对话框，如图 3.37 所示。

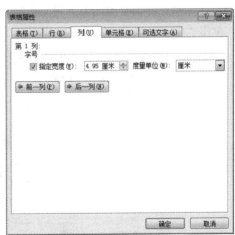

图 3.37　"表格属性"对话框

❽ 单击"行"或"列"选项卡，选中"指定高度"或"指定宽度"复选框，输入所需行高值或列宽值，单击"确定"按钮。

❾ 单击"快速访问工具栏"上的"保存"按钮，保存该文档。

使该文档保持打开状态，以便在任务 4 中继续使用。

任务 4 合并单元格

文档"论坛 5 议程-1.docx"中表格的 A1 单元格与 B1 单元格合并，A3 单元格与 B3 单元格合并。

❶ 选定所有要合并的单元格 A1 和 B1。

❷ 在"表格工具"选项卡的"布局"子选项卡的"合并"组中单击"合并单元格"。

这时，所选定的单元格 A1 和 B1 合并成一个。

❸ 选定单元格 A3 和 B3。

❹ 重复步骤❷。

❺ 单击"快速访问工具栏"上的"保存"按钮，保存该文档。

实验八 Word 图表的设计、布局以及格式编辑

【实验目的】

掌握 Word 图表的设计、布局以及格式编辑技巧。

任务 在文档中插入图表

在第五期解决全球金融危机论坛上，KGW 公司总会计师柯先生提交了一篇文章"后金融危机时代与世界经济走势"的文章。他为了使文章引人注目，利用 Word 的图表工具，在文档中插入了许多分析图表。下面择其一例(如"金砖四国"2013 年前 3 季度 GDP 增长率)来说明添加图表的方法。

❶ 插入图表。在"插入"选项卡的"插图"组中单击"图表"按钮，打开"插入图表"对话框。在左侧选择需要的图表类型"折线图"选项，在右侧"折线图"列表中选择"折线图"，单击"确定"按钮，如图 3.38 所示。

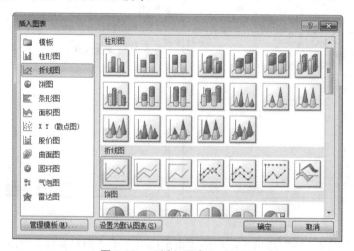

图 3.38 "插入图表"对话框

　　这时，在 Word 文档中插入一个折线图示例，文档窗口缩小到屏幕左侧，并出现"图表工具"选项卡，而在屏幕右侧弹出了一个标题为"Microsoft Word 中的图表"的 Excel 2010 窗口，在其中存放着这个图表的示例数据。

　　❷ 编辑数据源。柯先生用自己搜集的数据直接替换 Excel 工作表中的示例数据，在编辑数据时，Word 文档中的图表会实时发生对应的变化，这是 Office 2010 帮我们提高效率的实时预览功能。

　　如果插入点不在 Excel 工作表中，则可在"图表工具"选项卡的"设计"子选项卡的"数据"组中单击"编辑数据"按钮，切换到 Excel 工作表窗口中。

　　由于 Word 采用默认方式插入的图表，只有 4 行 3 列，增加的数据行或列不会显示在图表中。因此先在"图表工具"选项卡的"设计"子选项卡的"数据"组中单击"选择数据"按钮，在弹出的"选择数据源"对话框中单击"图表数据区域"框右侧的选择按钮 ▦，然后在 Excel 工作表中选择修改后的全部数据区域，如"\$A\$1:\$E\$4"，单击"图表数据区域"框右侧的按钮 ▦，最后单击"确定"按钮，即可将全部数据区域设置为图表的源数据。

　　❸ 修饰图表。在"图表工具"选项卡的"设计"子选项卡的"图表布局"组中单击"其他"按钮 ▾，在其列表框中选择一种布局方案，如"布局 9"；单击"图表样式"组中的"其他"按钮 ▾，在其列表框中选择一种样式，如"样式 2"。

　　❹ 添加坐标轴标题。在"图表工具"选项卡的"布局"子选项卡的"标签"组中单击"坐标轴标题"按钮，选择"主要横坐标轴标题"选项，然后选择横坐标轴标题在图表中的位置，如"坐标轴下方标题"，即可在横坐标轴的下方添加一个文本框，然后在其中输入坐标轴标题"季度"。采用同样的方法添加纵坐标轴标题"GDP 增长率"。如图 3.39 所示。

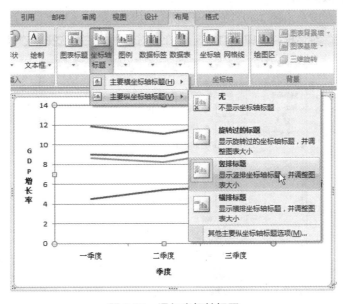

图 3.39　添加坐标轴标题

　　❺ 添加图表标题。在"图表工具"选项卡的"布局"子选项卡的"标签"组中单击"图表标题"按钮，在弹出的菜单中选择"图表上方"，然后输入"'金砖四国'2013 年前 3 季度 GDP

增长率"作为图表标题。

❻ 添加趋势线。在"图表工具"选项卡的"布局"子选项卡的"分析"组中单击"趋势线"按钮,选择"线性趋势线",在弹出的"添加趋势线"对话框中选择"中国",即可在图表中自动生成中国的 GDP 变化趋势线,如图 3.40 所示。同样的方法,添加俄罗斯、印度、巴西的 GDP 变化趋势线。

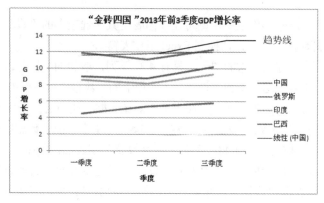

图 3.40　添加趋势线

❼ 添加预测趋势线。预测趋势线是指要预测未来若干时间段内的变化趋势。在"图表工具"选项卡的"布局"子选项卡的"分析"组中单击"趋势线"按钮,选择"线性预测趋势线",在"添加趋势线"对话框中选择"中国",单击"确定"按钮,即可在图表中添加中国未来两个季度的 GDP 变化趋势线了。

或者,用鼠标右键单击图 3.40 中的趋势线,在快捷菜单中选择"设置趋势线格式",打开"设置趋势线格式"对话框,如图 3.41 所示。在该对话框的左侧选择"趋势线选项",在右侧

图 3.41　"设置趋势线格式"对话框

"趋势预测/回归分析类型"列表中选择"线性",在"趋势线名称"列表中选择"自动",在"趋势预测"列表中设置"前推"两个周期(这里指未来两个季度),单击"关闭"按钮,即可添加预测趋势线了。

❽ 添加背景。选中图表中的某个对象,比如背景,然后在"图表工具"选项卡的"格式"子选项卡的"形状样式"组中单击"其他"按钮 🔳,然后在弹出的众多形状样式列表中,选择一种即可。

实验九 邮件合并

【实验目的】

(1) 掌握创建或使用现有主文档的方法。

(2) 掌握创建或使用现有数据作为数据源的方法。

(3) 掌握在主文档所需的位置插入合并域,执行合并操作。

任务 1 创建主文档

第五期解决全球金融危机论坛结束后,太空旅行服务公司对外联络部的张经理给与会代表发了一封信函,通报代表们所提交论文的处理情况,并寄送代表们预订的会议资料,如会议论文集、会议光盘等。为了避免邮寄信件时张冠李戴,保证准确无误,因此,他将收件人的有关信息放在信函的最前面。

❶ 新建 Word 文档,并输入如图 3.42 所示的内容。

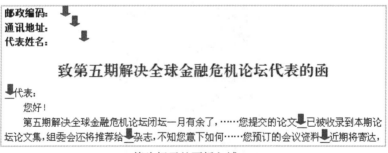

箭头标示处要插入域

图 3.42 要合并的文档

该文档中已经包含了代表们信息的标题,张经理要将该文档与代表们的"信函数据"数据表合并。

❷ 将该文档以"致代表函.docx"为文件名保存在 E 盘的 CH03 文件夹中。

❸ 在"邮件"选项卡的"开始邮件合并"组中单击"开始邮件合并",选择"邮件合并分步向导",打开如图 3.43 所示的"邮件合并"任务窗格。在"选择文档类型"栏中选择"信函"。单击任务窗格底部的"下一步:正在启动文档"。

❹ 在"选择开始文档"栏中选择"使用当前文档",如图 3.44 所示。

❺ 单击任务窗格底部的"下一步:选取收件人"。此时任务窗格如图 3.45 所示。

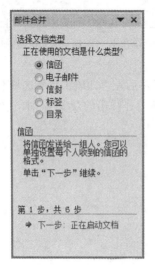 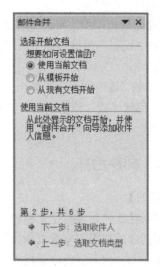

图 3.43 "邮件合并"任务窗格——第 1 步　　图 3.44 "邮件合并"任务窗格——第 2 步

使该文档保持打开状态，以便在任务 2 中继续使用。

任务 2　创建数据源

在任务 1 的基础上，创建包括邮政编码、通信地址、代表姓名等信息的数据源。

❶ 在如图 3.45 所示的任务窗格中的"选择收件人"栏选择"键入新列表"；在"键入新列表"栏单击"创建"，打开"新建地址列表"对话框，如图 3.46 所示。

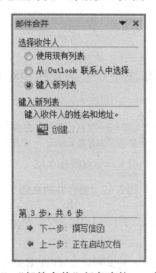

图 3.45 "邮件合并"任务窗格——第 3 步

❷ 单击"自定义列"按钮，打开如图 3.47 所示的"自定义地址列表"对话框。

❸ 在"字段名"列表中列出了可选择的字段，可以将其删除、重命名，也可添加新字段名。选中字段名"职务"，单击"删除"按钮，在弹出的对话框中单击"是"，则"职务"字段名被删除。同样，可以删除其他不需要的字段名。

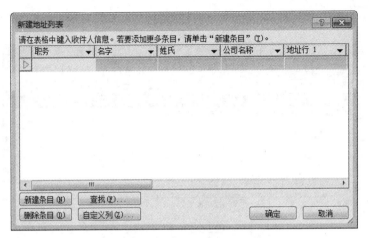

图 3.46　"新建地址列表"对话框

❹ 单击该对话框中"添加"按钮，弹出"添加域"对话框，在"键入域名"框中键入新域名"代表姓名"后，单击"确定"按钮，"代表姓名"字段名即被添加到"自定义地址列表"中。同样，可以将字段名"论文标题"、"杂志名称"、"资料类别"等添加进来。

❺ 采用类似的操作，可重命名字段名。

❻ 选中字段名后，单击"上移"或"下移"按钮，可重新安排域的顺序。完成步骤❸～步骤❺的操作后，"自定义地址列表"对话框中的"字段名"列表如图 3.48 所示。

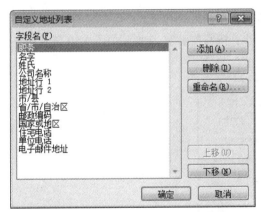
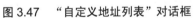

图 3.47　"自定义地址列表"对话框

图 3.48　完成后的"自定义地址列表"对话框

❼ 在"自定义地址列表"对话框中单击"确定"按钮。

❽ 在"新建地址列表"对话框中逐条输入记录。输入完一条后，单击"新建条目"按钮，添加新的空白记录，再把新纪录添加到数据库。用同样的方法，直到输入完全部记录为止，此时数据源列表创建完成。

❾ 在"新建地址列表"对话框中单击"确定"按钮，弹出"保存通信录"对话框。在"文件名"框中输入"信函数据"，在"保存位置"选择 E 盘下的 CH03 文件夹，并单击"保存"按钮，弹出"邮件合并收件人"对话框，如图 3.49 所示。在该对话框中，可以对输入的条目进行编辑、排序，并且可以选择特殊邮件合并中需要用到的条目。单击"确定"按钮，关闭"邮

件合并收件人"对话框。

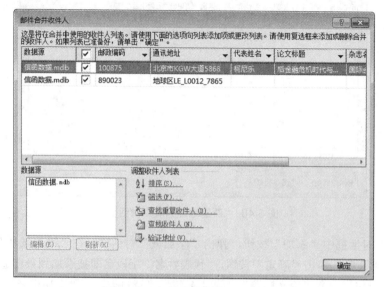

图 3.49 "邮件合并收件人"对话框

使该文档保持打开状态，以便在任务 3 中继续使用。

任务 3　在主文档中插入合并域

在任务 2 的基础上，在主文档"致代表函.docx"中插入合并域。

❶ 在"邮件合并"任务窗格底部单击"下一步：撰写信函"，切换到如图 3.50 所示的任务窗格。

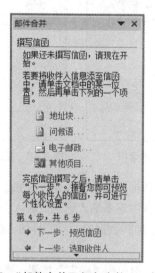

图 3.50 "邮件合并"任务窗格——第 4 步

❷ 如果"主文档"没写，可以在这一步撰写。在主文档中输入不变的公用部分内容。

❸ 将插入点移到需要插入合并域的地方，在"邮件合并"任务窗格的"撰写信函"栏中

单击"其他项目"(或在"邮件"选项卡的"编写和插入域"组中单击"插入合并域"按钮)，打开"插入合并域"对话框，从列表框中选择域名并双击域名或单击"插入"按钮，文档中将出现燕尾形符号的合并域，如图 3.51 所示。

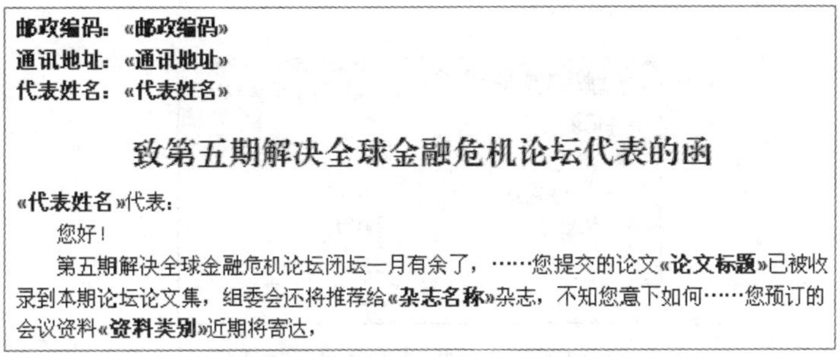

邮政编码：**《邮政编码》**
通讯地址：**《通讯地址》**
代表姓名：**《代表姓名》**

致第五期解决全球金融危机论坛代表的函

《代表姓名》代表：

您好！

第五期解决全球金融危机论坛闭坛一月有余了，……您提交的论文**《论文标题》**已被收录到本期论坛论文集，组委会还将推荐给**《杂志名称》**杂志，不知您意下如何……您预订的会议资料**《资料类别》**近期将寄达，

图 3.51　在主文档中插入合并域

或者，先在"邮件"选项卡的"编写和插入域"组中单击"插入合并域"下拉按钮，再在下拉列表中单击域名。

使该文档保持打开状态，以便在任务 4 中继续使用。

任务 4　把数据合并到主文档

在任务 3 的基础上，将数据源"信函数据.mdb"文件中的数据合并到主文档"致代表函.docx"。

❶ 单击"邮件合并"任务窗格底部的"下一步：预览信函"，可以看到一个合并信函，也可以一一查看，如图 3.52 所示。

若有必要，可以在"做出更改"栏单击"编辑收件人列表"，对"收件人"重新编辑、排序、筛选。

❷ 单击"下一步：完成合并"，显示任务窗格如图 3.53 所示。

图 3.52　"邮件合并"任务窗格——第 5 步 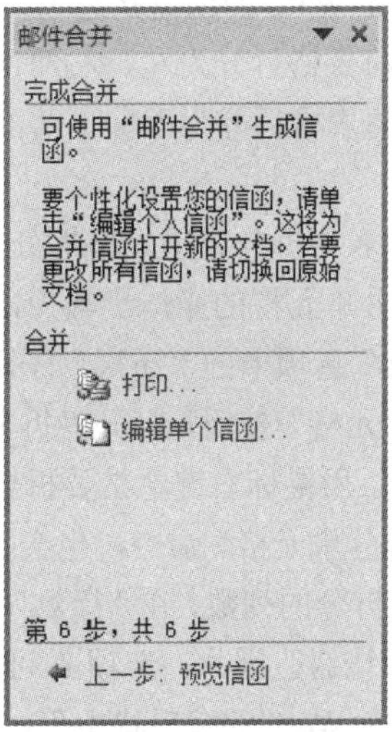　　图 3.53　"邮件合并"任务窗格——第 6 步

❸ 在"合并"栏，单击"打印"，将合并结果打印出来。单击"编辑单个信函"，弹出如图 3.54 所示的"合并到新文档"对话框。如果需要，则单击"全部"单选钮，完成合并，第一条记录显示在一个新文档窗口中，滚动窗口，可查看文档中的全部信函——每一封按位置自成一页。

图 3.54　"合并到新文档"对话框

❹ 将新文档以"致代表的一封信.docx"为名保存在 E 盘的 CH03 文件夹下，然后关闭文档。

3.2　案例分析

例 3.1　快速访问工具栏在什么位置？应该什么时候使用它？

答：它位于屏幕左上角，应该在访问常用命令时使用它。

知识点：快速访问工具及其个性化设置。

分析：快速访问工具栏是带有"保存"、"撤消"和"重复"按钮的小尺寸的工具栏。用户可以添加常用命令，具体方法是：单击该工具栏右侧的"更多"箭头，或右键单击某命令并选择"添加到快速访问工具栏"。

例 3.2　在 Word 的编辑状态下，关于拆分单元格，正确的说法是_____。

A) 只能将表格拆分为左、右两部分　　　B) 可以自己设置拆分的行、列数

C) 只能将表格拆分为上、下两部分　　　D) 只能将表格拆分为列

答：B。

知识点：表格拆分、单元格拆分。

分析：拆分单元格的操作步骤为，单击要拆分的单元格；在"表格工具"选项卡的"布局"子选项卡的"合并"组中单击"拆分单元格"按钮，打开"拆分单元格"对话框，如图 3.55 所示；用鼠标右键单击要拆分的单元格，在快捷菜单中选择"拆分单元格"命令，也会打开该对话框；在"列数"框输入拟拆分的列数，在"行数"框输入拟拆分的行数；

图 3.55　"拆分单元格"对话框

单击"确定"按钮。因此，选项 B 可以自己设置拆分的行、列数是正确的。

例 3.3　在 Word 的编辑状态下，执行两次剪切操作，则剪贴板中_____。

A) 仅有第一次被剪切的内容　　　　　B) 仅有第二次被剪切的内容

C) 有两次被剪切的内容　　　　　　　　　D) 无内容

　　答：B 或 C。

　　知识点：剪贴板的应用与操作。

　　分析：这与 Office 剪贴板的设置有关。默认情况下，如果未打开"剪贴板"任务窗格，第二次被剪切的内容就会覆盖第一次被剪切的内容，而只保存第二次被剪切的内容，如图 3.56(a) 所示。如果打开"剪贴板"任务窗格后，再执行两次剪切操作，就会发现两次剪切的内容都在剪贴板，如图 3.56(b)所示。Office 剪贴板最多可存放 24 项内容。

　　用户可以就上述两种情况，通过单击"开始"选项卡的"剪贴板"组右下角的"对话框启动器"，打开"剪贴板"任务窗格查看。

　　如果单击"剪贴板"任务窗格左下角的"选项"按钮，在弹出的菜单中选择"收集而不显示 Office 剪贴板"，如图 3.56(c)所示，那么无论是否打开"剪贴板"任务窗格，每次被剪切的内容都会存放在剪贴板，直到存满 24 项内容。

(a)未打开"剪贴板"任务窗格　　(b)打开"剪贴板"任务窗格　　　(c)收集而不显示 Office 剪贴板

图 3.56　"剪贴板"任务窗格及选项

　　例 3.4　将文件 D:\ABC\JSJ.docx 插入文档 E:\TZW1\JSJZD.docx 的结尾。

　　答：具体操作步骤如下。

　　❶ 打开"JSJZD.docx"文档，将插入点移到文档的结尾。

　　❷ 在"插入"选项卡的"文本"组(见图 2.51)中单击"对象"右侧的下拉前头，选择"文件中的文字"命令，打开"插入文件"窗口。

　　❸ 在"导航"窗格找到 D 盘的 ABC 文件夹，在"内容"窗格选中"JSJ.docx"文件或在"文件名"框中输入"JSJ"。

　　❹ 单击"插入"按钮。

　　本问题的关键在步骤❷和步骤❸。如果要插入的文件是旧版本的 Word 文档(.doc 格式)，则也可直接进行插入操作；如果要插入的文件不是 Word 文档，那么 Word 要求用户确认是否转换格式。

　　知识点：用插入文件中的文字的方法可将某文档插入另一文档中的任意位置，方便地实现文档的连接。

　　例 3.5　对表 3.1 所示的表格内容依据年龄按升序、入学成绩按降序排序。

表 3.1　学生情况表

学号	姓名	年龄/岁	入学成绩/分
2013180101	于鸿燕	20	521
2013180102	张大伟	18	496
2013180103	李　晓	20	502
2013180104	陈波涛	19	513

答：具体操作步骤如下。

❶ 选中整个表格或在任一单元格中单击。

❷ 在"表格工具"选项卡的"布局"子选项卡的"数据"中单击"排序"按钮，打开"排序"对话框，如图 3.57 所示。在"开始"选项卡的"段落"中单击"排序"按钮 ，也可打开该对话框。

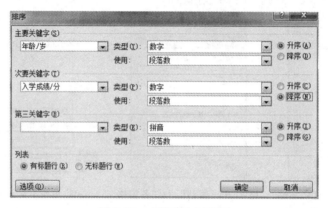

图 3.57　"排序"对话框

❸ 如有必要，在"列表"栏下，选中列表的"有标题行"单选钮。单击"主要关键字"框右侧的下拉前头，选择"年龄/岁"，在"类型"框中选择"数字"，并按要求选中"升序"单选按钮。在"次要关键字"框中选择"入学成绩/分"，在"类型"框中选择"数字"，并按要求选中"降序"单选按钮。

❹ 单击"确定"按钮，完成排序。

本例中，在步骤❶，若只选中标题行以下 4 行，则"排序"对话框中的主、次要关键字框中仅显示"列 1、列 2、列 3、列 4"列表，在"列表"栏下自动选中"无标题行"，其排序依据为列号。本例中分别为"列 3"（与"年龄/岁"对应）、"列 4"（与"入学成绩/分"对应）。

知识点：表格排序。

例 3.6　画出如图 3.58(a)所示的图片，将图 3.58(a)左转 90°、水平翻转，分别得到图 3.58(b)、图 3.58(c)。

答：本例中，图 3.58 (a)由 4 个形状组成，细节见图示标注。其操作步骤如下。

❶ 在"插入"选项卡的"插图"组中单击"形状"按钮，在"基本形状"列表中选择"椭圆"形状，在画布中拖曳鼠标画出两个椭圆、两个圆，按图 3.58(a)所示调整图形大小（"绘图工具"选项卡的"格式"子选项卡的"大小"组）和位置。

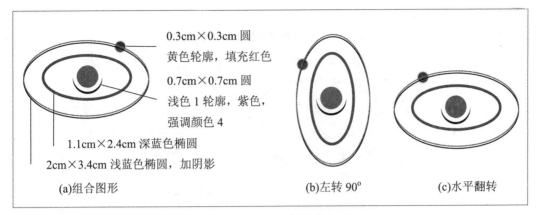

图 3.58　绘制图形练习示例图

❷ 选中图 3.58(a)中间的大圆，在"绘图工具"选项卡的"格式"子选项卡的"形状样式"组中单击形状样式库上的"其他"按钮，在列表中选择"浅色 1 轮廓，彩色填充—紫色，强调颜色 4"样式。

选中图 3.58(a)外侧的小圆，在"形状样式"组中单击"形状轮廓"按钮，在弹出的下拉主题颜色列表中选择黄色；单击"形状填充"按钮，在主题颜色列表中选择红色。

选中图 3.58(a)中的大椭圆，单击"形状轮廓"按钮，选择"无填充颜色"；单击"形状填充"按钮，选择"蓝色，强调文字颜色 1，淡色 40%"；单击"形状效果"按钮，指向"阴影"，单击选中"右下斜偏移"效果。用同样的方法设置小椭圆。

❸ 选中任意的一个圆或椭圆，再按住 Shift 键不放，逐个选中其他的圆或椭圆。或者在空白处单击并按住鼠标左键拖出一个框，框住这 4 个图形，也可以将其全部选中。

❹ 在"绘图工具"选项卡的"格式"子选项卡的"排列"组中单击"组合"按钮，选择"组合"命令。两个圆和两个椭圆成为一个整体的图形。

❺ 选中该组合图形，并复制两个副本图形。选中其中一个，在"排列"组中单击"旋转"按钮，选择"向左旋转 90°"命令，图形左转 90°，得到图 3.58(b)所示图形。

❻ 选中另一个副本图形，在"排列"组中单击"旋转"按钮，选择"水平翻转"命令，图形水平翻转，得到图 3.58(c)所示图形。

用户将图形旋转任意角度，如图 3.59 所示，选中图形后，会出现一个旋转手柄(绿色的小圆圈)，用鼠标指针指向它，鼠标指针变成黑色圆圈状箭头，按鼠标左键指针变成 4 个黑色箭头组成的圆圈状，然后拖曳鼠标进行旋转，可得到自由旋转图形。

若要取消原来的组合，则先选中这个组合图形，再在"排列"组中单击"组合"按钮，选择"取消组合"命令。

知识点：绘制图形、形状效果设置、形状大小设置、图形组合、图形旋转等。

例 3.7　输入如图 3.60 所示的文字，并以"Office 2010 产品介绍"为文件名保存，且将其编辑成如图 3.61 所示的图文混排文档(文中的图片可用"画图"工具事先制作)。

答：具体操作步骤如下。

❶ 启动 Word，输入图 3.60 所示的文本。

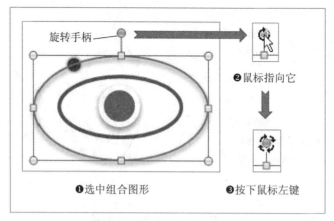

图 3.59　自由旋转图形的操作步骤示例

Office 2010 产品介绍

本书针对初学者的需求，全面、详细地讲解了 Office 2010 软件的操作、设计美化与高级技巧。讲解上图文并茂，重视设计思路的传授，并且在图上清晰标注出要进行操作的位置与操作内容，对于重点、难点操作均配有视频教程，以求您能高效、完整地掌握本书内容。

全书分为 18 章，包括感受 Office 2010 办公软件、Word 文档的录入与编辑、 Word 文档的编排与美化、办公表格的创建与编辑、Word 的图文混排、Word 的邮件合并与文档审阅、Word 文档编排的高级功能、Word 2010 综合应用实例、 Excel 表格数据的录入与编辑、在 Excel 中应用公式和函数、Excel 的数据处理与统计分析、Excel 图表与数据透视表(图)的应用、Excel 2010 综合应用实例、 PowerPoint 幻灯片的创建与编辑、在 PowerPoint 幻灯片中添加对象、PowerPoint 幻灯片的动画设置与放映、PowerPoint 2010 综合应用实例、使用 Outlook 进行日常办公管理等内容。

本书适合需要使用 Office 的用户，同时也可以作为电脑办公培训班的培训教材或学习辅导书。

图 3.60　待输入、编辑的文本

图 3.61　编辑后的"Office 2010 产品介绍"文档

❷ 单击"快速访问工具栏"中的"保存"按钮，打开"另存为"窗口，如图 3.62 所示。单击"文件"选项卡，再单击"保存"或"另存为"选项，也可以打开该窗口。在导航窗格选择保存位置，在"文件名"框输入"Office 2010 产品介绍"，在"保存类型"栏下拉列表中选择"Word 文档"，单击"保存"按钮。

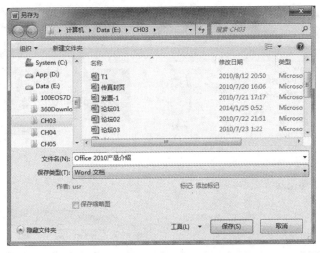

图 3.62　"另存为"窗口

❸ 选中标题文本"Office 2010 产品介绍"，在"开始"选项卡的"字体"组中单击"字号"右侧下拉箭头，选择"四号"；在"开始"选项卡的"段落"组中单击"居中"按钮。

选中全部正文文字，用鼠标指向"标尺"上的"首行缩进"并按下左键，向右拖动两个字符，使首行缩进两个字符。或者，在"开始"选项卡的"段落"组中单击右下角的"对话框启动器"，打开"段落"对话框，如图 3.63 所示。在"特殊格式"中选择"首行缩进"，在"磅值"

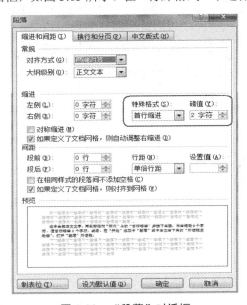

图 3.63　"段落"对话框

栏单击微调按钮，使之为"2字符"，或直接输入"2"。单击"确定"按钮。

❹ 在"插入"选项卡的"插图"组中单击"图片"按钮，打开"插入图片"窗口，如图 3.64所示。在导航窗格选中存放图片的文件夹，在内容窗格单击要插入的图片，单击"插入" 按钮，图片插入文档中。

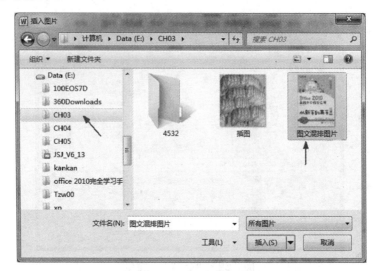

图 3.64 "插入图片"窗口

按上述方法插入文档中的图上，对图片更新后，原文档中的图片保持不变。若单击"插入" 按钮右侧的下拉箭头，在如图 3.65所示的列表中选择"链接到文件"命令，则当图片更新时， 文档中的图片会随之更新。

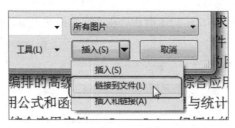

图 3.65 使文档的图片随图片的更新而更新

❺ 选中图片，在"图片工具"选项卡的"格式"子选项卡的"大小"组中设置图片大小， 高度为 11.12厘米，宽度为 7.97厘米。

❻ 选中图片，在"图片工具"选项卡的"格式"子选项卡的"排列"组中单击"自动换 行"按钮，在下拉列表中选择"四周型环绕"。移动图片到合适的位置。

❼ 在"快速访问工具栏"中单击"保存"按钮。

知识点：文本输入、字号、文本缩进、插入图片、设置图片大小、设置图片位置等。

例 3.8 创建自己的书法字帖。

答：具体操作步骤如下。

❶ 依次单击"文件"选项卡、"新建"选项，在"主页"栏下单击"书法字帖"，再单击

"创建"按钮，如图 3.66 所示。

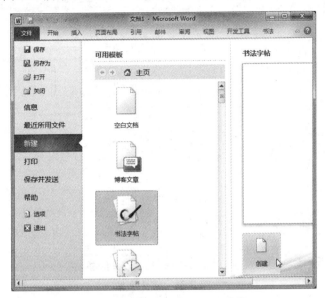

图 3.66 使用模板创建"书法字帖"

❷ 打开如图 3.67 所示的"增减字符"对话框(或在"书法"选项卡的"书法"组中单击"增减字符"按钮)，在"字体"栏下选择"书法字体"单选钮，在列表框中选择一种字体。在"字符"栏的"可用字符"列表中选择要练习的字，单击"添加"按钮。

图 3.67 "增减字符"对话框

❸ 单击"关闭"按钮，字帖就制作完成了，如图 3.68 所示。

知识点：模板的使用。

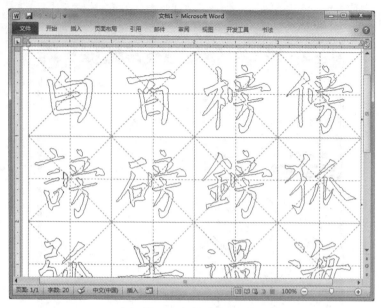

图 3.68　柳体字帖

3.3　强化训练

一、选择题

1. 功能区的三个主要部分是_____。

A) 选项卡、组和命令　　　　　　　　B) "文件"选项卡、选项卡和访问键

C) 菜单、工具栏和命令　　　　　　　D) 不确定

2. Word 具有的功能是_____。

A) 表格处理　　　　B) 绘制图形　　　　C) 自动更正　　　　D) 以上三项都是

3. 下列选项不属于 Word 窗口组成部分的是_____。

A) 功能区　　　　　B) 对话框　　　　　C) 编辑区　　　　　D) 状态栏

4. _____是键盘快捷方式的两种基本类型。

A) 导航键和按键提示

B) 快捷键和按键提示

C) 用于启动命令的组合键以及用于在屏幕上的项目之间导航的访问键

D) 启动命令的组合键以及按键提示

5. 在 Word 编辑状态下，绘制一文本框，应使用的选项卡是_____。

A) 开始　　　　　　B) 插入　　　　　　C) 页面布局　　　　D) 绘图工具

6. 在 Word 编辑状态下，若要进行字体效果的设置(如上、下标等)，首先应单击_____。

A) "开始"选项卡　　B) "视图"选项卡　　C) "插入"选项卡　　D) "引用"选项卡

7. 通过使用_____，可以应用项目符号列表。

A)"页面布局"选项卡的"段落"组   B)"开始"选项卡的"段落"组

C)"插入"选项卡的"符号"组   D)"插入"选项卡的"文本"组

8. 如果在 Word 中单击此按钮▣，会_____。

A) 临时隐藏功能区，以便为文档留出更多空间

B) 对文本应用更大的字号

C) 将看到其他选项

D) 将向快速访问工具栏上添加一个命令

9. 快速访问工具栏_____。

A) 位于屏幕的左上角，应该使用它来访问常用的命令

B) 浮在文本的上方，应该在需要更改格式时使用它

C) 位于屏幕的左上角，应该在需要快速访问文档时使用它

D) 位于"开始"选项卡上，应该在需要快速启动或创建新文档时使用它

10. 在_____情况下，会出现浮动工具栏。

A) 双击功能区上的活动选项卡   B) 选择文本

C) 选择文本，然后指向该文本   D) 以上说法都正确

11. 在 Word 编辑状态下，若只想复制选定文字的内容而不需要复制选定文字的格式，则应_____。

A) 直接单击"开始"选项卡的"剪贴板"组中的"粘贴"

B) 单击"开始"选项卡的"剪贴板"组中的"粘贴"下拉按钮，选择"选择性粘贴"

C) 在指定位置按鼠标右键，然后在快捷菜单中选择"粘贴"命令

D) 以上方法都不对

12. 更改拼写错误的步骤是_____。

A)双击，然后选择菜单上的某个选项

B)右键单击，然后选择菜单上的某个选项

C)单击，然后选择菜单上的某个选项

D)选中，手工更改

13. 在_____情况下，功能区上会出现新选项卡。

A) 单击"插入"选项卡上的"显示图片工具"命令

B) 选择一张图片

C) 右键单击一张图片并选择"图片工具"

D) 选项 A 或 C

14. 在 Word 中无法实现的操作是_____。

A) 在页眉中插入剪贴画   B) 建立奇偶页内容不同的页眉

C) 在页眉中插入分隔符   D) 在页眉中插入日期

15. 关于图文混排，以下叙述中错误的是_____。

A) 可以在文档中插入剪贴画   B) 可以在文档中插入图形

C) 可以在文档中使用文本框   D) 可以在文档中使用配色方案

16. 在 Word 编辑状态下，对于选定的文字_____。

A) 可以移动，不可以复制　　　　　　　　B) 可以复制，不可以移动

C) 可以进行移动或复制　　　　　　　　　D) 可以同时进行移动和复制

17. 在 Word 编辑状态下，若光标位于表格外右侧的行尾处，按 Enter(回车) 键，结果_____。

A) 光标移到下一列　　　　　　　　　　　B) 光标移到下一行，表格行数不变

C) 插入一行，表格行数改变　　　　　　　D) 在本单元格内换行，表格行数不变

18. 显示比例缩放控件的按钮在窗口的_____。

A) 右上角　　　　　B) 左上角　　　　　C) 左下角　　　　　D) 右下角

19. 在 Word 的编辑状态下，项目编号的作用是_____。

A) 为每个标题编号　　　　　　　　　　　B) 为每个自然段编号

C) 为每行编号　　　　　　　　　　　　　D) 以上都正确

20. 模板与文档的显著差别是_____。

A) 模板包含样式

B) 模板包含 Word 主题

C) 模板包含语言设置

D) 模板可以将其自身的副本作为新文档打开

21. 当要将"日期选取器"控件或"格式文本"控件包括在模板中时，应使用_____选项卡。

A) 插入　　　　　　B) 视图　　　　　　C) 开始　　　　　　D) 开发工具

22. 在 Word 编辑状态下，若要进行选定文本行间距的设置，应选择的操作是_____。

A) 单击"开始"选项卡折"段落"组中的"行距"按钮

B) 单击"开始"选项卡的"段落"

C) 单击"开始"选项卡的"字体"

D) 单击"页面布局"选项卡的"段落"

23. 要向页面或文字添加边框或底纹，从_____功能区开始。

A) "绘图工具"选项卡的"格式"子选项卡　B) "插入"选项卡

C) "页面布局"选项卡　　　　　　　　　　D) "开始"选项卡

24. 文档中有一个圆形需要应用渐变填充。第一步是_____。

A) 单击"插入"选项卡　　　　　　　　　　B) 选择圆

C) 单击"绘图工具"　　　　　　　　　　　D) 单击"形状填充"按钮

25. 当要更改文档的整个外观时，该应用_____。

A) 页面边框　　　　　B) 段落底纹　　　　C) 主题　　　　D) 样式

26. 一般使用_____来访问字体选项。

A) 在"开始"选项卡的"字体"组中单击"对话框启动器"以打开"字体"对话框

B) 选择并右键单击文字，然后单击快捷菜单上的"字体"以打开"字体"对话框

C) 选择要更改的文字，并观察显示的浮动工具栏，然后指向它，单击所需的任何内容

D) 以上都用

27. 如果要更改刚才应用的艺术字中的字体，那么应当从_____开始。

A) 在"引用"选项卡上单击"添加文字"

B) 在"插入"选项卡上单击"艺术字"

C) 突出显示艺术字文字，然后在"字体"对话框中选择一个不同的字体

D) 单击以选择艺术字的文字(使其具有虚线边框)，然后单击"绘图工具"选项卡的"格式"子选项卡

28. 关闭"修订"的作用是_____。

A) 删除修订和批注 　　　　　　　　　B) 隐藏现有的修订和批注

C) 停止标记修订 　　　　　　　　　　D) 停止批注修订

29. 关于 Word 中的多文档窗口操作，以下叙述中错误的是_____。

A) Word 的文档窗口可以拆分为两个文档窗口

B) 多个文档编辑工作结束后，只能一个一个地存盘或关闭文档窗口

C) Word 允许同时打开多个文档进行编辑，每个文档有一个文档窗口

D) 多文档窗口间的内容可以进行剪切、粘贴和复制等操作

30. 在 Word 的编辑状态下，关于拆分表格，正确的说法是_____。

A) 只能将表格拆分为左、右两部分 　　B) 可以自己设置拆分的行、列数

C) 只能将表格拆分为上、下两部分 　　D) 只能将表格拆分为列

31. Word 2010 文档的后缀默认是_____。

A) .doc 　　　　　　B) .dot 　　　　　　C) .docx 　　　　　　D) .txt

32. 在 Word 中，当前输入的文字被显示在_____。

A) 文档的尾部 　　B) 鼠标指针位置 　　C) 插入点位置 　　D) 当前行的行尾

33. 在 Word 中，关于插入表格命令，下列说法中错误的是_____。

A) 只能是 2 行 3 列 　　　　　　　　　B) 可以自动套用格式

C) 可调整行、列宽 　　　　　　　　　D) 行、列数可调

34. 在 Word2010 中，可以显示页眉与页脚的视图模式是_____。

A) 草稿 　　　　　　B) 大纲 　　　　　　C) 页面 　　　　　　D) 全屏幕显示

35. 在 Word 中只能显示水平标尺的是_____。

A) Web 版式视图 　　B) 页面视图 　　　C) 大纲视图 　　　　D) 打印预览

36. 在 Word 的编辑状态下，打开文档 ABC，修改后另存为 ABD，则文档 ABC_____。

A) 被文档 ABD 覆盖 　B) 被修改未关闭 　C) 被修改并关闭 　D) 未修改被关闭

37. 在 Word 的编辑状态下，按钮■的含义是_____。

A) 打开文档 　　　　B) 保存文档 　　　　C) 创建新文档 　　　D) 打印文档

38. 在 Word 的编辑状态下，使插入点快速移动到文档末尾的操作是按_____键。

A) PageUp 　　　　　B) Alt+End 　　　　C) Ctrl+End 　　　　D) PageDown

39. 在 Word 的编辑状态下，要将一个已经编辑好的文档保存到当前文件夹外的另一指定文件中，正确的操作方法是_____。

A) 单击"文件"选项卡，选择"保存"命令

B) 单击"文件"选项卡，选择"另存为"命令

C) 单击"文件"选项卡，选择"退出"命令

D) 单击"文件"选项卡，选择"关闭"命令

40. 在 Word 中，不能改变叠放次序的对象是_____。

A) 图片　　　　　　　B) 图形　　　　　　　C) 文本　　　　　　　D) 文本框

41. 在 Word 的编辑状态下，将剪贴板上的内容粘贴到当前光标处，使用的快捷键是_____。

A) Ctrl+X　　　　　　B) Ctrl+V　　　　　　C) Ctrl+C　　　　　　D) Ctrl+A

42. 在 Word 的编辑状态下，选择整个表格，然后单击"表格工具"选项卡的"布局"子选项卡中的"删除"按钮下方的下拉按钮，在弹出的下拉菜单中选择"删除行"命令，将_____。

A) 整个表格被删除　　　　　　　　　B) 表格中一行被删除

C) 表格中一列被删除　　　　　　　　D) 表格中没有内容被删除

43. 在 Word 的编辑状态下，"视图"选项卡的"窗口"组中的"全部重排"按钮的作用是将所有打开的文档窗口_____。

A) 顺序编码　　　　　　　　　　　　B) 层层嵌套

C) 堆叠显示　　　　　　　　　　　　D) 根据实际情况并排排列，充满整个屏幕

44. 在 Word 的编辑状态下，Office 剪贴板未显示，执行两次剪切操作，则剪贴板中_____。

A) 仅有第一次被剪切的内容　　　　　B) 仅有第二次被剪切的内容

C) 有两次被剪切的内容　　　　　　　D) 无内容

45. 在 Word 的编辑状态下，打开一个文档并修改其内容，然后执行关闭操作，则_____。

A) 文档被关闭，并自动保存修改后的内容

B) 文档不能关闭，并提示出错

C) 文档被关闭，修改后的内容不能保存

D) 弹出对话框，询问是否保存对文档的修改

46. 在 Word 的编辑状态下，选择文档全文后，如要通过"段落"对话框设置行距20磅的格式，应在"行距"下拉列表框中选择_____。

A) 单倍行距　　　　B) 1.5 倍行距　　　　C) 固定值　　　　D) 多倍行距

47. 在 Word 的编辑状态下，若要对当前文档中的文字进行字数统计操作，可通过_____来完成。

A) "开始"选项卡　　　　　　　　　　B) "文件"选项卡

C) "审阅"选项卡　　　　　　　　　　D) "引用"选项卡

48. 在 Word 的编辑状态下，先后打开了 w1.doc 文档和 w2.doc 文档，则_____。

A) 两个文档窗口都显示出来　　　　　B) 只能显示 w2.doc 文档窗口

C) 只能显示 w1.doc 文档窗口　　　　D) 打开 w2.doc 后两个窗口自动并列显示

49. 在 Word 的默认状态下，有时会在某些英文下方出现红色的波浪线，这表示_____。

A) 语法错误　　　　　　　　　　　　B) Word 字典中没有单词

C) 该文字本身自带下划线　　　　　　D) 该处有附注

50. 在 Word 的编辑状态下，选择当前文档中的一个段落，然后执行删除操作，则_____。

A) 该段落被删除且不能恢复

B) 该段落被删除，但能恢复

C) 能利用"回收站"来恢复被删除的该段落

D) 该段落被移到"回收站"内

51. 在 Word 的编辑状态下，在同一篇文档内用拖动法复制文本时应该_____。

A) 同时按住 Ctrl 键　　　　　　　　　B) 同时按住 Shift 键

C) 按住 Alt 键　　　　　　　　　　　D) 直接拖动

52. 在 Word 的编辑状态下，要设置精确的缩进，应当使用_____。

A) 标尺　　　　　　B) 样式　　　　　　C) 段落格式　　　　D) 页面设置

53. 在 Word 的编辑状态下，可以显示页面四角的视图模式是_____。

A) 阅读版式视图　　B) 页面视图　　　　C) 大纲视图　　　　D) 各种视图

54. 在 Word 的编辑状态下，按钮▤的含义是_____。

A) 左对齐　　　　　B) 右对齐　　　　　C) 居中对齐　　　　D) 分散对齐

55. 在 Word 的编辑状态下，若要在文档每一页的底端插入注释，应该插入_____注释。

A) 脚注　　　　　　B) 尾注　　　　　　C) 题注　　　　　　D) 批注

56. 下面有关 Word 表格功能的说法不正确的是_____。

A) 可以通过表格工具将表格转换成文本　　B) 表格的单元格中可以插入表格

C) 表格中可以插入图片　　　　　　　　　D) 不能设置表格的边框线

57. 在 word 中，可以通过_____功能区中的"翻译"对文档内容翻译成其他语言。

A) 开始　　　　　　B) 页面布局　　　　C) 审阅　　　　　　D) 引用

58. 给每位家长发送一份《期末成绩通知单》，用_____命令最简便。

A) 复制　　　　　　B) 信封　　　　　　C) 标签　　　　　　D) 邮件合并

59. 在 Word 中，可以通过_____功能区对不同版本的文档进行比较和合并。

A) 页面布局　　　　B) 引用　　　　　　C) 审阅　　　　　　D) 视图

60. 在 Word 中，可以通过_____功能区对所选内容添加批注。

A) 审阅　　　　　　B) 页面布局　　　　C) 引用　　　　　　D) 插入

二、填空题

1. 在 Word 编辑状态下，"开始"选项卡的"字体"组中的按钮▣代表的功能是_____。

2. 文档文件和模板文件之间的一个差异会体现在文件名的扩展名(句点之后的字母)中。模板文件的文件扩展名是_____。

3. Word 是办公软件_____中的一个组件。

4. 在 Word 中选择打印选项的方法是_____。

5. 在 Word 的默认状态下，有时会在某些英文文字下方出现绿色的波浪线，这表示_____。

6. 在 Word 中，双击底部状态栏中的"插入"按钮，将使文档处于_____编辑状态。

7. 在 Word 中，选定文本后，会显示出_____，可以对字体进行快速设置。

8. 在 Word 文档的录入过程中，如果出现了错误操作，可单击快速访问工具栏中_____按钮取消本次操作。

9. 段落的缩进方式主要包括_____、左缩进、右缩进和_____等。

10. 在 Word 中，选定要移动的文本，然后按快捷键_____，将选定文本剪切到剪切板上；再将插入点移到目标位置上，按快捷键_____粘贴文本，即可实现文本的移动。

11. 在 Word 中，用户可以同时打开多个文档窗口。当多个文档同时打开后，在同一时刻有_____个活动文档。

12. 在 Word 编辑状态下，改变段落的缩进方式、调整左右边界等最直观、快速的方法是利用_____。

13. 若想执行强行分页，则需执行"_____"选项卡的"_____"组中的"_____"命令。

14. 在 Word 编辑状态下，格式刷可以复制_____。

15. 当命令呈现灰色状态时，表示这些命令当前_____。

16. 在 Word 的编辑状态下，可以显示水平标尺的两种视图模式分别是_____和_____。

17. 打开文档的快捷键是_____。

18. 文字的格式主要指文字的_____、_____、字形和颜色。

19. Word 提供了多种视图模式，分别是_____、_____、_____、_____、_____。

20. 在 Word 中，给图片或图像插入题注是选择_____功能区中的命令。

21. 在"插入"选项卡"符号"组中，可以插入_____、_____和_____等。

22. 在 Word 中的邮件合并，除需要主文档外，还需要已制作好的_____支持。

23. 在 Word 中插入了表格后，会出现"_____"选项卡，对表格进行"_____"和"_____"的操作设置。

24. 在 Word 中，进行各种文本、图形、公式、批注等搜索可以通过_____来实现。

25. 在 Word 的"开始"选项卡"_____"组中，可以将设置好的文本格式进行"将所选内容保存为新快速样式"的操作。

三、操作题

1. 改变 Office 界面的颜色。

2. 去除屏幕提示信息。

3. 关闭实时预览效果。

4. 让 Word 开机后自动运行。

5. 让 Word 2003 打开 Word 2010 文档，并加密已有的 Word 文档。

6. 将指定功能添加到快速访问工具栏

7. 修改文档保存的默认路径。

8. 删除最近打开的文档列表。

9. 设置定时自动保存文档。

10. 快速更改英文字母的大小写。

11. 用 Tab 键输入多个空格。

12. 快速重复输入文本。

13. 从网上复制无格式文本。

14. 删除文档中的所有空格。

15. 在文档中输入超大文字。

16. 为文字添加圆圈、三角形或正文形外框。

17. 为文字添加汉语拼音。

18. 快速清除文档格式。

19. 对齐大小不一的文字。

20. 在文档中连续插入相同的形状，在形状中添加文字。

21. 在文档中插入一幅剪贴画。

22. 提取 Word 文档中的所有图片。

23. 使用形状制作印章。

24. 在表格中添加斜线。

25. 将表格转换为文本，将文本转换为表格。

26. 对表格中的数据进行简单计算。

27. 为表格添加图片背景。

28. 将标题文本格式快速以正文字体显示。

29. 让目录随文档变化自动更新。

30. 为图片添加题注。

31. 让脚注与尾注互换。

32. 设置自动更新域。

33. 设置不检查拼写和语法。

34. 使用"审阅窗格"单独查看批注，隐藏批注。

35. 比较修订前后的文档。

36. 统计文档中的字数。

37. 设置文档装订线位置。

38. 使文档内容居中于页面。

39. 将文档背景设置为稿纸样式，为文档添加网格线。

40. 打印当前页内容并设置为手动双面打印。

3.4 参考答案

一、选择题

1～5. ADBDB	6～10. ABCAC	11～15. BBBCD	16～20. DCDBD
21～25. DACBC	26～30. DDCAC	31～35. CCACB	36～40. DBCBC
41～45. BACBD	46～50. CCBBB	51～55. ACBCA	56～60. DCDCA

二、填空题

1. 字符边框   2. dotx   3. Office

4. "文件"选项卡"打印"   5. 语法错误   6. 改写

7. 浮动工具栏   8. 撤销   9. 首行缩进、悬挂缩进

10. Ctrl+X、Ctrl+V   11. 1   12. 标尺

13. 插入、页、分页（说明：次序不能颠倒）   14. 字符格式

15. 不可用   16. 页面视图、草稿

17. Ctrl+O   18. 字体、字号

19. 页面视图、阅读版式视图、Web 版式视图、大纲视图、草稿

20. 引用   21. 公式、符号、编号   22. 数据源

23. 表格工具、设计、布局   24. 导航   25. 样式

三、操作题

1. 在 Office，用户可以根据个人喜好从三种预置的界面颜色中选择任意一种。以 Excel 为例，操作步骤如下。

❶ 启动 Excel 2010，依次单击"文件"选项卡、"选项"命令。

❷ 打开"Excel 选项"对话框，单击左侧列表中的"常规"选项；在右侧的"用户界面选项"下的"配色方案"下拉列表中选择一种颜色，如黑色；单击"确定"按钮，如图 3.69 所示。

图 3.69   "Excel 选项"对话框

2. 在编辑文档时，用户可能已经对 Office 应用程序和各项功能很熟悉了，不再需要显示这些提示信息，那么可以将此功能关闭。以 Excel 为例，操作步骤如下。

❶ 启动 Excel 2010，依次单击"文件"选项卡、"选项"命令。

❷ 打开"Excel 选项"对话框，单击左侧列表中的"常规"选项；在右侧的"屏幕提示样式"下拉列表中选择"不显示屏幕提示"；单击"确定"按钮，如图 3.69 所示。

3. Office 的实时预览功能需要耗费一定的系统性能。如果希望 Office 以速度优先，那么可以关闭实时预览功能。以 Word 为例，操作步骤如下。

❶ 启动 Word 2010，依次单击"文件"选项卡、"选项"命令。

❷ 打开"Word 选项"对话框，单击左侧列表中的"常规"选项；在右侧单击取消选择"启用实时预览"复选框；单击"确定"按钮，如图 3.69 所示。

4. 对于经常需要使用 Word 的用户，可以将 Word 程序添加到"开始"菜单中的"启动"组中，电脑开机会自动运行 Word。其操作步骤如下。

❶ 选中 Word 图标，按住鼠标左键不放将其拖动至任务栏左侧的"开始"按钮；在弹出的菜单列表中指向"所有程序"命令，如图 3.70 所示。

❷ 在所有程序列表中指向"启动"文件夹后，放开鼠标左键，如图 3.71 所示。"Microsoft Word 2010"添加到"启动"选项中的效果如图 3.72 所示。

图 3.70 将 Word 附到"开始"菜单

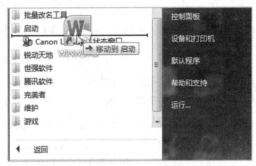

图 3.71 拖动 Word 到"启动"文件夹

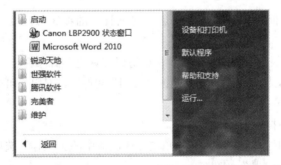

图 3.72 "Microsoft Word 2010"添加到"启动"选项中的效果

5. 让 Word 2003 打开 Word 2010 文档，并加密已有的 Word 文档。其操作步骤如下。

❶ 依次单击"文件"选项卡、"另存为"命令。

❷ 在"另存为"对话框中，单击选择文件保存的位置；输入文件名称；在"保存类型"下拉列表中选择"Word 97-2003 文档"类型；单击"保存"按钮，如图 3.73 所示。

❸ 在"文件"选项卡中，单击"信息"命令。

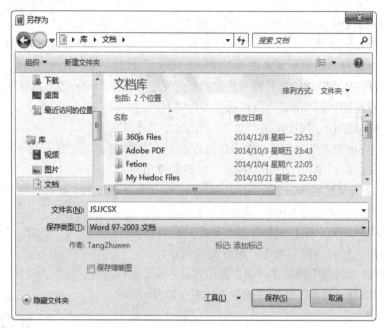

图 3.73 "另存为"对话框

❹ 在右侧面板中,单击"保护文档"按钮;在下拉列表中单击"用密码进行加密"命令。

❺ 在"加密文档"对话框的密码框中输入密码;单击"确定"按钮。

❻ 在"确认密码"对话框中,再输入一次密码;单击"确定"按钮。

❼ 完成密码设置后,在信息面板的"保护文档"按钮右侧显示"权限"样式,单击"保存"命令,使该文档设置的密码生效。

6. 默认情况下,快速访问工具栏只提供 3 个按钮,用户可以将指定功能添加到快速访问工具栏。其操作步骤如下。

❶ 将鼠标指向功能区中欲添加到快速访问工具栏的按钮(如"加粗"按钮),单击鼠标右键。

❷ 在弹出的快捷菜单中单击"添加到快速访问工具栏"命令。

7. 默认情况下,文档保存路径是系统的"文档"文件夹,但用户可能修改文档保存的默认路径。其操作步骤如下。

❶ 依次单击"文件"选项卡、"选项"命令。

❷ 在"Word 选项"对话框中,依次单击左侧面板中的"保存"选项、右侧面板中"默认文件位置"框后面的"浏览"按钮。

❸ 打开"修改位置"对话框,单击选择存放文件的位置。

❹ 单击"确定"按钮,返回"Word 选项"对话框,再单击"确定"按钮,关闭对话框。

8. 删除最近打开的文档列表。其操作步骤如下。

❶ 依次单击"文件"选项卡、"最近所用文件"命令。

❷ 用鼠标右键单击"最近使用的文档"文件列表空白处,在快捷菜单中单击"清除已取消固定的文档"命令。在弹出的"Microsoft Word"提示框中,单击"是"按钮。

❸ 用鼠标右键单击"最近的位置"文件夹列表空白处，在快捷菜单中单击"清除已取消固定的位置"命令。在弹出的"Microsoft Word"提示框中，单击"是"按钮。

9. 在使用 Word 的过程中，有可能意外关闭程序，为了减少信息的丢失，Word 提供了"自动保存"文档的功能。其操作步骤如下。

❶ 依次单击"文件"选项卡、"选项"命令。

❷ 在"Word 选项"对话框中单击左侧面板中的"保存"选项，在右侧面板选中"保存自动恢复信息时间间隔"复选框，并输入自动保存时间，如图 3.74 所示。

图 3.74 设置定时自动保存文档

❸ 单击"确定"按钮。

10. 用户在录入英文时，为了提高输入速度，可以直接输入英文大写或小写。在文档输入完成后，使用 Word 提供的"更改大小写"功能直接对单词进行更改。其操作步骤如下。

❶ 选中要更改的英文文本。

❷ 在"开始"选项卡的"字体"组中单击"更改大小写"按钮，如图 3.75 所示。

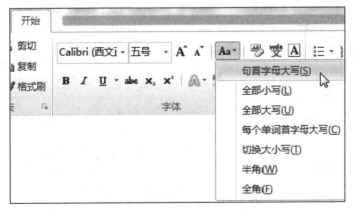

图 3.75 更改英文字母的大小写

❸ 在弹出的菜单中选择切换大小写的方式，如"句首字母大写"。

11. 默认情况下，在 Word 中按空格键，向后移动 1 个字符，按 Tab 键向后移动 2 个字符。如果要在文档中输入多个空格，则可用 Tab 键操作。其操作步骤如下。

❶ 将鼠标指针定位在需要添加空格的文本前面。

❷ 按键盘上的 Tab 键输入空格。

12. Word 为用户提供了记忆功能，当用户需要重复某些内容时，可以使用"重复"命令(F4 键)，快速输入已经输入过的文本。但是在输入英文和中文文本时，该键的作用略有不同。输入中/英文的功能如下。

◆ 输入中文：按 F4 键重复输入的是上一次输入的完整的一句话。若句子的某个包含数字或英文字母，则从数字或英文字母的后一个中文字开始重复。若句子后输入了空格或回车键，则仅会重复输入一个空格或增加一个段落标记。

◆ 输入英文：按 F4 键重复输入上一次使用 F4 键后输入的所有内容，包括回车和换行符。

13. 默认情况下，从网页中直接复制文本在 Word 中粘贴会出现网页中的回车符。复制无格式文本的操作步骤如下。

❶ 打开所需要的网页，选中网页中所需要的文字。按"Ctrl + C"组合键，或者单击浏览器相应菜单中的"复制"命令。

❷ 返回到 Word 文档，在"开始"选项卡的"剪贴板"组中，单击"粘贴"下三角按钮。在弹出的列表中单击"只保留文本"按钮 ，如图 3.76 所示。

或者，单击"选择性粘贴"命令，在弹出的"选择性粘贴"对话框中选择"无格式文本"后，再单击"确定"按钮，如图 3.77 所示。

图 3.76　"只保留文本"按钮

14. 如果文档中有较多空格，需要删除，为了提高工作效率，可以使用查找和替换功能来快速删除文档中的所有空格。其操作步骤如下。

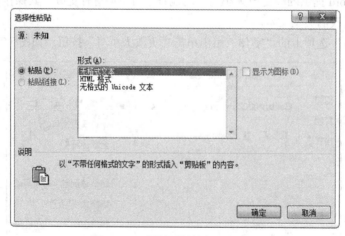

图 3.77　"选择性粘贴"对话框

❶ 在"开始"选项卡的"编辑"组中单击"替换"命令，打开"查找和替换"对话框，

在"查找内容"框中输入空格,如图 3.78 所示。

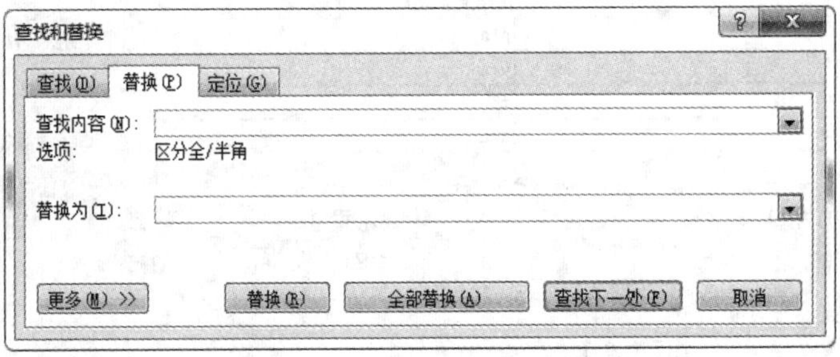

图 3.78 "查找和替换"对话框

❷ 在"替换为"框中不输入任何内容,单击"全部替换"按钮。

15. 用户可在"字号"列表框中选择最大的字号为"初号"和"72 磅"。如果这两种字号都无法满足用户制作超大文字的需要,则在 Word 中制作超大文字的操作步骤如下。

❶ 在"页面布局"选项卡的"页面设置"组中依次单击"纸张方向"、"横向"命令。

❷ 选中文本,在"开始"选项卡的"字体"组的"字号"框中直接输入数字,按 Enter 键。

16. 在编辑特殊文档格式时,可以为文字添加圆圈、三角形、菱形或正文形外框,这样可以起到强调文字的效果,操作步骤如下。

❶ 选中要添加圆圈、三角形或正文形外框的文字。

❷ 在"开始"选项卡的"字体"组中单击"带圈字符"命令⊛,打开"带圈字符"对话框,如图 3.79 所示。

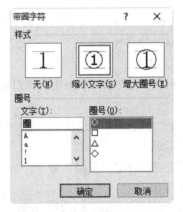

图 3.79 "带圈字符"对话框

❸ 在"带圈字符"对话框的"样式"栏中选择样式,在"圈号"列表中选择所需的圈号。单击"确定"按钮。

17. 在文档中,可以利用"拼音指南"的功能为文字添加汉语拼音,操作步骤如下。

❶ 选中要添加汉语拼音的文本。

❷ 在"开始"选项卡的"字体"组中单击"拼音指南"命令雯,打开"拼音指南"对话框,如图 3.80 所示。

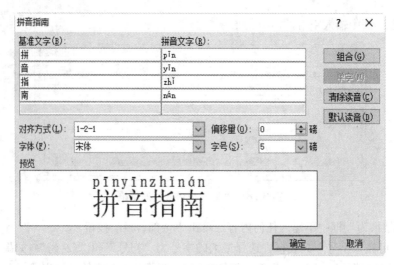

图 3.80 "拼音指南"对话框

❸ 在"拼音指南"对话框中设置拼音的对齐方式、偏移量、字体和字号。单击"确定"按钮。

18. 如果在文档中应用了太多的格式，可以使用"清除格式"功能快速清除文档格式，操作步骤如下。

❶ 选中需要清除格式的文本。

❷ 在"开始"选项卡的"字体"组中单击"清除格式"命令 即可清除文档格式，使之返回到最初输入的效果。

19. 在文档中，如果对文字、图片进行混排，或存在大小不一的文字时，就可以使用段落垂直对齐、底端对齐的方法来完成，操作步骤如下。

❶ 选中需要进行底端对齐的文本。

❷ 在"开始"选项卡的"段落"组中单击右下角的"对话框启动器"按钮 ，打开"段落"对话框，如图 3.81 所示。

❸ 在"段落"对话框中单击"中文版式"选项卡，在"字符间距"组中选择文本对齐方式为"底端对齐"。单击"确定"按钮。

20. 在文档中制作相同的形状可以使用"复制"命令。而要在文档连续插入形状相同大小不一的形状时，则应按下列步骤操作。

❶ 在"插入"选项卡的"插图"组中单击"形状"按钮，弹出"形状"列表，如图 3.82 所示。

❷ 在"形状"列表中，用鼠标右键单击所需的形状，在快捷菜单中选择"锁定绘图模式"命令。

❸ 在文档中按住鼠标左键拖动绘制形状大小。在一个形状绘制完成后，光标仍处于绘图状态(光标为 状态)，直接拖动鼠标就能继续绘制该形状。

❹ 绘制完成后，按"Esc"键退出。

在形状中添加文字的操作步骤如下。

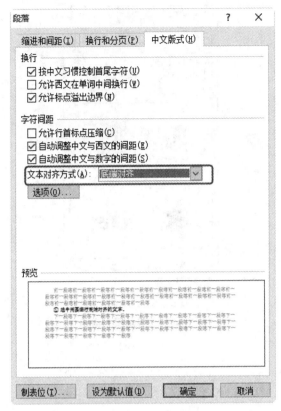

图 3.81 "段落"对话框"中文版式"选项卡

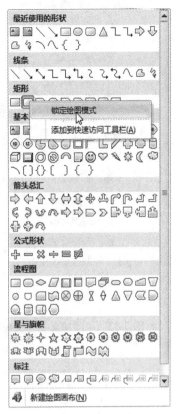

图 3.82 "形状"列表

❶ 选择要添加文字的形状，单击鼠标右键，在弹出的快捷菜单中单击"添加文字"命令，如图 3.83 所示。

❷ 在形状中输入文字，还可以在"开始"选项卡的"字体"组中设置文字的字体字号等。

21. 剪贴画是 Microsoft 为 Office 系列软件专门提供的内部图片，剪贴画一般为矢量图形，采用 WMF 格式，在文档中插入剪贴画的操作步骤如下。

❶ 在"插入"选项卡的"插图"组中单击"剪贴画"命令，打开"剪贴画"窗格，如图 3.84 所示。

❷ 在"搜索文字"框中输入要搜索的剪贴画，选择搜索剪贴画的类型，单击"搜索"按钮。

❸ 拖动垂直滚动条，选择剪贴画，单击需要插入文档中的剪贴画即可。

22. 提取 Word 文档中的所有图片的操作步骤如下。

❶ 打开文档，单击"文件"选项卡。

❷ 单击"另存为"命令，打开"另存为"对话框，在"保存类型"列表中选择"网页"，如图 3.85 所示。

图 3.83 "添加文字"快捷菜单

图 3.84 "剪贴画"窗格

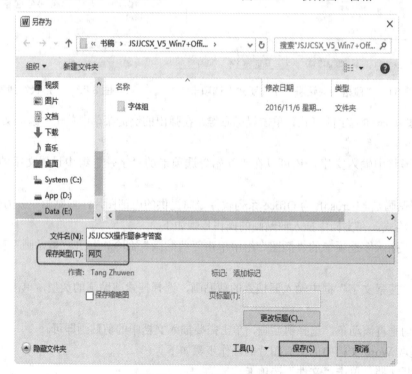

图 3.85 "另存为"对话框

保存文档后，Word 就会自动把其中的内置图片以"image001.jpg"、"image002.jpg"、"image003.jpg"格式保存，并且在该文档所在的文件夹中会自动创建一个名为原文件名+.files 的文件夹，进行相应的文件夹就可以进行查看、复制等操作。

23. 使用形状制作印章的操作步骤如下。

❶ 在"插入"选项卡的"插图"组中单击"形状"按钮，弹出"形状"列表。

❷ 在"形状"列表中单击所需的"椭圆"形状，光标变成✚，按住鼠标左键不放，拖动绘制椭圆。

❸ 选中刚刚绘制椭圆形状，在"绘图工具"选项卡的"格式"子选项卡的"形状样式"组中单击"形状填充"命令，在菜单中单击"无填充颜色"命令。

❹ 选中椭圆形状，在"绘图工具"选项卡的"格式"子选项卡的"形状样式"组中单击"形状轮廓"命令，在菜单中指向"虚线"或"粗细"，在下一级菜单中单击"其他线条"命令，打开"设置形状格式"对话框。

❺ 如图 3.86 所示，在"设置形状格式"对话框左窗格中单击"线型"，在右窗格中设置线型"宽度"、"复合类型"等；再单击左窗格中的"线条颜色"，在右窗格选择线条颜色，如"红色"，单击"关闭"按钮。

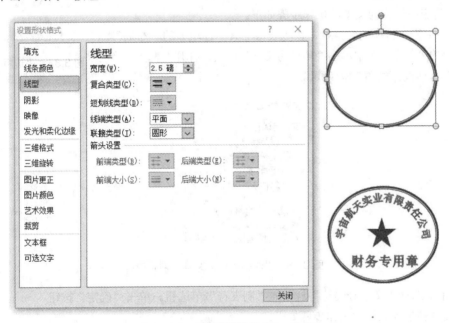

图 3.86 "设置形状格式"对话框

❻ 在"插入"选项卡的"文本"组中单击"艺术字"按钮，在弹出的列表中选择艺术字样式，在弹出的艺术字框中输入文字，如"宇宙航天实业有限责任公司"。

❼ 选中刚刚输入的文字，在"绘图工具"选项卡的"格式"子选项卡的"艺术字样式"组中单击"文字效果"命令，在弹出菜单中指向"转换"，在下一级列表中选择艺术字样式。

❽ 将光标移到艺术字控制点上，按住鼠标左键不放拖动缩放艺术字，按住艺术字控制点调整弧度。

❾ 按相同的方法，制作"账务专用章"艺术字后，再插入"形状"列表中的"五角星"样式；选中"五角星"，在"绘图工具"选项卡的"格式"子选项卡的"形状样式"组中选择"五角星"的"形状填充"颜色和"形状轮廓"颜色。

制作完成的印章如图 3.86 右下角图所示。

24. 在制作一些表格时，通常要在表格左上角的第一个单元格制作指向行、列的表头，用于对表格中的数据项进行分类。设置斜线表头的操作步骤如下。

❶ 在"插入"选项卡的"表格"组中单击"表格"按钮，弹出"插入表格"列表，拖动选择要插入的表格。拖动鼠标调整表格第一个单元格大小。

❷ 将鼠标指针定位在第一个单元格中，在"表格工具"选项卡的"设计"子选项卡的"表格样式"组中单击"边框"按钮右侧的下拉箭头，在弹出的菜单中选择"斜下框线"命令，如图 3.87 所示。

❸ 在单元格中输入所需的内容，并将第一行文字设置为右对齐，将第二行文字设置为左对齐。

图 3.87　"边框"菜单

25. 将表格转换为文本的操作步骤如下。

❶ 选中需要转换的表格行，在"表格工具"选项卡的"布局"子选项卡的"数据"组中单击"转换为文本"按钮，打开"表格转换成文本"对话框，如图 3.88 所示。

图 3.88　"表格转换成文本"对话框

❷ 单击选择"文字分隔符"栏下的"制表符"单选钮。单击"确定"按钮。

将文本转换为表格的操作步骤如下。

❶ 整理需要转换为表格的文本，用空格或逗号隔开，并选中文本。

❷ 在"插入"选项卡的"表格"组中单击"表格"按钮，在弹出的菜单中单击"文本转换成表格"命令，打开"将文字转换成表格"对话框，如图 3.89 所示。

❸ 在"将文字转换成表格"对话框中设置"表格尺寸"，选择"固定列宽"调整操作选项，单击"空格"作为"文字分隔位置"。单击"确定"按钮。

26. 对表格中的数据进行简单计算操作步骤如下。

❶ 将鼠标指针定位至要计算的单元格(如"平均销量"第一个单元格)，在"表格工具"选项卡的"布局"子选项卡的"数据"组中单击"公式"按钮，打开"公式"对话框，如图 3.90 所示。

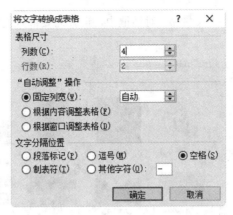

将文字转换成表格
表格尺寸
列数(C):
4
行数(R):
2
“自动调整”操作
固定列宽(W):
自动
根据内容调整表格(F)
根据窗口调整表格(D)
文字分隔位置
段落标记(P)
逗号(M)
空格(S)
制表符(T)
其他字符(O):
-
确定
取消

图 3.89 “将文字转换成表格”对话框

公式
公式(F):
=SUM(LEFT)
编号格式(N):
粘贴函数(U):
粘贴书签(B):
确定
取消
量统计表
第四季度
平均销量
总销量
542
630
257
487
型材 570 583 268 512
不锈钢 600 584 526 358
优特钢 847 582 558 566
磁性材料 820 576 892 852
炉料 832 584 854 801

图 3.90 “公式”对话框

❷ 在“公式”框中输入计算公式“SUM(left)”(表示对“平均销量”单元格左侧的所有单元格数据求和)，单击“确定”按钮。

❸ 计算出第一个单元格的数值后，如果其他单元格也需要使用该公式进行计算按“Ctrl+Y”快捷键重复上一步的方法快速计算。

❹ 将所有单元格的数据都计算完后，选中数据并按住鼠标左键不放，拖动至“总销量”列中即可。

❺ 将鼠标定位于计算平均销量的单元格中，在“表格工具”选项卡的“布局”子选项卡的“数据”组中单击“公式”按钮，打开“公式”对话框。

❻ 在“公式”框中输入计算公式“Average(left)”(表示对“平均销量”单元格左侧的所有单元格数据求平均值)，单击“确定”按钮。

❼ 重复步骤❸，在表格中快速计算。

27. 在图表中除了使用颜色填充外，还可以使用图片填充图表区域。图表添加图片背景的操作步骤如下。

❶ 选中要填充图片背景的图表。

❷ 在“图表工具”选项卡的“格式”子选项卡的“形状样式”组中单击“形状填充”右侧的下拉箭头，在弹出的列表中单击“图片”命令，打开“插入图片”对话框。

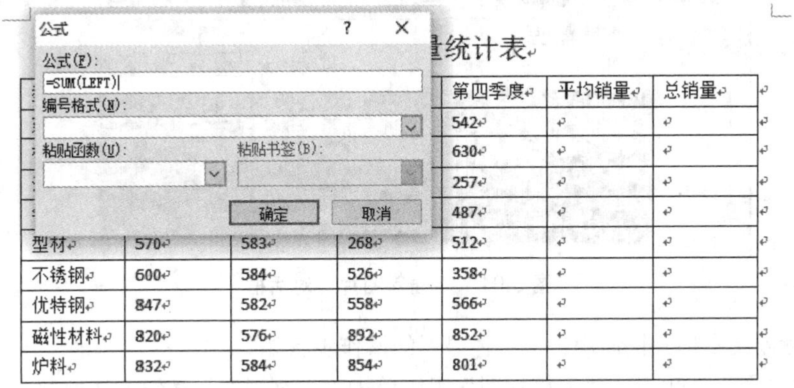

❸ 如图 3.91 所示，在"插入图片"对话框中，选择需要插入的图片，单击"插入"按钮。

图 3.91 "插入图片"对话框

28. 将标题文本格式快速用正文字体显示的操作步骤如下。

❶ 在"视图"选项卡的"文档视图"组中单击"大纲视图"按钮，切换到"大纲视图"。

❷ 在"大纲"选项卡的"大纲工具"组中单击取消选中"显示文本格式"复选框。

这时，在"大纲"选项卡中将标题以正文字体格式显示。

❸ 如要返回到"普通视图"，则只需单击"关闭大纲视图"按钮。

29. 目录随文档变化自动更新的操作步骤如下。

❶ 在"视图"选项卡的"文档视图"组中单击"大纲视图"按钮，切换到"大纲视图"。

❷ 在"大纲"选项卡的"大纲工具"组中单击"大纲级别"右侧的下拉箭头，在弹出的列表中选择"正文文本"命令。

❸ 修改完文档中的级别后，在目录上单击鼠标右键，在弹出的快捷菜单中选择"更新域"命令，打开"更新目录"对话框。

❹ 在"更新目录"对话框中，选中"更新整个目录"单选钮，单击"确定"按钮。

❺ 修改完成后，单击"关闭大纲视图"按钮。

30. 使用题注插入图片编号后，在文档中增加或删除图片时，可以避免手动插入图片编号引起的错误。为图片添加题注的操作步骤如下。

❶ 在"插入"选项卡的"插图"组中单击"图片"按钮，打开"插入图片"对话框。

❷ 在"插入图片"对话框中，选择需要插入的图片，单击"插入"按钮。

❸ 在"引用"选项卡的"题注"组中单击"插入题注"按钮，打开"题注"对话框，如图 3.92 所示。单击"确定"按钮。

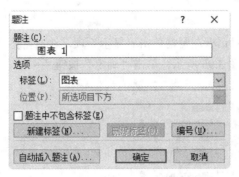

图 3.92　"题注"对话框

31. 已经插入文档中的脚注可以直接转换为尾注，尾注也可以转换脚注。让脚注与尾注互换的操作步骤如下。

❶ 在"引用"选项卡的"脚注"组中单击对话框启动器，打开"脚注和尾注"对话框，如图 3.93 所示。

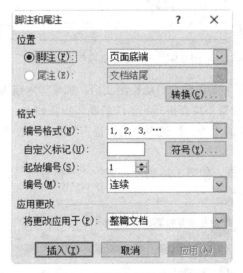

图 3.93　"脚注和尾注"对话框

❷ 在"脚注和尾注"对话框中单击"转换"按钮，打开"转换注释"对话框，如图 3.94 所示。选中"脚注全部转换成尾注"单选钮，单击"确定"按钮，返回"脚注和尾注"对话框，单击"插入"按钮，即可完成转换操作。

注意：如果打开的文档中有脚注，则在弹出的"转换注释"对话框中，除了"脚注全部转换成尾注"选项外，其他选项均为灰色。

32. 在文档编辑过程中，常常要按 F9 键刷新交叉应用，以修正文档内容。为了提高工作效率，可以让 Word 在打印前自动刷新。设置自动更新域的操作步骤如下。

❶ 依次单击"文件"选项卡、"选项"命令，打开"Word

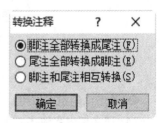

图 3.94　"转换注释"对话框

选项"对话框。

❷ 在"Word 选项"对话框左窗格单击"显示"项，在右窗格"打印选项"栏中选中"打印前更新域"复选框，如图 3.95 所示。单击"确定"按钮。

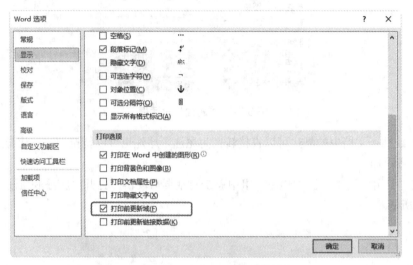

图 3.95　"Word 选项"对话框

33. 在输入文档时，拼写与语法会自动检测文档，如果输入错误，就会出现红色、蓝色或绿色波浪线，影响美观。设置不检查拼写和语法的操作步骤如下。

❶ 在"审阅"选项卡的"语言"组中单击"语言"按钮，在下拉列表中选择"设置校对语言"。

❷ 打开"语言"对话框，如图 3.96 所示，选中"不检查拼写和语法"复选框。

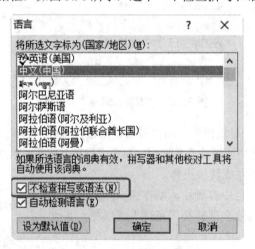

图 3.96　"语言"对话框

❸ 单击"确定"按钮。

34. 在文档内容较多，手动翻页浏览速度过慢或查看时可能会漏掉其中的批注信息，可以使用"审阅窗格"单独查看批注或隐藏批注。其操作步骤如下。

❶ 在"审阅"选项卡的"修订"组中单击"审阅窗格"按钮。

❷ 如图 3.97 所示，在文档左侧弹出"审阅窗格"，主文档修订和批注的所有信息显示在窗口下方。

图 3.97　审阅窗格

❸ 在"审阅"选项卡的"修订"组中单击"显示标记"下拉按钮，如图 3.98 所示，在下拉列表中单击"批注"前面的复选框，取消选择。

图 3.98　"显示标记"下拉列表

35. 开启了修订功能的文档，我们可以通过查看修订方式来了解审阅者做了哪些修改，修改了哪些内容。如果没有开启修订功能，那么可以使用比较文档的功能，对原始文档与修订后的文档进行比较，并自动生成一个修订文档。其操作步骤如下。

❶ 在"审阅"选项卡的"比较"组中单击"比较"按钮，在下拉列表中单击"比较"命令。

❷ 打开"比较文档"对话框，在"原文档"和"修订的文档"列表框中选择文档，如图 3.99 所示。

图 3.99 "比较文档"对话框

❸ 单击"确定"按钮，自动生成"文档 3"，将有区别的文字标识出来。

36. Word 提供的统计文档字数的功能，可以统计文档中的页数、段落数、行数和字数。操作步骤如下。

❶ 在"审阅"选项卡的"较对"组中单击"字数统计"按钮，打开"字数统计"对话框，即可看到文档统计信息。

❷ 单击"关闭"按钮。

37. 一般地，多于两页的文档都需要装订。在 Word 中，装订线有两个位置，即顶端、左侧，这取决于纸张类型。设置文档装订线位置的操作步骤如下。

❶ 在"页面布局"选项卡的"页面设置"组中单击右下角的"对话框启动器"按钮，打开"页面设置"对话框。

❷ 如图 3.100 所示，在"页边距"选项卡中设置"装订线"大小、"装订线位置"。

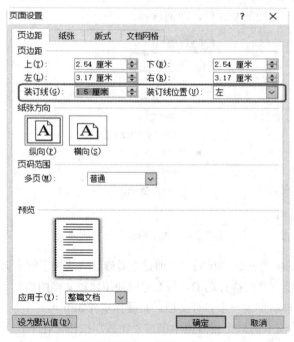

图 3.100 "页面设置"对话框"页边距"选项卡

❸ 单击"确定"按钮。

38. 默认情况下，在文档中输入的文本内容都是顶端对齐的方式，但可以通过页面设置使文档内容居中于页面。其操作步骤如下。

❶ 在"页面布局"选项卡的"页面设置"组中单击右下角的"对话框启动器"按钮，打开"页面设置"对话框。

❷ 如图 3.101 所示，在"版式"选项卡的"页面"栏下，选择"垂直对齐方式"为"居中"。

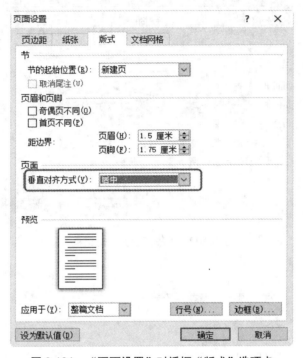

图 3.101 "页面设置"对话框"版式"选项卡

❸ 单击"确定"按钮。

39. 默认情况下，文档页面显示方式为白底黑字。有时，需要制作特殊的纸张效果，如将文档背景设置为稿纸样式，为文档添加网格线。将文档背景设置为稿纸样式的操作步骤如下。

❶ 在"页面布局"选项卡的"稿纸"组中单击"稿纸设置"按钮。

❷ 如图 3.102 所示，打开"稿纸设置"对话框，在"网格"栏，设置"格式"、"行数列数"、"网格颜色"；在"换行"等栏进行其他设置。

❸ 单击"确认"按钮，打开"请稍候"对话框，等待载入方格稿纸。

为文档添加网格线的操作步骤如下。

❶ 在"页面布局"选项卡"页面设置"组中单击右下角的"对话框启动器"按钮，打开"页面设置"对话框。

❷ 如图 3.103 所示，在"文档网格"选项卡中单击"绘制网格"按钮，打开"绘图网格"对话框。

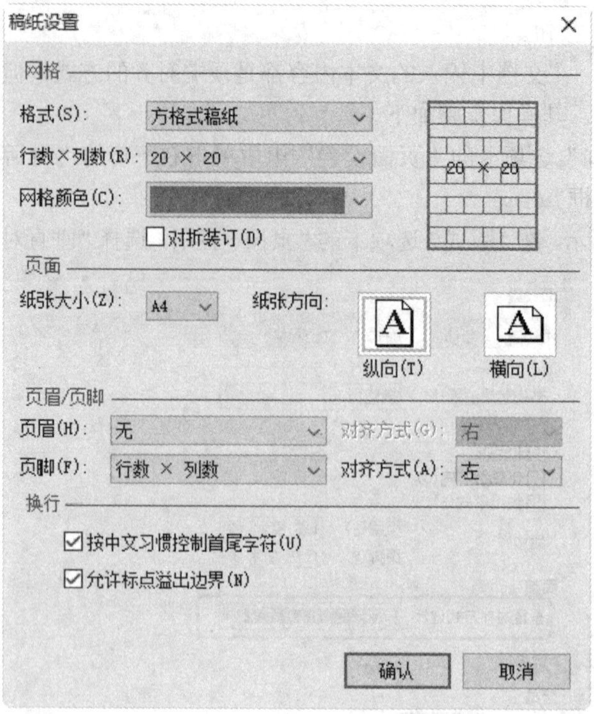

图 3.102 “稿纸设置”对话框

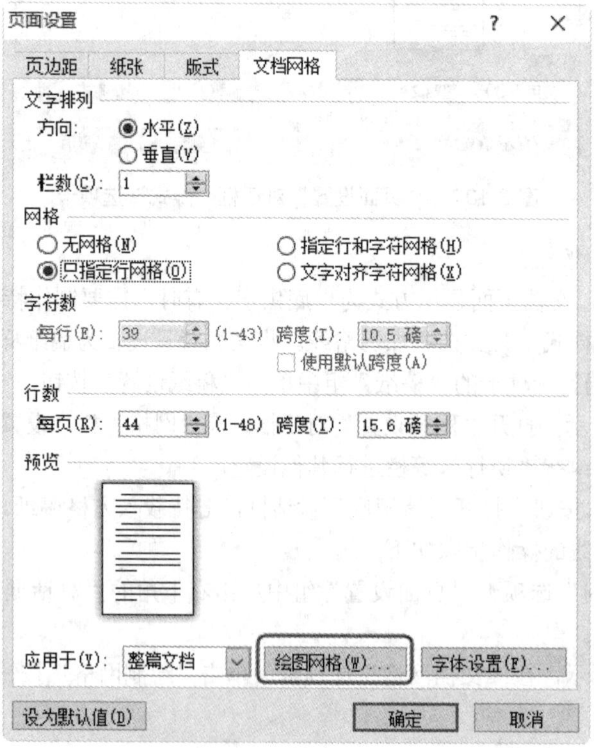

图 3.103 “页面设置”对话框“文档网格”选项卡

❸ 在"显示网格"栏，单击"在屏幕上显示网格线"选中前面复选框，如图 3.104 所示。

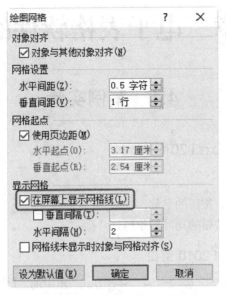

图 3.104　"绘图网格"对话框

❹ 单击"确定"按钮，返回"页面设置"对话框，再单击"确定"按钮。

40. 手动进行双面打印的操作步骤如下。

❶ 依次单击"文件"选项卡、"打印"命令。

❷ 在"设置"栏中单击"单面打印"按钮，选择"手动双面打印"。

❸ 单击"打印"按钮，即可开始手动双面打印。

第4章 电子表格软件的使用

4.1 案例实验

实验一 深入了解 Excel 2010 窗口

【实验目的】

(1) 熟悉各选项卡、组、按钮的名称。

(2) 掌握选项卡、组、按钮的功能和使用。

任务 深入了解 Excel 2010 窗口

❶ 将鼠标指针指向"开始"选项卡的"对齐方式"组中的"自动换行"按钮，停留片刻。在屏幕提示框中显示"自动换行"提示信息，如图 4.1(a)所示。

❷ 将鼠标指针指向标识 A3 单元格地址提示信息，如图 4.1(b)所示。

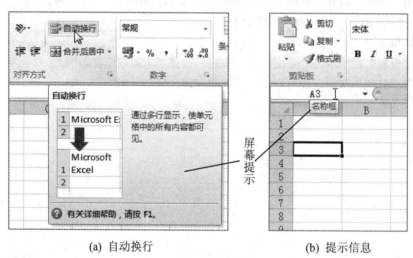

(a) 自动换行　　　　　　　　　　　(b) 提示信息

图 4.1 屏幕提示框

❸ 在"开始"选项卡的"字体"组、"对齐方式"组或"数字"组右下角单击"对话框启动器"，打开"设置单元格格式"对话框，如图 4.2 所示。

单击"字体"组、"对齐方式"组或"数字"组右下角的"对话框启动器"时，打开对话框并显示"字体"选项卡、"对齐"选项卡或"数字"选项卡。

❹ 按上述方法熟悉各选项卡、组、按钮的名称。

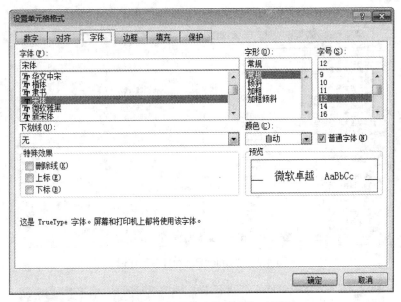

图 4.2 "设置单元格格式"对话框

实验二 工作簿的基本操作

【实验目的】

(1) 学会创建工作簿。

(2) 掌握打开工作簿的步骤，了解自动打开多个工作簿的方法。

(3) 掌握为保存工作簿设置密码的方法。

任务 1 使用模板创建工作簿

❶ 在"文件"选项卡中单击"新建"后，右窗格中的"可用模板"栏下，单击"样本模板"，这时在中栏会显示已安装的 7 个专用模板列表。

❷ 在列表中，选择"血压监测"模板，在右栏显示该模板的预览效果。单击"创建"按钮，新建一个带样式的标准工作簿。

❸ 在中栏"Office.com 模板"列表中，选择"报表"。在"报表"栏下，单击"财务报表"，选择"销量报告"模板。在右栏显示"销量报告"工作簿预览效果。单击"下载"按钮即可从网站上下载该模板。

❹ 显示格式化了的"SalesReport1"工作簿，如图 4.3 所示。将该工作簿中的示例数据更改为将填写的数据。

❺ 完成后将该工作簿保存到 CH04 文件夹中，退出 Excel。

任务 2 打开已有工作簿

使用"文件"选项卡打开 E 盘 CH04 文件夹下的 JFC.xlsx 工作簿。

❶ 单击"文件"选项卡，选择"打开"项，打开"打开"对话框，如图 4.4 所示。

❷ 在左窗格选择要打开的工作簿的位置：E 盘 CH04 文件夹。

	A	B	C	D	E	F
1	产品	客户	第 1 季度	第 2 季度	第 3 季度	第 4 季度
2	蒙古大草原绿色羊肉	ANTON	￥ -	￥ 702.00	￥ -	￥ -
3	蒙古大草原绿色羊肉	BERGS	￥ 312.00	￥ -	￥ -	￥ -
4	蒙古大草原绿色羊肉	BOLID	￥ -	￥ -	￥ -	￥1,170.
5	蒙古大草原绿色羊肉	BOTTM	￥1,170.00	￥ -	￥ -	￥ -
6	蒙古大草原绿色羊肉	ERNSH	￥1,123.20	￥ -	￥ -	￥2,607.
7	蒙古大草原绿色羊肉	GODOS	￥ -	￥ 280.80	￥ -	￥ -
8	蒙古大草原绿色羊肉	HUNGC	￥ 62.40	￥ -	￥ -	￥ -
9	蒙古大草原绿色羊肉	PICCO	￥ -	￥1,560.00	￥ 936.00	￥ -
10	蒙古大草原绿色羊肉	RATTC	￥ -	￥ 592.80	￥ -	￥ -
11	蒙古大草原绿色羊肉	REGGC	￥ -	￥ -	￥ -	￥ 741.
12	蒙古大草原绿色羊肉	SAVEA	￥ -	￥ -	￥3,900.00	￥ 789.
13	蒙古大草原绿色羊肉	SEVES	￥ -	￥ 877.50	￥ -	￥ -
14	蒙古大草原绿色羊肉	WHITC	￥ -	￥ -	￥ -	￥ 780.
15	大茴香籽调味汁	ALFKI	￥ -	￥ -	￥ -	￥ 60.
16	大茴香籽调味汁	BOTTM	￥ -	￥ -	￥ -	￥ 200.
17	大茴香籽调味汁	ERNSH	￥ -	￥ -	￥ -	￥ 180.
18	大茴香籽调味汁	LINOD	￥ 544.00	￥ -	￥ -	￥ -
19	大茴香籽调味汁	QUICK	￥ -	￥ 600.00	￥ -	￥ -
20	大茴香籽调味汁	VAFFE	￥ -	￥ -	￥ 140.00	￥ -
21	上海大闸蟹	ANTON	￥ -	￥ 165.60	￥ -	￥ -
22	上海大闸蟹	BERGS	￥ -	￥ 920.00	￥ -	￥ -
23	上海大闸蟹	BONAP	￥ -	￥ 248.40	￥ 524.40	￥ -

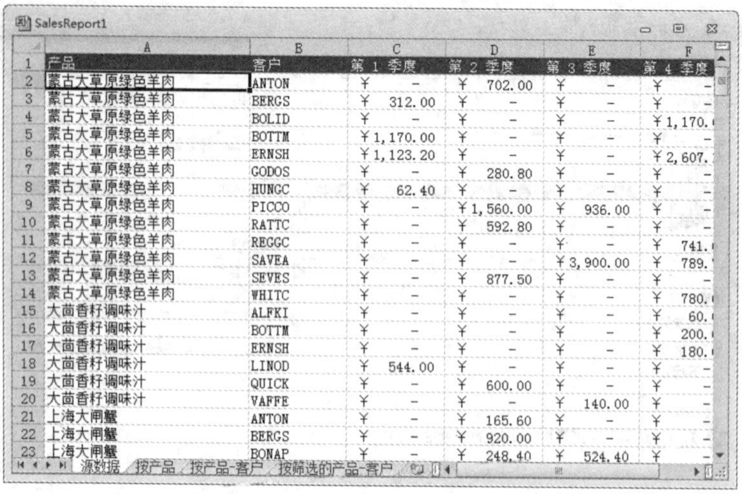

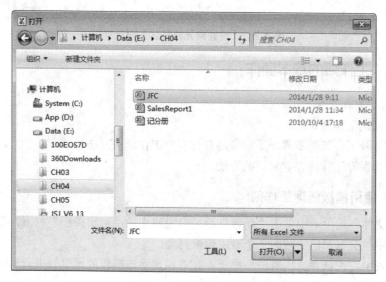

图 4.3 “SalesReport1”工作簿

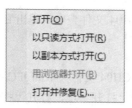

图 4.4 “打开”对话框

❸ 在右窗格文件列表中，双击打开的工作簿“JFC. xlsx”。或者，在文件列表中右键单击 JFC. xlsx，再单击“打开”按钮。

❹ 如果单击“打开”按钮上的下拉按钮，则可显示打开下拉菜单，如图 4.5 所示，在其中可以选择打开方式。

图 4.5 “打开”对话框中的“打开”按钮下拉菜单

❺ 如果最近使用过该工作簿，那么单击"文件"选项卡后，在"最近使用过的工作簿"列表中单击该工作簿文件名，也可打开该文件。

任务3　为保存工作簿设置密码

为防止 JFC 工作簿被非法打开或修改，在保存该工作簿时为其设置一个密码。

❶ 单击"文件"选项卡的"另存为"选项，打开"另存为"对话框。

❷ 单击"另存为"对话框右下侧的"工具"按钮，如图 4.6(a)所示。

❸ 在下拉菜单中单击 "常规选项"命令，打开"常规选项"对话框，如图 4.6(b)所示。

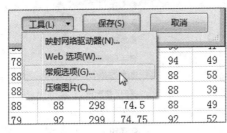　

(a)"工具"按钮　　　　　　　(b) "常规选项"对话框

图 4.6　"常规选项"对话框

❹ 在"打开权限密码"和"修改权限密码"框中输入密码，单击"确定"按钮。

❺ 在"确认密码"对话框中重新输入相同的密码，如图 4.7 所示。单击"确定"按钮退出"确认密码"对话框。

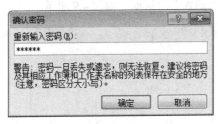　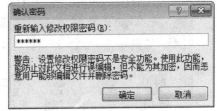

(a) 重新输入密码　　　　　　(b) 重新输入修改权限密码

图 4.7　"确认密码"对话框

❻ 单击"确定"按钮后退出"常规选项"对话框。

❼ 单击"另存为"对话框的"保存"按钮，保存 JFC 工作簿。

❽ 完成后，关闭 JFC 工作簿。再次打开它时，就需要正确输入密码。

实验三　工作表的基本操作

【实验目的】

(1) 掌握插入新工作表的技巧。

(2) 掌握移动或复制、删除工作表的技巧。

(3) 掌握隐藏、显示工作表的方法。

任务 1 在某工作表前插入新工作表

在 Sheet1 工作表前插入新工作表。

❶ 选择 Sheet1 工作表。

❷ 在"开始"选项卡的"单元格"组中单击"插入"按钮上的下拉按钮(见图 4.8(a)),在下拉菜单中单击"插入工作表",如图 4.8(b)所示。

新工作表被插入工作簿中,位于 Sheet1 工作表之前。

❸ 用鼠标右键单击 Sheet1 工作表标签,弹出如图 4.8(c)所示的快捷菜单。

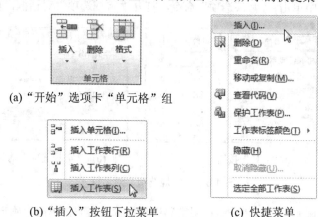

(a)"开始"选项卡"单元格"组

(b)"插入"按钮下拉菜单　　　(c) 快捷菜单

图 4.8　插入工作表

❹ 在快捷菜单中选择"插入"命令,打开"插入"对话框,如图 4.9 所示。

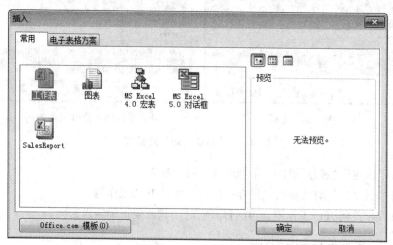

图 4.9　"插入"对话框

❺ 在该对话框中,选择"常用"选项卡列表中的"工作表"。

❻ 单击"确定"按钮。

新工作表插入在 Sheet1 工作表前面。

任务 2 一次性插入多张工作表

一次性插入多张工作表，如一次性插入 3 张工作表。

❶ 选中 1 张工作表标签，如 Sheet1。

❷ 按住 Shift 键，再选中其他 2 个工作表标签，如 Sheet2、Sheet3。

❸ 在"开始"选项卡的"单元格"组中单击"插入"，然后单击"插入工作表"。

任务 3 移动或复制工作表

将 Sheet1 工作表移动到 Sheet3 工作表之后；复制 Sheet2 工作表到 Sheet1 工作表之后。

❶ 单击 Sheet1 工作表，并按下鼠标左键。

❷ 拖动 Sheet1 工作表到 Sheet3 工作表之后，释放鼠标，完成工作表移动，如图 4.10 所示。

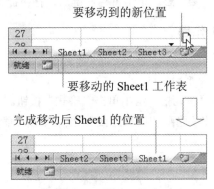

图 4.10 移动工作表

❸ 选定 Sheet2 工作表，按下 Ctrl 键。

❹ 拖动 Sheet2 工作表到 Sheet1 工作表之后。

❺ 释放鼠标和 Ctrl 键，完成 Sheet2 工作表的复制，系统自动将新工作表命名为 Sheet2 (2)，如图 4.11 所示。

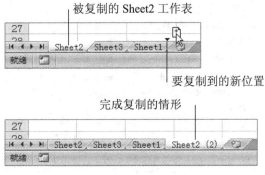

图 4.11 复制工作表

任务 4 删除一张工作表

删除任务 3 中 Sheet2(2) 工作表。

❶ 选中所要删除的工作表，如 Sheet2(2)。

❷ 在"开始"选项卡的"单元格"组中单击"删除"按钮上的下拉按钮，如图 4.12 所示。

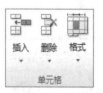 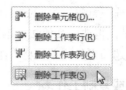

　　　(a)"开始"选项卡"单元格"组　　　(b)"删除"按钮下拉菜单

图 4.12　删除工作表

❸ 选择下拉菜单中的"删除工作表"命令。所选中的工作表 Sheet2(2)被删除。

❹ 可以用此步骤代替步骤❷、❸。单击鼠标右键后，在快捷菜单中单击"删除"命令。

任务 5　隐藏、显示工作表

隐藏工作表 Sheet3。

❶ 选中要隐藏的工作表，如 Sheet3。

❷ 在"开始"选项卡的"单元格"组中单击"格式"按钮。

❸ 在"可见性"下，单击"隐藏和取消隐藏"，然后单击"隐藏工作表"，如图 4.13 所示。这时，Sheet3 工作表被隐藏。

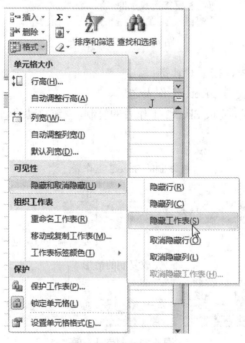

图 4.13　隐藏工作表

将隐藏的工作表 Sheet3 再显示出来。

❶ 在"开始"选项卡的"单元格"组中单击"格式"按钮。

❷ 在"可见性"下，单击"隐藏和取消隐藏"，然后单击"取消隐藏工作表"，打开"取消隐藏"对话框，如图 4.14 所示。

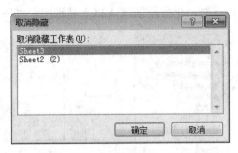

图 4.14 "取消隐藏"对话框

❸ 在"取消隐藏工作表"列表中，选择要显示的已隐藏的工作表，如 Sheet3。

❹ 单击"确定"按钮。

实验四 单元格的基本操作

【实验目的】

(1) 掌握选择单元格或单元格区域的技巧。

(2) 掌握条件选定单元格区域的操作方法。

(3) 掌握向单元格或单元格区域输入数据的方法。

(4) 掌握填充柄的使用。

任务 1 选定单元格区域

用 3 种方法选定如图 4.15 所示的单元格区域 A2:C5。

❶ 单击 A2 单元格，并按住鼠标左键拖动鼠标指针到单元格 C5，单元格区域 A2:C5 被选中。其中，A2 是活动单元格，如图 4.15 所示。被选中的单元格区域的底色为浅蓝色。

❷ 单击 A2 单元格，按住 Shift 键，再单击 C5 单元格，单元格区域 A2:C5 被选中。

❸ 在工作表"名称框"中输入单元格区域地址"A2:C5"后，按 Enter 键，单元格区域 A2:C5 被选中。

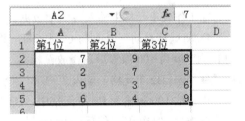

图 4.15 选一个单元格区域 A2:C5

任务 2 条件选定单元格区域

在某工作表的单元格区域 A2:C5 中，各单元格中的数值均为数值常量，在 D2、D5 单元格中分别输入了公式"=SUM(A2:C2)/3"、"=SUM(A5:C5)/3"。要求：分别条件选中单元格区域 A2:C5、D2 和 D5 单元格。

❶ 在"开始"选项卡的"编辑"组中单击"查找和选择"按钮，在下拉菜单中选择"定

位条件”命令，打开“定位条件”对话框。

❷ 在该对话框中选择“常量”单选钮，并选中“数字”复选框，如图 4.16(a)所示。

❸ 单击“确定”按钮，这时，单元格区域 A2:C5 被选中，如图 4.16(b)所示。

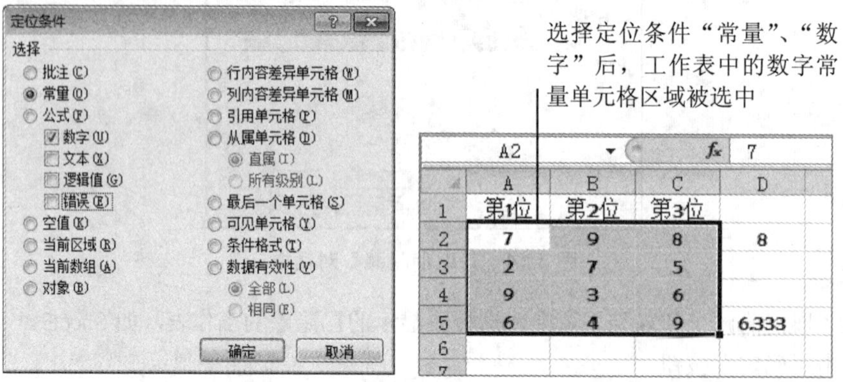

(a)“数字”复选框　　(b) 单元格区域 A2:C5 被选中

图 4.16　选中数字常量单元格区域

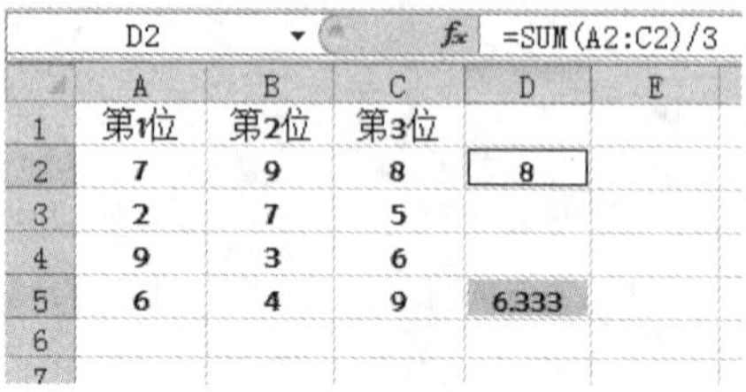

图 4.17　选中公式单元格区域

❹ 重复步骤❶、❷，在“定位条件”对话框中，选择“公式”单选钮。

❺ 单击“确定”按钮，这时，单元格 D2 和 D5 被选中，如图 4.17 所示。

❻ 在“开始”选项卡的“编辑”组中单击“查找和选择”按钮，在下拉菜单中选择“公式”命令，也会选中单元格 D2 和 D5。

任务 3　在单元格中输入数值型数据

在工作表单元格中输入数值型数据。本任务中，B 列单元格宽度设置为 100 像素。

❶ 将鼠标移动到 B 列与 C 列之间，并变成✛形状时，按下鼠标左键，左右拖动鼠标，直到 B 列宽度为 100 像素后，释放鼠标。

❷ 单击 B2 单元格，输入“+100”，然后按 Enter 键。

正整数 100 被输入 B2 单元格中，B3 单元格变成了活动单元格。

❸ 输入“(100)”，然后按 Enter 键。

负整数“–100”被输入 B3 单元格中，B4 单元格变成了活动单元格。

❹ 输入“618.58”，然后按 Enter 键。

小数“618.58”被输入 B4 单元格中，B5 单元格变成了活动单元格。

❺ 输入“20100823123456”，然后按 Enter 键。

数字被输入 B5 单元格中，且显示为“2.01008E+13”，B6 单元格变成了活动单元格。

❻ 输入人民币“￥2100.88”，然后按 Enter 键。

在中文输入状态下，输入“$”后再依次输入“2100.88”，在 B6 单元格中显示为“￥2,100.88”，B7 单元格变成了活动单元格。

任务 4　在单元格中输入日期型数据

创建一个工作簿，在任一工作表 B1 单元格中输入日期型数据。

❶ 单击 B1 单元格，输入"2019/01/28"，然后按 Tab 键。

Excel 将日期变成 2019/1/28 或 2019-1-28，C1 单元格变成了活动单元格。

❷ 输入"01/28"，再按 Tab 键。

Excel 使用前述相同的日期格式，"1 月 28 日"显示在单元格中，D1 变成了活动单元格。

任务 5　在单元格中快速输入更多数据

在不同单元格中快速输入数据。

❶ 单击 B2 单元格，拖曳鼠标指针到 C3 单元格，然后松开鼠标左键。

选中 B2、B3、C2 和 C3 单元格区域。

❷ 输入"89764"，按 Enter 键。

数字被输入 B2 单元格中，B3 单元格变成了活动单元格。

❸ 输入"990126"，按 Enter 键。

数字被输入 B3 单元格中，C2 单元格变成了活动单元格。

❹ 输入"8.34"，按 Enter 键。

数字被输入 C2 单元格中，C3 单元格变成了活动单元格。

❺ 输入"123"，按 Enter 键。

数字被输入 C3 单元格中，B2 单元格又变成了活动单元格。

在不同单元格中一次输入同一数据。

❶ 选中单元格区域 B1:B3，输入"同一数据"，按 Ctrl + Enter 键。

数据"同一数据"被一次输入 B1、B2、B3 单元格中。

❷ 选中单元格区域 C1:D2，输入"(888)"，按 Ctrl + Enter 键。

负整数"–888"被一次输入 C1、C2、D1、D2 单元格中。

❸ 选中 B5、C8、D6 不连续的单元格，输入"01/28"，按 Ctrl + Enter 键。

日期型数据"1 月 28 日"被一次输入 B5、C8、D6 单元格中。

任务 6　自动填充文本数据

先分别在 A1、B1、C1 单元格中输入"学号"、"姓名"、"总分"，再使用自动填充功能填充，结果如图 4.18 所示。

❶ 单击 A1 单元格，输入"学号"，按 Tab 键，再输入"姓名"，按 Tab 键，最后输入"总分"。

❷ 选中 A1:C1 单元格区域，并将鼠标指针指向填充柄，如图 4.18 所示。

❸ 拖曳填充柄到 I1 单元格，释放鼠标。数据自动填充到 D1:I1 单元格区域中，如图 4.18 所示。

任务 7　自动填充等比数列

以向 D1～D6 单元格填充 2、6、18、54、162、486 为例说明填充等比数列的操作步骤。

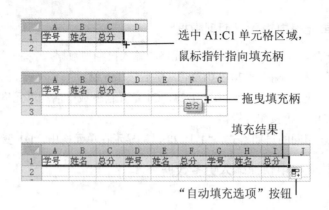

选中 A1:C1 单元格区域，
鼠标指针指向填充柄

拖曳填充柄

填充结果

"自动填充选项"按钮

图 4.18　重复数据填充过程

❶ 单击 D1 单元格，并输入数字"2"。

❷ 在"开始"选项卡的"编辑"组中单击"填充"按钮![img]，在下拉菜单中选择"系列"命令，如图 4.19(a)所示。

❸ 在弹出的"序列"对话框中的"序列产生在"栏选择"列"，在"类型"栏选择"等比序列"，在"步长值"框输入"3"，在"终止值"框输入"486"，如图 4.19(b)所示。

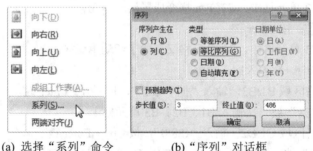

(a) 选择"系列"命令　　　　(b) "序列"对话框

图 4.19　自动填充等比数列数据

❹ 单击"确定"按钮，系统即自动在 D1～D6 单元格中生成 2 至 486 的等比数列。

任务 8　自定义序列

自定义序列"金、木、水、火、土"。

❶ 单击"文件"选项卡，然后单击"选项"，弹出"Excel 选项"对话框。

❷ 在左侧单击"高级"，在右侧"常规"选项栏下单击"编辑自定义列表"按钮，打开"自定义序列"对话框。

❸ 在"自定义序列"列表中选择"新序列"。

❹ 在"输入序列"文本框中输入序列"金、木、水、火、土"，单击"添加"按钮。新序列添加到"自定义序列"列表中，如图 4.20 所示。

如果在工作表单元格区域中存放有要自定义的序列，那么可按下列步骤操作。

❺ 重复步骤❶～步骤❸。

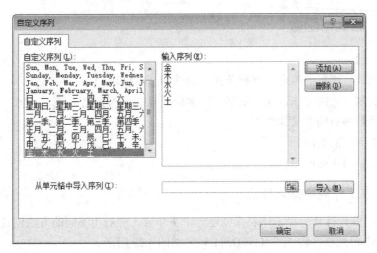

图 4.20 输入"自定义序列"

❻ 单击"从单元格中导入序列"框中的选择区域按钮 ▦。

❼ 在工作表中选择存放"金、木、水、火、土"的单元格区域，如 A1:E1。这时，工作表中单元格区域闪烁，在"从单元格中导入序列"框中显示引用的单元格区域"$A$1:$E$1"，如图 4.21 所示。

图 4.21 导入"自定义序列"

❽ 单击"导入"按钮。"金、木、水、火、土"被导入"自定义序列"列表。

❾ 单击"确定"按钮退出对话框。

❿ 先选中存放"金、木、水、火、土"的单元格区域，再重复步骤❶、❷，确认所选单元格引用显示在"从单元格中导入序列"框中，单击"导入"按钮。这时，所选的"金、木、水、火、土"序列将添加到"自定义序列"框中。

实验五　公式与函数

【实验目的】

(1) 理解公式、函数的概念，掌握公式、函数的基本使用。

(2) 掌握复制公式的方法，注意观察、理解公式复制后的变化。

(3) 理解函数参数的意义和作用。

(4) 掌握单元格的引用。

(5) 掌握三维引用的应用。

任务 1　在工作表中输入公式

本任务中，要先打开一个工作表或创建一个工作表，然后用不同的方法创建公式。

❶ 单击 H5 单元格，输入"=C5+D5+E5"，如图 4.22 所示。

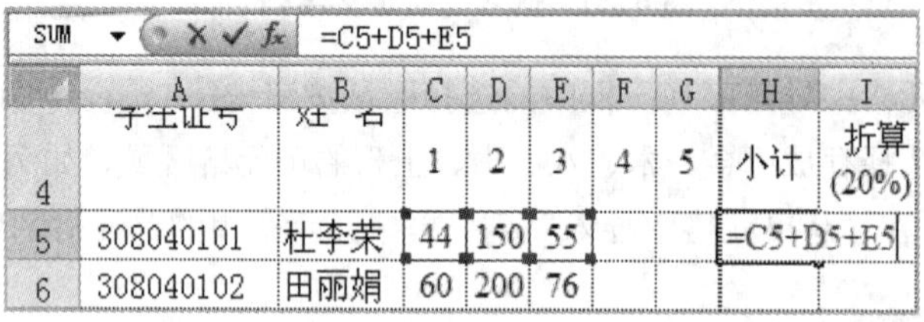

图 4.22　创建公式

当输入单元格地址(或引用单元格)时，该单元格被选中，且该单元格的边框变成一种特殊的颜色，这种颜色与输入的单元格地址的颜色一致。

❷ 按 Enter 键。

这些单元格的合计"249"显示在 H5 单元格中。H6 单元格变成了活动单元格。

❸ 先输入"="，然后单击 C6 单元格；C6 被添加到公式中，该单元格的边框以带颜色的、闪烁的形式显示，如图 4.23 所示。

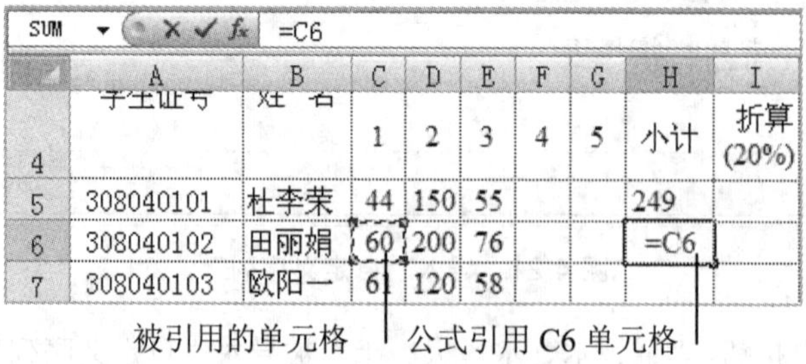

图 4.23　在公式中引用一个单元格

❹ 输入"+"，单击 D6 单元格，然后单击"编辑栏"中的"输入"按钮。

Excel 完成该公式的计算，并显示 C6 单元格的数值加 D6 单元格的数值的结果"260"。

❺ 单击 I5 单元格，在"编辑栏"中输入"=H5/3*0.2"，然后单击"编辑栏"中的按钮。

Excel 计算出三个成绩平均数的折算值"16.6"，并将结果显示在 I5 单元格中。

❻ 在"开始"选项卡的"数字"组右下角单击"对话框启动器",打开"设置单元格格式"对话框,并显示"数字"选项卡,如图4.24所示。

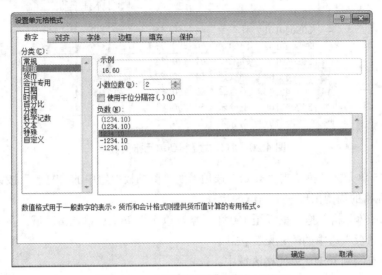

图4.24　"设置单元格格式"对话框

❼ 在"分类"列表中单击"数值"。

❽ 单击"确定"按钮,以默认小数点后2位数字的形式显示结果。

任务2　复制公式

接着任务1。要先打开一个工作表或创建一个工作表,然后用不同的方法复制公式。

❶ 单击H5单元格,向下拖曳填充柄至H6单元格。

H5单元格中的公式"=C5+D5+E5"被复制到H6单元格中,然后在其右下角出现的"自动填充选项"图标,如图4.25所示。

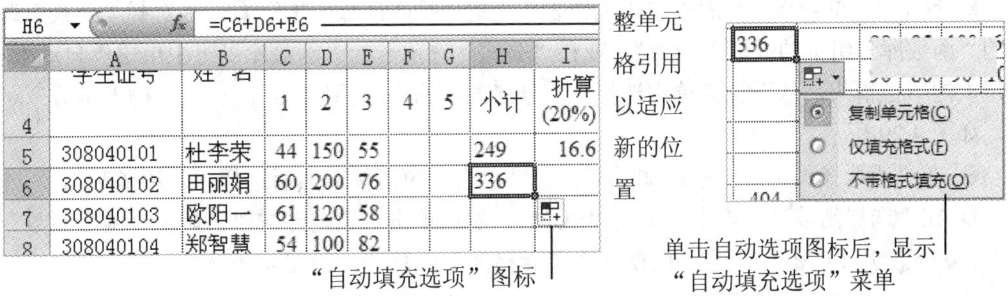

图4.25　使用填充柄复制公式

❷ 单击H6单元格,在"编辑栏"中观察该单元格中的公式。

该公式从H5单元格中复制过来,并且行号由"5"调整为匹配新单元格的行号"6"。

❸ 移动鼠标指针到H6单元格的填充柄上,拖曳填充柄到H10单元格。

该公式被复制到H7:H10单元格区域中,如图4.26所示。

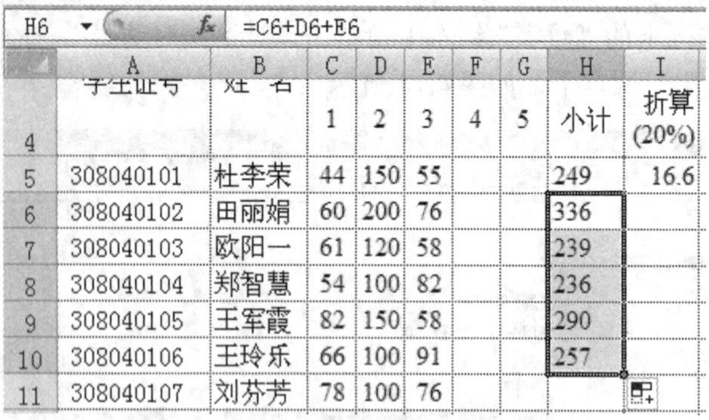

H6	▼		f_x		=C6+D6+E6				

	A 学生证号	B 姓 名	C	D	E	F	G	H	I
4			1	2	3	4	5	小计	折算 (20%)
5	308040101	杜李荣	44	150	55			249	16.6
6	308040102	田丽娟	60	200	76			336	
7	308040103	欧阳一	61	120	58			239	
8	308040104	郑智慧	54	100	82			236	
9	308040105	王军霞	82	150	58			290	
10	308040106	王玲乐	66	100	91			257	
11	308040107	刘芬芳	78	100	76				

图 4.26　将公式复制到单元格区域中

❹ 单击 I5 单元格，再单击"开始"选项卡的"剪贴板"组中的"复制"按钮。

在 I5 单元格的周围出现一个闪烁的边框。

❺ 单击 I6 单元格并拖曳鼠标至 I10 单元格，以选中 I6:I10 单元格区域。再单击"开始"选项卡的"剪贴板"组中的"粘贴"按钮。

该公式被复制到 I6:I10 单元格区域中。

任务 3　函数的应用

用插入函数的方法计算 H3 单元格中的总分，如图 4.27 所示。

	H3		▼	f_x			
	A	B	C	D	E	F	G	H
1			JM大学 2018 — 2019 学年度第 1 学期记分册					
2	班级	学号	姓名	英语(2)	高等数学	数据库原理	计算机基础	总分
3	应用1班	308040101	杜李荣	50	77	91	90	
4	应用1班	308040102	田丽娟	2	71	66	94	

图 4.27　计算 H3 单元格中的总分

❶ 单击 H3 单元格，然后单击"编辑栏"上的"插入函数"按钮 f_x，或选择"公式"选项卡的"函数库"组中的"插入函数"，或在"公式"选项卡的"函数库"组中单击"自动求和"按钮上的下拉箭头，从下拉菜单中选择"其他函数"命令(见图 4.28)，显示"插入函数"对话框，如图 4.29 所示。

❷ 在"或选择类别"框中，如果需要，则单击下拉箭头，然后选择"常用函数"。

❸ 在"选择函数"列表中，单击"SUM"，然后单击"确定"按钮，显示"函数参数"对话框，并显示用 SUM 函数计算的 D3:G3 单元格区域的总和，如图 4.30 所示。

❹ 在"函数参数"对话框中，单击"确定"按钮。关闭"函数参数"对话框，并在 H3 单元格中显示计算结果"233"。

任务 4　自动求和按钮的使用

使用自动求和按钮计算单元格区域的数据之和。

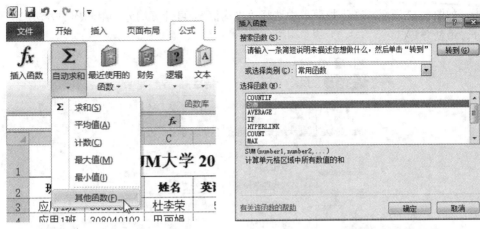

图 4.28　"自动求和"按钮　　　　　图 4.29　"插入函数"对话框

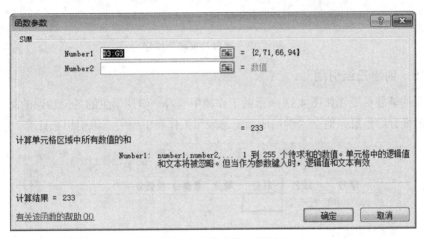

图 4.30　"函数参数"对话框

❶ 单击 H4 单元格，然后在"公式"选项卡的"函数库"组中单击"自动求和"按钮 Σ 。在 H4 单元格和编辑栏中显示一个 SUM 公式和提示，同时在 D4:G4 单元格区域出现了闪烁的边框，如图 4.31 所示。

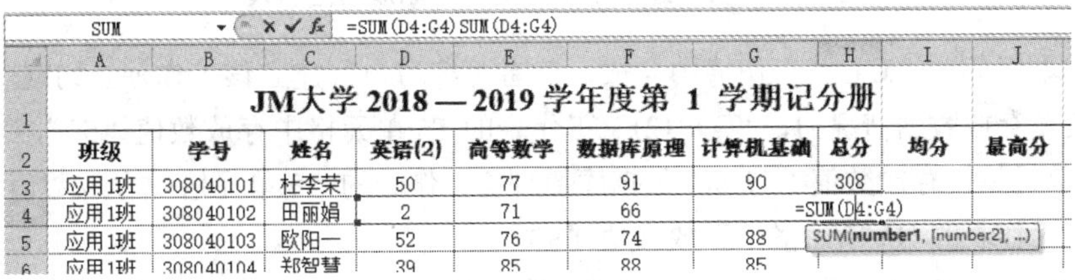

	A	B	C	D	E	F	G	H	I	J
1	JM大学 2018—2019 学年度第 1 学期记分册									
2	班级	学号	姓名	英语(2)	高等数学	数据库原理	计算机基础	总分	均分	最高分
3	应用1班	308040101	杜李荣	50	77	91	90	308		
4	应用1班	308040102	田丽娟	2	71	66		=SUM(D4:G4)		
5	应用1班	308040103	欧阳一	52	76	74	88			
6	应用1班	308040104	郑智慧	39	85	88	85			

图 4.31　自动求和示例

❷ 按 Enter 键或单击编辑栏上的"输入"按钮 ✓ 。该公式被输入 H4 单元格中，同时显示计算结果。

❸ 单击 I4 单元格，然后在"公式"选项卡的"函数库"组中单击"自动求和"按钮的下

拉箭头，如图 4.32 所示，在下拉菜单中选择"平均值"，可计算均分。用同样的方法，可计算最高分、最低分等。

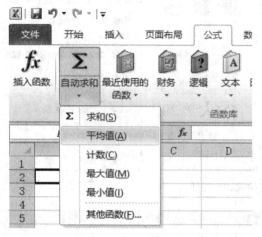

图 4.32 "自动求和"按钮

任务 5 创建三维引用

某学院的辅导员要在如图 4.33 所示的工作簿中查看一学期学生的各门功课的总分、均分、最高分、最低分等信息，他在"学期成绩汇总表"工作表中使用三维引用来计算。

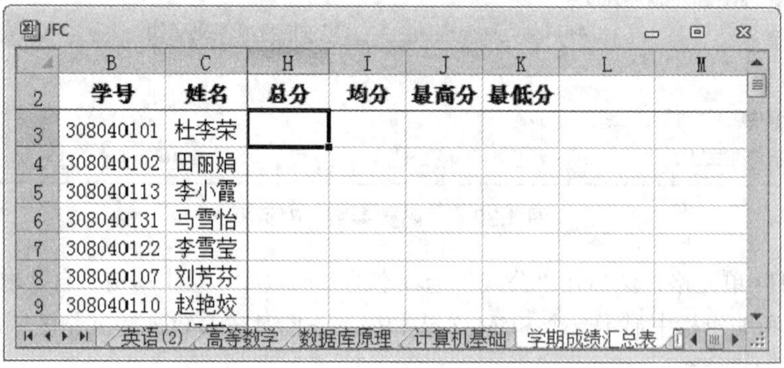

图 4.33 要创建三维引用的"学期成绩汇总表"

说明：本任务在"JFC"工作簿中完成，读者可练习自行建立该工作簿。"JFC"工作簿中有关工作表及存放数据情况为，"英语(2)"工作表的 T5 单元格中存放数值"50"，"高等数学"工作表 P5 单元格中存放数值"77"，"数据库原理"工作表的 O5 单元格中存放数值"91"，"计算机基础"工作表的 Q5 单元格中存放数值"90"。

❶ 依次单击"学期成绩汇总表"工作表标签、H3 单元格，在 H3 单元格中输入"=SUM("。

❷ 依次单击"英语(2)"工作表标签、T5 单元格(四周有闪烁的虚框)，如图 4.34 所示，然后输入加号"+"。在"英语(2)"工作表的"编辑栏"中，将第一个参数和加法运算符添加到该公式中。

图 4.34　创建一个三维引用

❸ 依次单击"高等数学"工作表标签、P5 单元格，然后输入加号"+"，将第二个参数添加到该公式中。

❹ 依次单击"数据库原理"工作表标签、O5 单元格，然后输入加号"+"，将第三个参数添加到该公式中。

❺ 依次单击"计算机基础"工作表标签、Q5 单元格，然后按 Enter 键，将最后一个参加添加到该公式中。该公式的结果显示在"学期成绩汇总表"工作表的 G3 单元格中，三维引用显示在"编辑栏"中，如图 4.35 所示。

图 4.35　三维引用的计算结果

同样的方法，可计算均分、最高分和最低分。完成后保存并关闭此工作簿。

实验六　工作表格式化

【实验目的】
(1) 掌握单元格内容的编辑技巧。

(2) 掌握工作表的格式化技巧。

(3) 掌握条件格式化单元格的设置方法。

任务 1　"对齐方式"组中按钮的使用

使用"开始"选项卡的"对齐方式"组中的按钮，如图 4.36 所示，设置数据对齐方式、数据旋转。

图 4.36　"开始"选项卡的"对齐方式"组

❶ 在 A1 单元格中输入"顶端左对齐",分别单击"顶端对齐"▤、"文本左对齐"▤。

❷ 在 B2 单元格中输入"垂直居中对齐",分别单击"垂直居中"▤、"居中"▤。

❸ 在 C3 单元格中输入"底端右对齐",分别单击"底端对齐"▤、"文本右对齐"▤。

❹ 在 D1 单元格中输入"逆时针旋转 45 度",先单击"设置单元格格式"对话框的"对齐"选项卡中的"方向"栏右框内逆时针 45 度处的黑色小菱形,再单击"确定"按钮。

❺ 用相同的方法设置 A2、A3、B1、B3、C1、C2、D2、D3 单元格中数据的对齐、排列和旋转。

以上操作结果如图 4.37 所示。

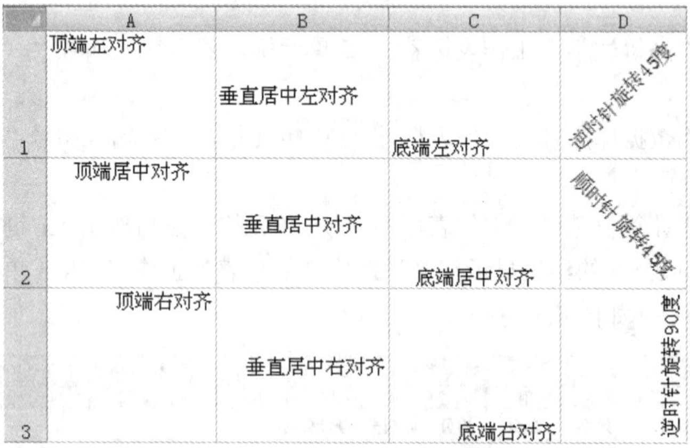

图 4.37 对齐、排列和转动示例

任务 2 用"设置单元格格式"对话框为单元格区域设置边框和底纹

为 B2:C4 单元格区域设置边框和底纹;为 D6 单元格设置渐变效果背景色。

❶ 选中 B2:C4 单元格区域。

❷ 单击"开始"选项卡的"字体"组右下角的"对话框启动器"▣,打开"设置单元格格式"对话框,再单击该对话框的"边框"选项卡,如图 4.38 所示。或者单击"开始"选项卡的"对齐方式"组或"数字"组右下角的"对话框启动器"▣,也可以打开该对话框。

❸ 在"样式"列表中选择一种线条样式,单击"颜色"栏下拉箭头选择一种框线颜色;在"预置"栏中单击所需的框线按钮,如"外边框";在"边框"栏中单击相应的边框线按钮,或预览草图中单击相应的框线。

❹ 单击"设置单元格格式"对话框的"填充"选项卡,显示如图 4.39 所示的对话框。

❺ 单击"图案样式"下拉列表,选择所需要的图案;单击"图案颜色"下拉列表,选择所需要的颜色。

❻ 选中 D6 单元格。

❼ 重复步骤❷、❹。

❽ 在"背景色"列表中选择所需要的颜色,就可为单元格设置背景色。若单击"填充效果"按钮,则打开"填充效果"对话框,在"颜色"栏选择"单色"或其他,在"底纹样式"栏选择"水平"或其他,在"变形"栏选择一种变形预览图。

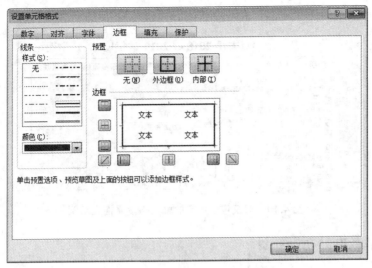

图 4.38 "设置单元格格式"对话框的"边框"选项卡

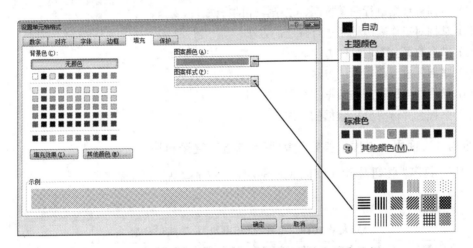

图 4.39 "设置单元格格式"对话框的"填充"选项卡

❾ 单击两次"确定"按钮,完成对 D6 单元格渐变效果背景色设置。

任务 3 条件格式化单元格设置

在 JFC 工作簿的"学期汇总表"工作表中,用快速格式化的方法对仅包含数字的单元格设置格式。

❶ 在指定的工作表中选择单元格或单元格区域,如 D3:G13 单元格区域。

❷ 在"开始"选项卡的"样式"组中单击"条件格式",指向"突出显示单元格规则"。

❸ 选择所需的命令,如"大于",如图 4.40 所示。

❹ 输入要使用的值,如在"为大于以下值的单元格设置格式"框中输入"90",在"设置为"框中选择所需要格式。

❺ 单击"确定"按钮。

图 4.40 对仅包含数字的单元格设置格式示例

实验七 数据分析与统计

【实验目的】

(1) 掌握对数据进行简单排序、复杂排序的方法。

(2) 掌握对工作表中记录进行筛选的方法。

(3) 掌握数据分类汇总的方法。

(4) 掌握创建分级显示的方法。

(5) 掌握数据透视表与数据透视图的应用。

(6) 掌握合并计算分析数据的方法。

任务 1 使用"排序"按钮对数字数据进行复杂排序

使用"排序"按钮对示例工作表(见图 4.41)中数字数据进行复杂排序。

图 4.41 用于排序练习的示例工作表

❶ 单击工作表中存放数据的任意单元格。

❷ 在"数据"选项卡的"数据和筛选"组中单击"排序"按钮,打开"排序"对话框,如图 4.42(a)所示。

❸ 单击该对话框"列"下"主要关键字"旁的下拉箭头,在下拉列表中选择用于排序的主要关键字,如"总分";单击"排序依据"列表框旁的下拉箭头,选择排序依据,如"数值";

在"次序"框中选择升序或降序，如果选择"自定义序列"，则打开"自定义序列"对话框。

❹　如有必要，单击"添加条件"按钮，添加"次要关键字"，再按步骤❸的方法做出选择。

❺　如有必要，单击"选项"按钮，在弹出图 4.42(b)所示的"排序选项"对话框中做出适当选择后，单击"确定"按钮。

(a) 打开"排序"对话框　　　　　　　　(b)"排序选项"对话框

图 4.42　"排序"对话框

❻　如有必要，单击"上移"按钮 ⬆ 或"下移"按钮 ⬇ ，改变关键字的顺序。

❼　单击"确定"按钮。

操作完成后，系统将对示例工作表中的数据按总分升序排列；如果总分相同，则按最高分升序排序；如果最高分相同，则按最低分排序。

任务 2　对工作表筛选记录

对如图 4.43 所示的示例工作表筛选记录。要求是，先将"英语(2)"列中大于等于 50 分的记录筛选出来，再将"高等数学"列中大于等于 80 分的记录筛选出来。

❶　单击工作表中存放数据的任意单元格。

❷　在"数据"选项卡的"数据和筛选"组中单击"筛选"按钮。或者，在"开始"选项卡的"编辑"组中单击"排序和筛选"按钮，然后单击"筛选"命令。

这时在每个字段旁出现筛选箭头 ▼（下拉列表箭头），如图 4.43 所示。

❸　单击每个筛选箭头，直接选择符合条件的字段(称为一次筛选)。例如，单击"英语(2)"筛选箭头，显示筛选菜单，选择"50、51、52、53、55、56、58、90"，如图 4.44(a)所示，单击"确定"按钮。

❹　如有必要，则在一次筛选的基础上再用类似的方法筛选其他字段(称为多次筛选)。例如，对"英语(2)"字段筛选后，再单击"高等数学"筛选箭头，在筛选菜单中选择"80、82、84、85、89"，如图 4.44(b)所示，单击"确定"按钮。

筛选结果如图 4.44(c)所示。进行筛选后，字段旁的筛选箭头加了一个漏斗，变为 ▼。

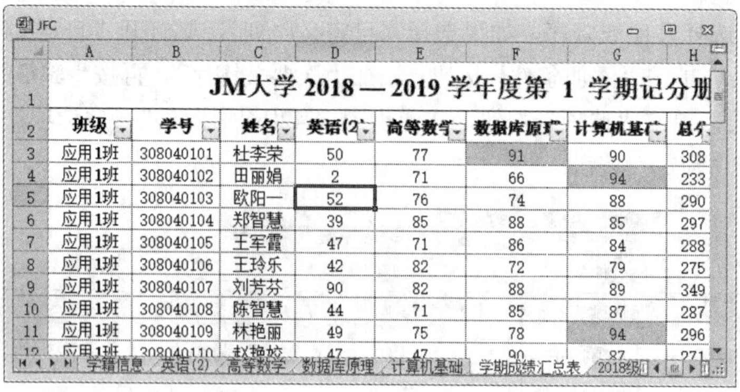

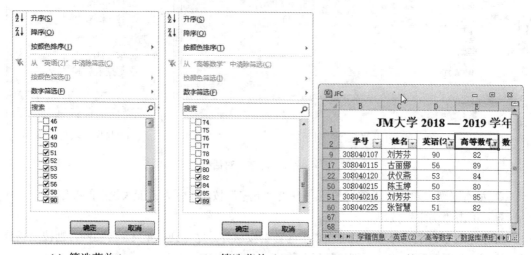

图 4.43 自动筛选功能的使用

(a) 筛选菜单 1   (b) 筛选菜单 2   (c) 筛选结果

图 4.44 多次筛选示例

❺ 如有必要，还可以将鼠标指向筛选菜单的"数字筛选"项(如果是字段值是文本，则为"文本筛选")，显示"数字筛选"子菜单或"文本筛选"子菜单，如图 4.45 所示。

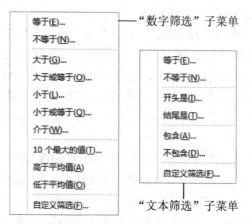

图 4.45 筛选菜单"数字筛选"和"文本筛选"子菜单

❻ 选择菜单中的某个带省略号的命令，或单击菜单底部的"自定义筛选"项，弹出如图 4.46 所示的"自定义自动筛选方式"对话框。在该对话框中输入筛选条件(条件中可以包含"与"、"或"运算)，最后单击"确定"按钮。

图 4.46 "自定义自动筛选方式"对话框

任务 3 建立一级分类汇总

为如图 4.47 所示的一组数据插入一个分类汇总级别。

	A	B	C	D
1	区域	运动	季度	销售额
2	东部	高尔夫球	第1季度	5,000.00
3	东部	户外	第1季度	9,000.00
4	东部	网球	第1季度	500.00
5	西部	网球	第1季度	1,200.00
6	东部	高尔夫球	第2季度	2,000.00
7	东部	户外	第2季度	4,000.00
8	西部	高尔夫球	第2季度	3,500.00
9	东部	高尔夫球	第3季度	1,500.00
10	西部	高尔夫球	第3季度	2,800.00
11	东部	网球	第4季度	1,500.00
12	西部	网球	第4季度	800.00

图 4.47 要插入分类汇总的数据表

❶ 按分类字段排序后，单击存放数据的任意单元格。

❷ 在"数据"选项卡的"分级显示"组中单击"分类汇总"，打开"分类汇总"对话框，如图 4.48 所示。

❸ 在"分类字段"下拉列表中选择分类字段(本任务选择"区域")，这个字段必须是排序关键字段。

❹ 在"汇总方式"下拉列表框中，选择用来计算分类汇总的汇总函数，有求和、平均值、计数、最大值、最小值等(本任务选择"求和")。

❺ 在"选定汇总项"列表框中，选中要计算分类汇总值字段名前的复选框(本任务选择"销售额")。

❻ 如果选择"替换当前分类汇总"复选框，则前面分类汇总的结果被删除，以最新的分类汇总结果取代，否则再增加一个分类汇总结果。

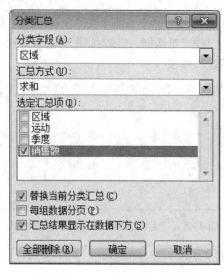

图 4.48 "分类汇总"对话框

❼ 选择"每组数据分页"复选框，分类汇总后在每组数据后自动插入分页符，否则不插入分页符。

❽ 如果选择"汇总结果是否在数据下方"复选框，则汇总结果放在数据下方，否则放在数据上方。

❾ 单击"确定"按钮。系统进行分类汇总，结果如图 4.49 所示。

123		A	B	C	D
	1	区域	运动	季度	销售额
	2	东部	高尔夫球	第 1 季度	￥ 5,000.00
	3	东部	高尔夫球	第 2 季度	￥ 2,000.00
	4	东部	高尔夫球	第 3 季度	￥ 1,500.00
	5	东部	户外	第 1 季度	￥ 9,000.00
	6	东部	户外	第 2 季度	￥ 4,000.00
	7	东部	网球	第 4 季度	￥ 1,500.00
	8	东部	网球	第 1 季度	￥ 500.00
	9	东部 汇总			￥ 23,500.00
	10	西部	高尔夫球	第 2 季度	￥ 3,500.00
	11	西部	高尔夫球	第 3 季度	￥ 2,800.00
	12	西部	网球	第 4 季度	￥ 800.00
	13	西部	网球	第 1 季度	￥ 1,200.00
	14	西部 汇总			￥ 8,300.00
	15	总计			￥ 31,800.00

图 4.49 "分类汇总"结果示例工作表

任务 4 建立多级分类汇总

在任务 3 的一级分类汇总(也称外部组)中插入内部组(也称为嵌套组)分类汇总(多级分类汇总)。

❶ 如有必要，则按分类汇总级别进行排序。

如果在上一任务完成后，接着本任务，则不需要这一步。

❷ 在"数据"选项卡的"分级显示"组中单击"分类汇总"，打开"分类汇总"对话框。

❸ 在"分类字段"下拉列表中选择嵌套分类字段(本任务选择"运动")。

❹ 在"汇总方式"下拉列表中选择要用来计算分类汇总的汇总函数(本任务选择"求和")。

❺ 清除"替换当前分类汇总"复选框。

❻ 单击"确定"按钮。系统进行分类汇总，结果如图 4.50 所示。

1 2 3 4		A	B	C	D
	1	区域	运动	季度	销售额
	2	东部	高尔夫球	第 1 季度	￥ 5,000.00
	3	东部	高尔夫球	第 2 季度	￥ 2,000.00
	4	东部	高尔夫球	第 3 季度	￥ 1,500.00
	5		高尔夫球 汇总		￥ 8,500.00
	6	东部	户外	第 1 季度	￥ 9,000.00
	7	东部	户外	第 2 季度	￥ 4,000.00
	8		户外 汇总		￥ 13,000.00
	9	东部	网球	第 4 季度	￥ 1,500.00
	10	东部	网球	第 1 季度	￥ 500.00
	11		网球 汇总		￥ 2,000.00
	12	东部 汇总			￥ 23,500.00
	13	西部	高尔夫球	第 2 季度	￥ 3,500.00
	14	西部	高尔夫球	第 3 季度	￥ 2,800.00
	15		高尔夫球 汇总		￥ 6,300.00
	16	西部	网球	第 4 季度	￥ 800.00
	17	西部	网球	第 1 季度	￥ 1,200.00
	18		网球 汇总		￥ 2,000.00
	19	西部 汇总			￥ 8,300.00
	20	总计			￥ 31,800.00

图 4.50 多级分类汇总

分类汇总完后，可以根据分类汇总控制区域中的按钮来折叠或展开工作表中的数据。使用 ➕ 和 ➖ 可以显示或隐藏单个分类汇总的明细行。单击 ➖ 按钮，折叠该组中的数据，只显示该组的分类汇总结果，同时该按钮变成 ➕；单击 ➕ 按钮，可以展开该组中的数据。单击分类控制区域顶端的分级显示符号 1 2 3 4，可以只显示某一级的分类汇总和总计的汇总。

任务 5 对数据表创建行的分级显示

对如图 4.51 所示的数据表创建行的分级显示。

❶ 确保每列在第一行中都有标签(字段名)，在每列中包含相似的内容，并且单元格区域内没有空行或空列。

❷ 选择单元格区域中的一个单元格。

❸ 对构成组的列进行排序。

❹ 插入摘要行。要按行分级显示数据，必须使摘要行包含引用该组的每个明细数据行中单元格的公式。可用下列两种方法插入摘要行。

◆ 使用"分类汇总"命令插入摘要行。

◆ 使用公式在每组明细数据行的正下方或正上方插入摘要行(详见步骤❺、❻)。

❺ 指定摘要行的位置，位于明细数据行的下方还是上方。

图 4.51   自主插入的摘要行

◆ 在"数据"选项卡的"分级显示"组右下角单击对话框启动器 ▣ ，打开"设置"对话框。

◆ 如果要指定摘要行位于明细数据行上方，则清除"明细数据的下方"复选框；如果要指定摘要行位于明细数据行下方，则选中"明细数据的下方"复选框。

❻ 使用公式在每组明细数据行的正下方插入摘要行，如图 4.51 所示。

❼ 自动分级显示数据。执行下列操作之一。

◆ 自动分级显示数据。如有必要，在明细数据区域中选择一个单元格。在"数据"选项卡的"分级显示"组中单击"创建组"按钮旁边的箭头，然后单击"自动建立分级显示"。

系统自动建立分级显示，如图 4.52 所示。

	A	B	C
1	区域	运动	销售额
2	东部	高尔夫	¥ 5,000.00
3	东部	高尔夫	¥ 2,000.00
4	东部	高尔夫	¥ 1,500.00
5		高尔夫总计	¥ 8,500.00
6	东部	户外	¥ 9,000.00
7	东部	户外	¥ 4,000.00
8		户外总计	¥ 13,000.00
9	东部	网球	¥ 1,500.00
10	东部	网球	¥ 500.00
11		网球总计	¥ 2,000.00
12	东部总计		¥ 23,500.00
13	西部	高尔夫	¥ 3,500.00
14	西部	高尔夫	¥ 2,800.00
15		高尔夫总计	¥ 6,300.00
16	西部	网球	¥ 800.00
17	西部	网球	¥ 1,200.00
18		网球总计	¥ 2,000.00
19	西部总计		¥ 8,300.00
20		总销售额	¥ 31,800.00

图 4.52   分级显示数据示例

◆ 手动分级显示数据。选中第2行至第19行(组合第20行的所有明细数据),在"数据"选项卡的"分级显示"组中单击"创建组"按钮,建立分级显示外部组。

选中第2行至第11行(组合第12行的所有明细数据),单击"数据"选项卡的"分级显示"组中"创建组"按钮,建立分级显示一个内部嵌套组(第2级)。选中第13行至第18行(组合第19行的所有明细数据),在"数据"选项卡的"分级显示"组中单击"创建组"按钮,建立分级显示另一个内部嵌套组(第2级)。

选中第2行至第4行,在"数据"选项卡的"分级显示"组中单击"创建组"按钮,建立分级显示第3级内部嵌套组。相同的操作方法,分别对第6行至第7行、第9行至第10行、第13行至第14行、第16行至第17行,建立分级显示第3级内部嵌套组。

任务6　显示或隐藏分级显示的数据

显示或隐藏如图4.52所示分级显示的数据。

❶ 如果没有看到分级显示符号 1 2 3 4 、 + 和 − ,那么依次单击"文件"选项卡、"Excel选项"按钮、"高级"分类,然后在"此工作表的显示"部分下,选择工作表,再选中"如果应用了分级显示,则显示分级显示符号"复选框。

❷ 要显示组中的明细数据,单击组的 + ;要隐藏组的明细数据,单击组的 − 。

❸ 要将整个分级显示展开或折叠到特定级别,在 1 2 3 4 分级显示符号中,单击所需级别的数字,较低级别的明细数据会隐藏起来。

例如,如果分级显示有4个级别,则可通过单击 3 隐藏第4级别而显示其他级别。

❹ 要显示所有明细数据,单击 1 2 3 4 分级显示符号的最低级别。

例如,如果有4个级别,则单击 4 。

❺ 要隐藏所有明细数据,单击 1 。

任务7　数据透视表与数据透视图

对如图4.53所示的工作表分别创建数据透视表和数据透视图。

	A	B	C	D
1	区域	运动	季度	销售额
2	东部	高尔夫球	第1季度	￥ 5,000.00
3	东部	高尔夫球	第2季度	￥ 2,000.00
4	东部	高尔夫球	第3季度	￥ 1,500.00
5	东部	户外	第1季度	￥ 9,000.00
6	东部	户外	第2季度	￥ 4,000.00
7	东部	网球	第4季度	￥ 1,500.00
8	东部	网球	第1季度	￥ 500.00
9	西部	高尔夫球	第2季度	￥ 3,500.00
10	西部	高尔夫球	第3季度	￥ 2,800.00
11	西部	网球	第4季度	￥ 800.00
12	西部	网球	第1季度	￥ 1,200.00

图4.53　创建数据透视表或数据透视图示例工作表(表名——2018年销售)

❶ 选择单元格区域中的一个单元格,或者将插入点放在一个Excel表中,如图4.53所示。确保单元格区域具有列标题。

❷ 若要创建一个数据透视表，则在"插入"选项卡的"表格"组中单击"数据透视表"，然后单击"数据透视表"，打开"创建数据透视表"对话框，如图 4.54 所示。

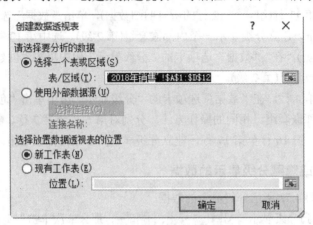

图 4.54　"创建数据透视表"对话框

❸ 选择要分析的数据。单击"选择一个表或区域"，在"表/区域"框中键入单元格区域或表名引用，如"'2018 年销售'!\$A\$1:\$D\$12"。

如果在启动对话框之前选定了单元格区域中的一个单元格或者插入点位于表中，Excel 会在"表/区域"框中显示单元格区域或表名引用。

或者，若要选择单元格区域或表，则单击"压缩对话框"▦以临时隐藏对话框，在工作表上选择相应的区域，然后按"展开对话框"▦。

注意：如果区域在同一工作簿上的另一个工作表中或者在另一个工作簿中，则使用以下语法键入工作簿和工作表名称：[workbookname]sheetname!range。

❹ 若使用外部数据，则依次单击"使用外部数据源"、"选择连接"，打开"现有连接"对话框。在对话框顶部的"显示"下拉列表框中，选择要为其选择连接的连接类别，或选择"所有现有连接"(默认值)，从"选择连接"列表框中选择连接，然后单击"打开"。

❺ 指定放置数据透视表位置。

若要将数据透视表放在新工作表中，并以单元格 A1 为起始位置，则单击"新建工作表"。

若要将数据透视表放在现有工作表中，则选择"现有工作表"，然后指定要放置数据透视表的单元格区域的第一个单元格，如在"位置"框中直接输入 F2。

也可以单击"压缩对话框"▦ 以临时隐藏对话框，在工作表上选择单元格以后，再按"展开对话框"▦。

❻ 单击"确定"按钮。

Excel 会将空的数据透视表添加至指定位置并显示"数据透视表字段列表"任务窗格，如图 4.55 所示。在此可以添加字段、创建布局以及自定义数据透视表。

❼ 在"选择要添加到报表的字段"列表中，用鼠标将"运动"拖到"行标签"区域中，将"季度"拖到"列标签"区域中，将"销售额"拖到"数值"区域中，将"区域"拖到"报表筛选"区域中。

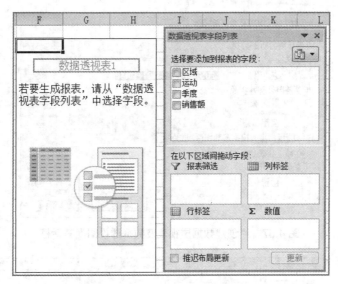

图 4.55　空数据透视表与"数据透视表字段列表"任务窗格

Excel 自动生成数据透视表，如图 4.56 所示。

区域	(全部)				
求和项:销售额	列标签				
行标签	第 1 季度	第 2 季度	第 3 季度	第 4 季度	总计
高尔夫球	5000	5500	4300		14800
户外	9000	4000			13000
网球	1700			2300	4000
总计	15700	9500	4300	2300	31800

图 4.56　"2018 年销售"数据透视表

观察图 4.53 所示的源数据和图 4.56 所示的数据透视表发现，图 4.56 所示单元格 H5 中的值是源数据 D3、D9 中的值汇总，I5 中的值是源数据 D3、D10 中的值汇总。可见，在数据透视表中，源数据中的每列或每个字段都成为汇总多行信息的数据透视表字段。

单击数据透视表中的任意单元格，显示"数据透视表工具"选项卡，含"选项"和"设计"两个子选项卡。通过它们，可以格式化数据透视表和进行数据分析。

❽ 若要创建一个数据透视图，则执行步骤❶后，在"插入"选项卡的"表格"组中单击"数据透视表"，然后单击"数据透视图"，打开"创建数据透视表及数据透视图"对话框，如图 4.57 所示。

❾ 重复步骤❸～步骤❻，Excel 会将空的数据透视表添加至指定位置，同时添加空的数据透视图，并显示如图 4.58 所示的"数据透视表字段列表"任务窗格、"数据透视图筛选窗格"和"数据透视表筛选窗格"。

❿ 选中"选择要添加到报表的字段"列表中的"区域"、"运动"、"季度"，"销售额"自动添加到"数值"区域中，"季度"自动添加到"轴字段"区域中，将"运动"拖到"图例字段"区域中，将"区域"拖动到"报表筛选"区域中。数据透视图和数据透视表随之形成，如图 4.59 所示。

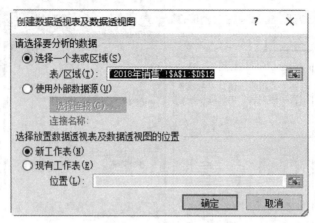

图 4.57 "创建数据透视表及数据透视图"对话框

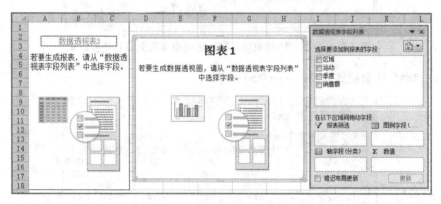

图 4.58 创建数据透视表和数据透视图

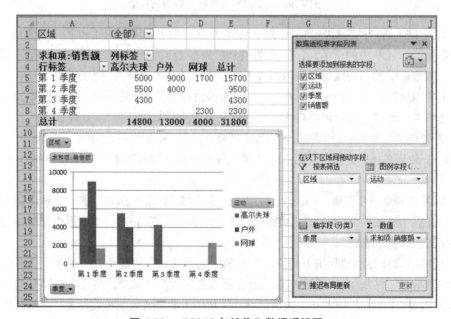

图 4.59 "2018 年销售"数据透视图

单击数据透视图，系统显示“数据透视图工具”选项卡，该选项卡中有“设计”、“布局”、“格式”和“分析”4 个子选项卡。通过它们，可以格式化数据透视图和进行数据分析。

任务 8　用合并计算进行数据分析

JM 大学计算机学院在一个学期结束后要评奖学金了，辅导员张老师便向各科任教师要来了学生英语(2)、高等数学、计算机基础、数据库原理等课程成绩的电子表格，拟按总分、均分、最高分和最低分汇总学生成绩，以便为评奖提供依据。他的做法如下。

❶ 将各门课程成绩工作簿存放在 E 盘 CH04 文件夹中。逐一查看待合并的每个工作簿的工作表(各科学生成绩的电子表格)中的数据，按“学号”升序排序，如图 4.60 所示，为合并报表做准备。

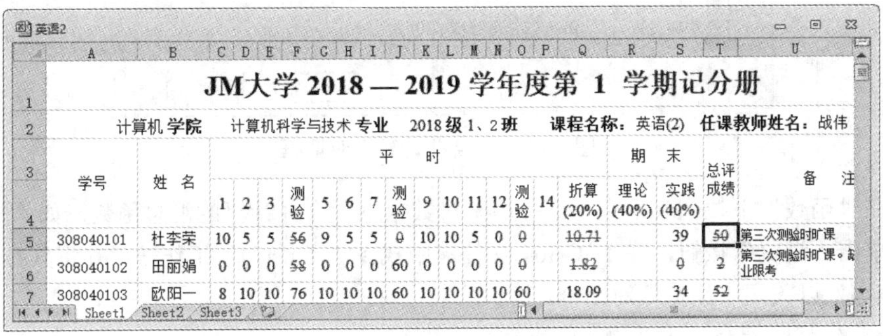

JM大学 2018 — 2019 学年度第 1 学期记分册

计算机 学院　计算机科学与技术 专业　2018 级 1、2 班　课程名称：英语(2)　任课教师姓名：战伟

学号	姓 名	平时 1	2	3	测验	5	6	7	测验	9	10	11	12	测验	14	折算(20%)	期末 理论(40%)	实践(40%)	总评成绩	备 注
308040101	杜李荣	10	5	5	56	9	5	5	0	10	10	5	0	0		10.71		39	50	第三次测验时旷课
308040102	田丽娟	0	0	0	58	0	0	0	60	0	0	0	0	0		1.82		0	2	第三次测验时旷课。毕业限考
308040103	欧阳一	8	10	10	76	10	10	10	60	10	10	10	10	60		18.09		34	52	

图 4.60　用于合并计算的课程成绩工作簿示例

用于合并计算的数据源，“英语(2)”的总评成绩在“英语(2).xlsx”工作簿的“Sheet1”工作表 T5:T68 单元格区域中；“高等数学”的总评成绩在“高等数学.xlsx”工作簿的“Sheet1”工作表 P5:P68 单元格区域中；“计算机基础”的总评成绩在“计算机基础.xlsx”工作簿的“Sheet1”工作表 Q5:Q68 单元格区域中；“数据库原理”的总评成绩在“数据库原理.xlsx”工作簿的“Sheet1”工作表 O5:O68 单元格区域中。

❷ 创建“成绩汇总表”工作簿，在主工作表中的合并数据的单元格区域中，单击左上方的单元格(如 C3)，如图 4.61 所示。

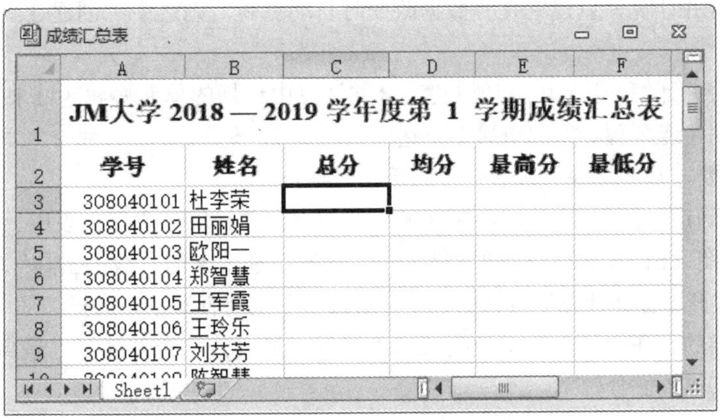

JM大学 2018 — 2019 学年度第 1 学期成绩汇总表

学号	姓名	总分	均分	最高分	最低分
308040101	杜李荣				
308040102	田丽娟				
308040103	欧阳一				
308040104	郑智慧				
308040105	王军霞				
308040106	王玲乐				
308040107	刘芬芳				

图 4.61　待进行合并计算的主工作表

❸ 在"数据"选项卡的"数据工具"组中单击"合并计算"按钮,打开"合并计算"对话框,如图 4.62 所示。

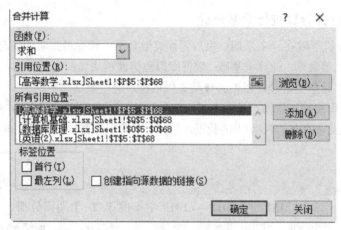

图 4.62   "合并计算"对话框

❹ 在"函数"下拉列表框中,选择用来对数据进行合并计算的汇总函数,如"求和"。

❺ 单击"浏览"按钮,在 E:\CH04 文件夹中找到"英语(2)"工作簿,并将其打开,然后单击"确定"以关闭"浏览"对话框。

或者,先将用于合并计算的工作簿全部打开。

❻ 在"引用位置"框中输入"[英语(2).xlsx]Sheet1!$T$5:$T$68"。"[]"中是工作簿名称,表示文件路径;"$T$5:$T$68"为单元格区域。单击"添加"按钮。

在"引用位置"框中输入"[高等数学.xlsx]Sheet1!$P$5:$P$68",单击"添加"按钮。相同的方法,把另外的数据添加对话框中。

或者,先依次单击"引用位置"框中的"压缩对话框"🔳、子工作表标签(如"英语(2)"工作表标签),选择单元格区域(如 T5:T10),再按"展开对话框"🔳,然后单击"添加"按钮。

对每个区域重复这一步骤。

❼ 确定希望如何更新合并计算。

若要设置合并计算,以便它在源数据改变时自动更新,则选中"创建连至源数据的链接"复选框。

若要设置合并计算,以便可以通过更改合并计算中包括的单元格和区域来手动更新合并计算,则清除"创建连至源数据的链接"复选框。

❽ 如有必要,则应清除"标签位置"下的复选框。

❾ 单击"确定"按钮。Excel 将源区域中的数据合并计算到主工作表中。

❿ 单击如图 4.61 所示的 D3 单元格。在"数据"选项卡的"数据工具"组中单击"合并计算"按钮,打开"合并计算"对话框,在"函数"下拉列表框中,选择"平均值"。单击"确定"按钮。同样的,在"函数"下拉列表框中选择"最大值"合并计算"最高分",选择"最小值"合并计算"最低分"。

实验八 数据有效性设置

【实验目的】

(1) 掌握数据有效性的设置技巧。

(2) 掌握将数据输入限制的值、指定的整数、指定的日期和时间的操作方法。

(3) 掌握创建下拉列表的操作方法。

任务 1 将数据输入限制为下拉列表中的值

JM 大学人事处信息管理员李老师要统计全校教职工信息，他希望鼠标单击"学历"栏中某单元格时显示如图 4.63(a)所示的提示信息，单击该单元格旁边的下拉箭头时显示如图 4.63(b)所示的下拉列表，数据输入者只能在列表选择，否则认为无效，拒绝输入。

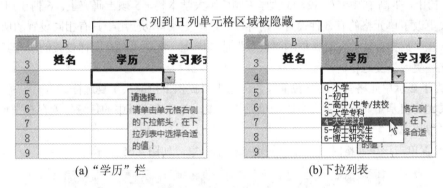

(a)"学历"栏   (b)下拉列表

图 4.63 将数据输入限制为下拉列表中的值示例

❶ 选择一个单元格(如 I4)或单元格区域(如 I 列)。

❷ 在"数据"选项卡的"数据工具"组中单击"数据有效性"按钮，选择"数据有效性"命令，打开"数据有效性"对话框，如图 4.64 所示。

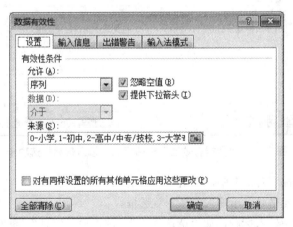

图 4.64 "数据有效性"对话框的"设置"选项卡

❸ 单击"设置"选项卡，在"允许"下拉列表框中，有下列选项。

◆ 任何值：默认选项，对输入数据不做任何限制，表示不使用数据有效性。

◆ 整数：指定输入的数值必须为整数。

◆ 小数：指定输入的数值必须为数字或小数。

◆ 序列：为有效性数据指定一个序列。

◆ 日期：指定输入的数值必须为日期。

◆ 时间：指定输入的数值必须为时间。

◆ 文本长度：指定有效数据的字符数。

◆ 自定义：允许我们定义公式、使用表达式或引用其他单元各种计算值来判定输入数据的正确性。

在本任务中，选择"序列"。

❹ 单击"来源"框，然后键入用逗号(Microsoft Windows 列表分隔符)分隔的列表值"0-小学，1-初中，2-高中/中专/技校，3-大学专科，4-大学本科，5-硕士研究生，6-博士研究生"。

如果更改了单元格的有效性设置，则可以将这些更改自动应用于具有相同设置的所有其他单元格。在"数据有效性"对话框的"设置"选项卡上，选中"对有同样设置的所有其他单元格应用这些更改"复选框。

❺ 为了显示单元格旁边的下拉箭头，应选中"提供下拉箭头"复选框。

如果允许值基于具有已定义名称的单元格区域，并且该区域中的任意位置存在空单元格，则选中"忽略空值"复选框。

❻ 设置单击该单元格时，要显示的输入提示信息，如图 4.65 所示。

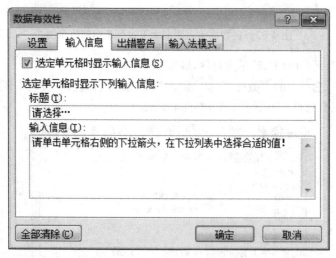

图 4.65 "数据有效性"对话框的"输入信息"选项卡

◆ 在"数据有效性"对话框中，单击"输入信息"选项卡。

◆ 选中"选定单元格时显示输入信息"复选框。

◆ 在"标题"框中输入标题，如"请选择…"；在"输入信息"框中输入文本，如"请单击单元格右侧的下拉箭头，在下拉列表中选择合适的值！"。

❼ 指定输入无效数据时 Excel 的响应，如图 4.66 所示。

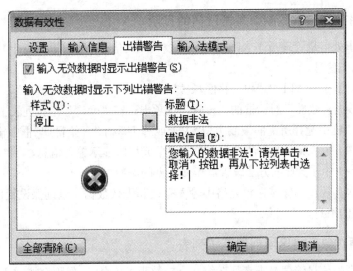

图 4.66 "数据有效性"对话框的"出错警告"选项卡

- 单击"出错警告"选项卡，选中"输入无效数据时显示出错警告"复选框。
- 在"样式"框中选择"停止"、"警告"或"信息"(本任务选择"停止")。
- 在"标题"框输入标题，如"数据非法"；在"错误信息"框输入文本，如"您输入的数据非法！请先单击'取消'按钮，再从下拉列表中选择！"(最多 225 个字符)。

如果没有输入标题或文本，则标题使用默认字符串"Microsoft Excel"，并显示"输入值非法。其他我们已经限定了可以输入该单元格的数值。"

❽ 测试数据有效性以确保其正常工作。

在单元格中输入有效和无效数据，用以检验设置按预期方式工作并且显示所预期的消息。

任务 2 将数据输入限制为指定整数

JM 大学人事处信息管理员李老师在统计全校教职工信息时，他希望鼠标单击"基本工资"栏中某单元格显示提示信息"请输入 850～2300 之间的整数"，数据输入者只能在列表选择，否则认为无效，拒绝输入。

❶ 选择一个单元格(如 C4)或单元格区域(如 C 列)。

❷ 在"数据有效性"对话框的"设置"选项卡的"允许"框中选择"整数"。

❸ 在"数据"框中选择所需的限制类型"介于"，在"最小值"框中输入"850"、在"最大值"框中输入"2300"。

❹ 按照任务 1 中步骤❻的方法设置在单击该单元格时显示输入信息"请输入 850~2300 之间的整数"。

❺ 按照任务 1 中步骤❼的方法设置对无效数据的响应。

❻ 测试数据有效性。尝试在单元格中输入有效和无效数据，以确保设置按预期方式工作并且显示所预期的消息。

任务3 将数据输入限制为某时段内的日期

JM 大学人事处信息管理员李老师要统计全校教职工信息，他希望只统计 1959 年 1 月 1 日以后出生的教职工信息。

❶ 选择一个单元格(如 E4)或单元格区域(如 E 列)。

❷ 单击"数据有效性"对话框的"设置"选项卡，在"允许"下拉列表中选择"日期"。

❸ 在"数据"框中选择所需的限制类型"大于或等于"，在"开始日期"框中输入"1959-1-1"。

❹ 按照任务 1 中步骤❻的方法设置在单击该单元格时显示输入信息。

❺ 按照任务 1 中步骤❼的方法设置对无效数据的响应。

❻ 测试数据有效性。尝试在单元格中输入有效和无效数据，以确保设置按预期方式工作并且显示所预期的消息。

任务4 通过单元格区域创建下拉列表

JM 大学人事处信息管理员李老师在统计全校教职工信息时，发现全校教职工的职称有"高校教师"、"医师"、"图书资料"等系列。他希望先在"教职工信息"工作表的"所属职称系列"栏下选择一个职称系列(如"高校教师")，然后在"任职资格"栏下选择与"高校教师"系列对应的职称(如"教授"、"副教授")。这样，就可以使数据输入更标准、更容易。

❶ 在"JM 大学教工信息.xlsx"工作簿中，单击一空工作表，并将表标签改为"职称系列"，在该工作表输入如图 4.67 所示的条目。

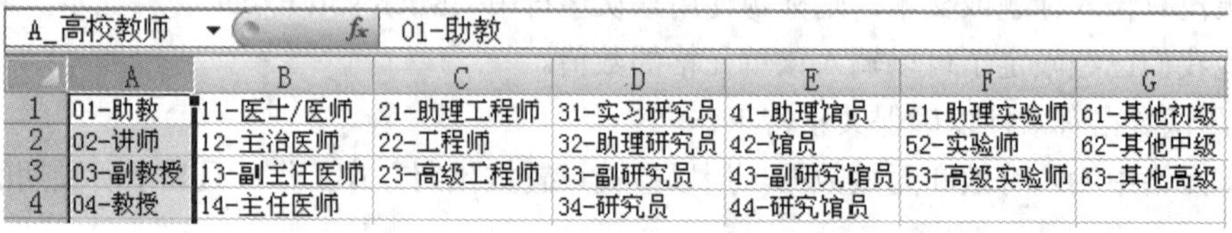

A_高校教师 ▼		fx	01-助教			
	A	B	C	D	E	F	G
1	01-助教	11-医士/医师	21-助理工程师	31-实习研究员	41-助理馆员	51-助理实验师	61-其他初级
2	02-讲师	12-主治医师	22-工程师	32-助理研究员	42-馆员	52-实验师	62-其他中级
3	03-副教授	13-副主任医师	23-高级工程师	33-副研究员	43-副研究馆员	53-高级实验师	63-其他高级
4	04-教授	14-主任医师		34-研究员	44-研究馆员		

图 4.67 "职称系列"工作表中的示例数据

❷ 选中 A 列，在"名称框"中将原名称更改为"A_高校教师"，按 Enter 键；依次选中 B 列～G 列，分别将原名称更改为"B_医师"、"C_机械制造工程"、"D_社会科学研究"、"E_图书资料"、"F_实验师"、"G_其他"。

❸ 单击"JM 大学教工信息.xlsx"工作簿中的"教工信息"工作表，选中 O4 单元格或 O 列单元格区域。

❹ 在"数据"选项卡的"数据工具"组中单击"数据有效性"按钮，选择"数据有效性"命令，打开"数据有效性"对话框。

❺ 单击"设置"选项卡，在"允许"下拉列表中选择"序列"。

❻ 单击"来源"框，然后输入列表值"A_高校教师,B_医师,C_机械制造工程,D_社会科学研究,E_图书资料,F_实验师,G_其他"。

❼ 单击"输入信息"选项卡，在"标题"框输入"请选择…"，在"输入信息"框输入"请先单击单元格右侧的下拉箭头，选择一个职称系列，再在'任职资格'栏中选择该系列的一个职称。"

❽ 单击"出错警告"选项卡，在"样式"下拉列表中选择"停止"，在"标题"框输入"数

据错误”，在“错误信息”框输入“您输入的数据非法！请先单击‘取消’按钮，再从下拉列表中选择！”。

❾ 在“教工信息”工作表中，选中 Q4 单元格或 Q 列单元格区域。重复步骤❹、❺，在“来源”框输入“=INDIRECT(O4)”(间接地从 O4 单元格获取数据)。

❿按照步骤❼、❽的方法设置输入信息和对无效数据的响应。

特别说明：

❶ 只有在 O4 单元格中做了选择，在 Q4 单元格中才有相对应的可选项，如图 4.68 所示。

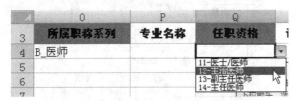

图 4.68　下拉列表的关联选择示例

❷ 因为 Q4 单元格的数据有效性列表在另一个工作表(职称系列)上，所以要防止使用该工作簿的人看到它或更改它，应隐藏并保护该工作表。

实验九　图表制作

【实验目的】

(1) 掌握制作图表的操作技巧。

(2) 掌握插入图表、移动图表、设置图表样式的操作方法。

(3) 掌握插入迷你图、更改迷你图类型、更改迷你图样式、更改迷你图数据源的操作方法。

任务 1　分析家用电器销售分布情况

分析一商场的家用电器销售分析情况。

❶ 选定需要创建图表的数据源，如图 4.69 所示。

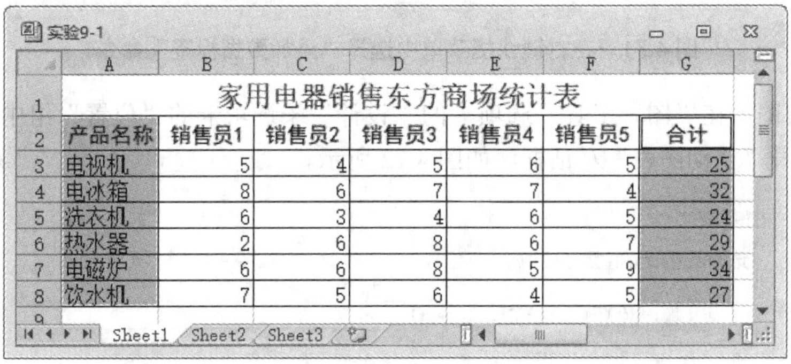

家用电器销售东方商场统计表

产品名称	销售员1	销售员2	销售员3	销售员4	销售员5	合计
电视机	5	4	5	6	5	25
电冰箱	8	6	7	7	4	32
洗衣机	6	3	4	6	5	24
热水器	2	6	8	6	7	29
电磁炉	6	6	8	5	9	34
饮水机	7	5	6	4	5	27

图 4.69　选定数据源——A2:A8、G2:G8 单元格区域

❷ 在“插入”选项卡的“图表”组中单击“饼图”按钮，在下拉列表中选择“三维饼图”样式，如图 4.70 所示。

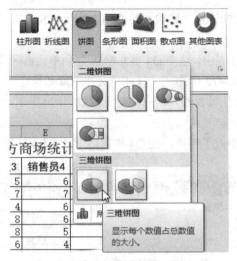

图 4.70　选择"三维饼图"

❸　在生成的饼图上单击鼠标右键，在弹出的快捷菜单中选择"添加数据标签"命令，如图 4.71 所示。

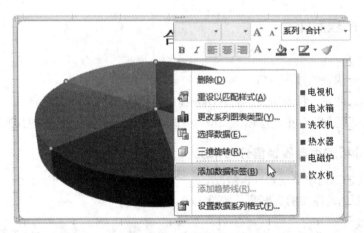

图 4.71　在右键快捷菜单中选择"添加数据标签"命令

❹　选中饼图，在"图表工具"选项卡的"设计"子选项卡的"位置"组中单击"移动图表"按钮，打开"移动图表"对话框，如图 4.72 所示。

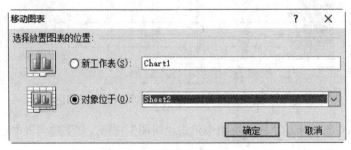

图 4.72　"移动图表"对话框

❺ 在"移动图表"对话框"对象位于"列表框中，选择图表放置位置，如"Sheet2"，单击"确定"按钮。这时，图表移到了 Sheet2 工作表。

❻ 选中饼图，在"图表工具"选项卡的"格式"子选项卡的"形状样式"组中单击"其他"按钮，在列表中选择所需要的样式。

任务 2　用迷你图分析业绩走势

分析一卖场销售业绩走势。

❶ 选择拟存放图表的单元格，如图 4.73 所示的 F3 单元格。

	A	B	C	D	E	F
1	东方钢材市场销售表					
2	标准号	第1季度	第2季度	第3季度	第4季度	走势
3	G3452	510	270	360	340	⬧
4	G3457	260	350	290	330	
5	G3454	250	350	330	350	
6	G3456	350	290	320	320	
7	G3455	340	460	420	490	

图 4.73　用于业绩分析的示例数据表

❷ 在"插入"选项卡的"迷你图"组中单击"折线图"按钮，打开"创建迷你图"对话框，如图 4.74 所示。

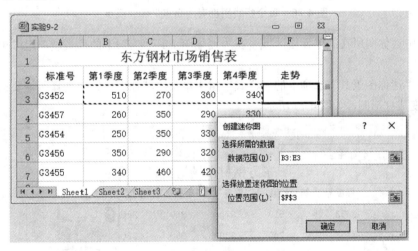

图 4.74　"创建迷你图"对话框

❸ 在"创建迷你图"对话框的"数据范围"框中选中所需的数据区域(如 B3:E3 单元格区域)，单击"确定"按钮。

❹ 选择迷你图单元格，用鼠标向下拖曳填充柄，如图 4.75 所示。

❺ 选中迷你图所在的单元格区域。在"迷你图工具"选项卡的"显示"组中，选中"高点"和"低点"复选框，这时折线图上添加"高点"和"低点"标记，如图 4.76 所示。

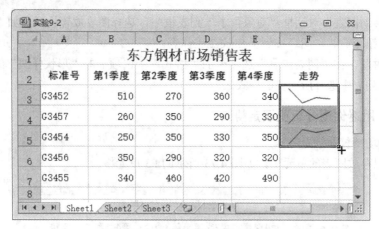

图 4.75　用填充柄复制迷你图

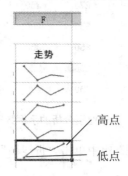

图 4.76　每个折线图都有"高点"和"低点"

❻ 选中迷你图所在的单元格区域。在"迷你图工具"选项卡的"类型"组中单击"柱形图"按钮。

❼ 在"迷你图工具"选项卡的"样式"组中单击"其他"按钮，选择所需要的样式，这时迷你图变成柱形图，如图 4.77 所示。

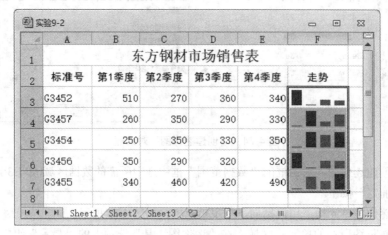

图 4.77　柱形迷你图

❽ 选择要更改数据源的迷你图单元格(如 F3 单元格)，在"迷你图工具"选项卡的"迷你图"组中单击"编辑数据"下拉按钮，在下拉菜单中选中"编辑单个迷你图的数据"命令，打开"编辑迷你图数据"对话框，如图 4.78 所示。

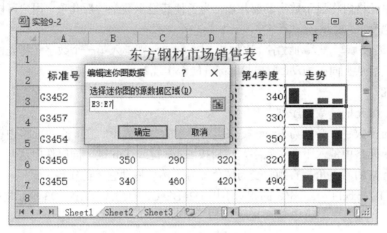

图 4.78 "编辑迷你图数据"对话框

❾ 在"编辑迷你图数据"对话框的"选择迷你图的源数据区域"框中，选择单元格区域，单击"确定"按钮。完成后，迷你图效果如图 4.79 所示。

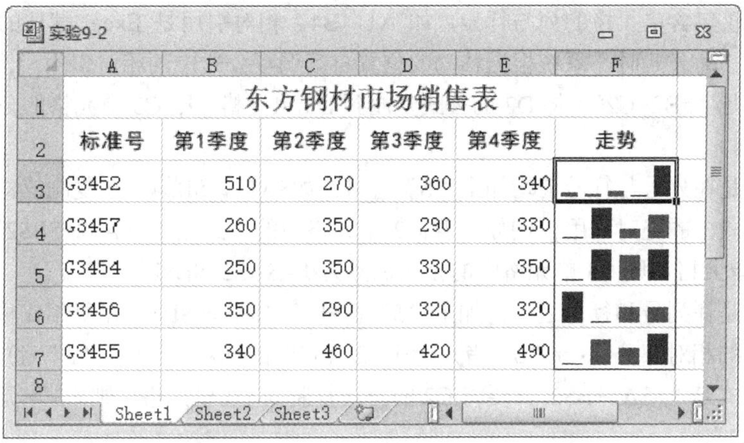

图 4.79 更改 F3 单元格数据源后的效果

4.2 案例分析

例 4.1 在 Excel 的单元格中，当输入的数字过长时，按回车键确认后单元格内将显示数字的前几项，为了使其显示数字的后几项，用户可以_____。

A) 按 Tab 键
B) 按回车键
C) 拖动鼠标调整单元格的宽度
D) 拖动鼠标调整单元格的高度

答：C。

知识点：单元格数据显示；单元格行高、列宽设置。

分析：本题要求调整的是列宽，因此，在 Excel 的单元格中，当输入的数字过长时，按回车键确认后单元格内将显示数字的前几项，为了使其显示数字的后几项，用户可以拖动鼠标调整单元格的宽度。

例 4.2 若要填写一系列数字，比如 2、4、6、8，则键入第一个数字，将光标移动到单元格右下角，然后从上向下拖动(或拖过)鼠标，能否实现？

答：不能。

知识点：填充柄；数据序列。

分析：对于数字，必须为 Excel 提供所需操作的更多提示。在一个单元格中键入第一个数字，在相邻单元格中键入下一个数字，然后按 Enter 键或 Tab 键。同时选中这两个单元格。将光标放在单元格的右下角，直到它变为黑色加号，然后拖动它才能实现。

例 4.3 在 Excel 中，工作表的相对引用 D2=B2*C2 的公式复制到 D3 单元格中，公式会变成_____。

A) =B2*C2   B) =B3*C3   C) B4*C4   D) B5*C

答：B。

知识点：公式；单元格地址与引用。

分析：单元格引用有相对引用、绝对引用、混合引用等 3 种类型。

相对引用仅包含单元格的列与行号，如 A1、B4。相对引用是 Excel 默认的单元格引用方式。在复制或移动公式时，系统根据移动的位置自动调整公式中的相对引用。例如，若 D2 单元格中的公式是"=B2+C2"，将 D2 的公式复制到 D3 单元格，则 C3 单元格的公式就自动调整为"=B3+C3"。

绝对引用是在列号与行号前均加上"$"符号，如$A$1, $B$4。在复制或移动公式时，系统不会改变公式中的绝对引用。例如，若 C2 单元格中的公式是"=$A$2+$B$2"，将 C2 的公式复制到 C3 单元格，则 C3 单元格中的公式仍然为"=$A$2+$B$2"。

混合引用是在列号和行号之一前加上"$"符号，如$A1, $B4。在复制或移动公式时，系统改变公式中的相对部分(不带"$"者)，不改变公式中的绝对部分(带"$"者)。例如，若 C2 单元格中的公式是"=$A2+B$2"，要将 C2 的公式复制到 C3 单元格，则 C3 单元格中的公式变为"=$A3+C$2"。

例 4.4 在工作表单元格输入合法的日期，下列日期中不正确的输入是_____。

A) 7/3/18   B) 2018-6-8   C) 6-8-2018   D) 2018/6/6

答：C。

知识点：日期类型数据。

分析：输入日期格式有以下 6 种："月/日"；"月-日"；"×月×日"；"年/月/日"；"年-月-日"；"×年×月×日"。

按前 3 种格式输入，默认的年份是系统时钟的当前年份，显示格式是"×月×日"。按后 3 种格式输入，年份可以是 2 位(00～29 表示 2003-2029，30～99 表示 1930-1999)，也可以是 4

位，显示格式是"年-月-日"，显示年份是 4 位。按"Ctrl+;组合键，就输入系统时钟的当前日期。

例 4.5　可使用_____来进行数学运算。

A) "公式"选项卡　　　　　　　　　　B) "开始"选项卡

C) 任意选项卡　　　　　　　　　　　D) "数据"选项卡

答：C。

知识点：功能区；数学运算。

分析：如果认真研究 Excel 功能区，就会发现可在任意选项卡中工作时进行数学运算。

例 4.6　在工作表某单元格输入公式=A3*100-B4，则该单元格的值_____。

A) 为单元格 A3 的值乘以 100，再减去单元格 B4 的值，在得到计算结果后，该单元格的值不再变化

B) 为单元格 A3 的值乘以 100，再减去单元格 B4 的值，该单元格的值会随着单元格 A3 或 B4 的值的变化而变化

C) 为 A3 的值乘以 100，再减去 B4 的值，其中 A3 与 B4 分别代表某个变量的值

D) 为空，因为该公式非法

答：B。

知识点：函数；公式，单元格地址引用。

分析：Excel 中的公式可以是一个或多个运算，也可以是一个 Excel 内部函数。输入完公式后，系统自动在单元格内显示计算结果。如果公式中有单元格引用，则当相应单元格中的数据变化时，公式的计算结果也随之变化。

例 4.7　Excel 中可以创建两种图表：嵌入式图表和图形图表。下面关于这两种图表的描述，正确的是_____。

A) 嵌入式图表建立在工作表之外，与数据分开显示

B) 图形图表置于工作表之内，便于同时观看图表及其相关工作表

C) 嵌入式图表置于工作表之内，便于同时观看图表及其相关工作表

D) 嵌入式图表和图形图表都是以图表的方式表示数据，两者没什么区别

答：B。

知识点：数据透视表、数据透视图。

分析：将工作表中的数据制作成图表的方法有两种：❶在工作簿中建立一个单独的图表工作表，它适用于显示或打印图表，而不涉及相应工作表数据情况；❷在原数据工作表中嵌入图表，可以同时观看图表及其相关工作表。

例 4.8　在 Excel 中按下列要求建立数据表格和图表，具体要求如下。

(1) 将下列某种药品成分构成情况的数据建成一个数据表(存放在 A1:C5 的区域内)，并计算出各类成分所占比例(保留小数点后面 3 位)，其计算公式是：

比例 = 含量(mg)/ 含量的总和(mg)

其数据表保存在 Sheet1 工作表中，如表 4.1 所示。

表 4.1　某种药品成分构成数据表

成分	含量(mg)	比例
碳	0.02	
氢	0.25	
镁	1.28	
氧	3.45	

(2) 对该数据表建立分离型三维饼图，图表标题为"药品成分构成图表"，并将其嵌入工作表的 A7:E17 区域中。

(3) 将工作表 Sheet1 更名为"药品成分数据表"。

答：本例所涉及的知识点有：公式、自动填充公式；图表等。分析与操作步骤如下。

❶ 打开 Excel，在工作表 Sheet1 的 A1:C5 区域中输入指定的数据。双击工作表标签，当标签呈黑色时，输入新的工作表名"药品成分数据表"。

❷ 在 B6 中输入公式"=B2+B3+B4+B5"或"=SUM(B2:B5)"，或用自动求和按钮，或用函数，计算出含量的总和，如图 4.80 所示。

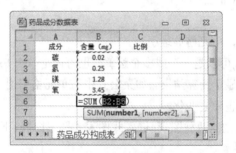

图 4.80　在 B6 单元格中输入求和公式

❸ 在 C2 中输入公式"=B2/$B$6"，并确认，求出碳的比例，如图 4.81 所示；拖放 C2 的填充柄至 C6，求出各种成分的比例，如图 4.82 所示。

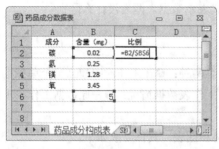 

图 4.81　在 C2 中输入公式"=B2/$B$6"　　图 4.82　使用填充柄

❹ 在"插入"选项卡的"图表"组中单击"饼图"按钮，在饼图图表类型列表中选择"分离型三维饼图"，如图 4.83 所示；在"图表工具"选项卡的"设计"子选项卡的"数据"组中单击"选择数据"按钮，打开"选择数据源"对话框，选择数据区域 A1:C5，如图 4.84 所示。单击"确定"按钮，在当前工作表中插入饼图。

图 4.83 饼图

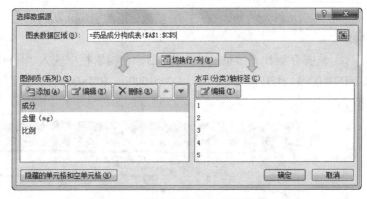

图 4.84 "选择数据源"对话框

❺ 选中图表标题，将其更改为"药品成份构成图表"，如图 4.85 所示。如果图表中没有显示标题，则在"图表工具"选项卡的"布局"子选项卡的"标签"组中单击"图表标题"，在下拉列表中选择"图表上方"命令。

	A	B	C	D	E
1	成分	含量（mg）	比例		
2	碳	0.02	0.004		
3	氢	0.25	0.05		
4	镁	1.28	0.256		
5	氧	3.45	0.69		
6		5			

药品成份构成图表

- 碳
- 氢
- 镁
- 氧

图 4.85 完成后的饼图

❻ 拖动图表到指定的位置，并改变相应的大小，放在 A7:E17 的区域中。

例 4.9 为避免表格中公式计算错误，应先检查或对公式进行审核等相关操作。以如图 4.86 所示的销售报表为例说明操作步骤。

销售报表

	A	B	C	D	E	F	G	H
1			销售报表					
2	日期	姓名	市场价格（元）	销售台次	应得提成		市场价格（元）	提成比率
3	2014/1/3	陈圆圆	5500	5			<10000	0.001
4	2014/1/7	李虹娟	5400	3			15000~20000	0.003
5	2014/1/8	赵光浩	6800	6			>25000	0.005
6	2014/1/10	陈洁民	7200	4				
7	2014/1/11	伍爱明	3500	8				
8	2014/1/15	李世民	4800	6				
9	2014/1/16	祁大坤	5300	1				
10	2014/1/17	居学科	2800	7				
11	2014/1/18	吴友民	5260	5				
12	2014/1/19	周治文	2760	5				

Sheet1 / Sheet2 / Sheet3

图 4.86 销售报表

答：本例所涉及的知识点有：IF 函数；追踪引用和从属单元格；监控窗口。分析与操作步骤如下。

① 选择存放计算结果的单元格 E3，在编辑栏中输入"=IF(PRODUCT(C3:D3)>25000，(C3*D3)*0.5%，IF(PRODUCT(C3:D3)>15000，(C3*D3)*0.3%，(C3*D3)*0.1%))"公式，如图4.87 所示。

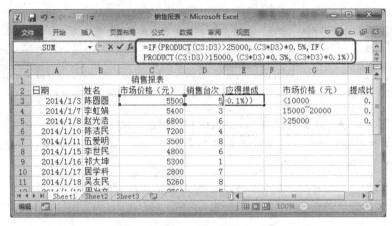

图 4.87　在 E3 单元格输入公式

② 按 Enter 键确认，或单击编辑栏左侧的"输入"按钮确认。使用填充柄的方法拖动填充E 列其他单元格。

③ 选择 E3 单元格，在"公式"选项卡的"公式审核"组中单击"追踪引用单元格"按钮。这时，可看到标记了 E3 单元格中公式引用 C3 和 D3 单元格，如图 4.88 所示。

图 4.88　"公式审核"组"追踪引用单元格"

④ 选择 C6 单元格，在"公式审核"组中单击"追踪从属单元格"按钮，如图 4.89 所示。

⑤ 选择 E4 单元格，在"公式审核"组中单击"错误检查"按钮。

如果单元格中的公式没有错误，则显示"Microsoft Excel"对话框，说明已经完成了对整个工作表的错误检查。单击"确定"按钮。

如果单元格中的公式存在错误，则打开"错误检查"对话框，如图 4.90 所示。

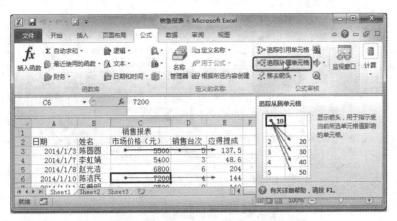

图 4.89 "公式审核"组"追踪从属单元格"

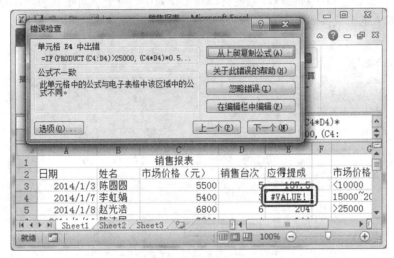

图 4.90 "错误检查"对话框

⑥ 单击"从上部复制公式"按钮，系统从 E3 单元格中复制公式到 E4 单元格，并显示"Microsoft Excel"对话框，单击"确定"按钮，完成对公式的修改。

⑦ 在"公式"选项卡的"公式审核"组中单击"监视窗口"按钮，打开"监视窗口"对话框，单击"添加监视"命令，如图 4.91 所示。

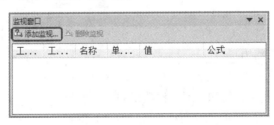

图 4.91 "监视窗口"对话框

⑧ 打开如图 4.92 所示的"添加监视点"对话框，输入监视区域(或在工作表中通过按住并拖动鼠标左键进行选择)，单击"添加"按钮。

图 4.92 "添加监视点"对话框

⑨ 返回"监视窗口"对话框，监视窗口在工作簿中始终处于可见状态，在监视区域显示出工作表中输入的公式，如图 4.93 所示。

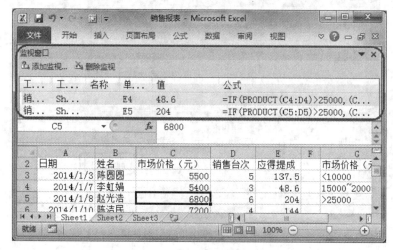

图 4.93 监视窗口

4.3 强化训练

一、选择题

1. Excel 工作簿的后缀为_____。

A) .exl   B) .xcl   C) .xlsx   D) .xel

2. 在 Excel 环境中用来存储和处理工作数据的文件称为_____。

A) 工作簿   B) 工作表   C) 图表   D) 数据库

3. 在 Excel 中，一个工作表最多可含有的行数是_____。

A) 255   B) 256   C) 1048576   D) 任意多

4. Excel 提供了公式以及大量的函数用于实现对数据的各种计算，以下不能构成复杂公式的运算符是_____。

    A) 函数运算符　　　　　B) 比较运算符　　　　C) 引用运算符　　　　D) 连接运算符

5. 在 Excel 工作表中，日期型数据"2018 年 11 月 21 日"的正确输入形式是_____。

    A) 2018-11-21　　　　　B) 2018.11.21　　　　C) 2018,11,21　　　　D) 2018:11:21

6. 在 Excel 工作表中，单元格区域 D2:E4 所包含的单元格个数是_____。

    A) 5　　　　　　　　　B) 6　　　　　　　　C) 7　　　　　　　　D) 8

7. 在 Excel 工作表中，选定某单元格，单击"开始"选项卡的"单元格"组中的"删除"按钮，不可能完成的操作是_____。

    A) 删除该行　　　　　B) 右侧单元格左移　　C) 删除该列　　　　D) 左侧单元格右移

8. 若要在 Excel 中进行数学运算，应首先键入_____。

    A) 括号　　　　　　　B)数字　　　　　　　C)一个等号　　　　D)一个百分号

9. 在 Excel 工作表的某单元格内输入数字字符串"456"，正确的输入方式是_____。

    A) 456　　　　　　　　B) '456　　　　　　　C) =456　　　　　　D) "456"

10. 在 Excel 工作表中，在 C2 中有数值 12，在 C3 单元格的编辑区输入公式"=C2+$C$2"，单击"确认"按钮，C3 单元格的内容为_____。

    A) 22　　　　　　　　B) 24　　　　　　　C) 26　　　　　　　D) 28

11. 在 Excel 中，关于工作表及为其建立的嵌入式图表的说法，正确的是_____。

    A) 删除工作表中的数据，图表中的数据系列不会删除

    B) 增加工作表中的数据，图表中的数据系列不会增加

    C) 修改工作表中的数据，图表中的数据系列不会修改

    D) 以上三项均不正确

12. Excel 中对单元格的引用有_____、绝对引用和混合引用。

    A) 存储地址　　　　　B) 活动地址　　　　　C) 相对引用　　　　D) 循环地址

13. 在 Excel 工作表中，单元格 C4 中有公式"=A3+$C$5"，在第 3 行之前插入一行之后，单元格 C5 中的公式为_____。

    A) = A4+$C$6　　　　　B) = A4+$C$5　　　　C) = A3+$C$6　　　　D) = A3+$C$5

14. 在 Excel 中设 F1 单元格中的公式为=A3+B4，当 B 列被删除时，F1 单元格中的公式将调整为_____。

    A) =A3+C4　　　　　　B) =A3+B4　　　　　C) #REF!　　　　　D) =A3+A4

15. 在 Excel 工作表中，可按需拆分窗口，一张工作表最多拆分为_____。

    A) 3 个窗口　　　　　B) 4 个窗口　　　　　C) 5 个窗口　　　　D) 6 个窗口

16. 在 Excel 工作表中，第 11 行第 14 列单元格地址可表示为_____。

    A) M10　　　　　　　B) N10　　　　　　　C) M11　　　　　　D) N11

17. 在 Excel 工作表中，在某单元格的编辑区输入"(8)"，单元格内将显示_____。

    A) −8　　　　　　　　B) (8)　　　　　　　C) 8　　　　　　　　D) +8

18. 在 Excel 中，在一个单元格里输入文本时，文本数据在单元格中的对齐方式是_____。

    A) 左对齐　　　　　　B) 右对齐　　　　　　C) 居中对齐　　　　D) 随机对齐

19. 在 Excel 中，将单元格变为活动单元格的操作是_____。

A) 用鼠标单击该单元格   B) 将鼠标指针指向该单元格

C) 在当前单元格内输入目标单元格地址 D) 没必要，因为每一个单元格都是活动的

20. 在 Excel 工作表中，如图 4.94 所示选定的单元格区域可表示为_____。

A) C1:C5   B) C5:B1   C) B1:C5   D) B2:B5

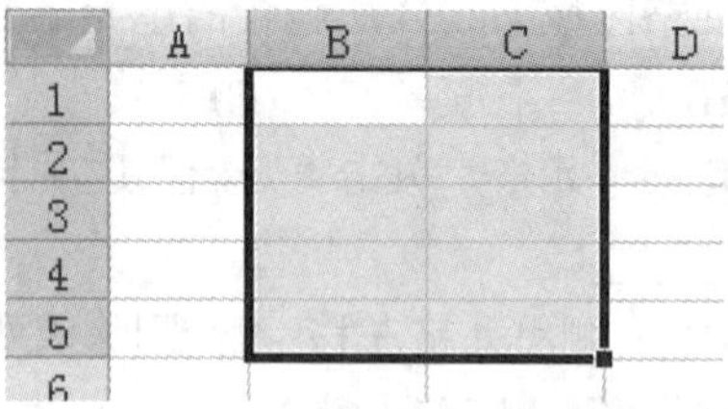

图 4.94　选定的单元格区域

21. 若要删除一列或一行，则在要删除的列或行中单击，然后_____。

A) 按"删除"按钮

B) 在"开始"选项卡的"单元格"组中，单击"格式"按钮

C) 在"开始"选项卡的"单元格"组中，单击"删除"按钮

D) A、B 都对

22. 若要打印电子表格，应当_____。

A) 单击"文件"选项卡   B) 在一个单元格中右键单击

C) 单击"开始"选项卡   D) 单击"视图"选项卡

23. 在 Excel 工作簿中，对工作表不可以进行的打印设置是_____。

A) 打印区域 B) 打印标题 C) 打印讲义 D) 打印顺序

24. 在 Excel 中，若单元格中的字符串超过该单元格的宽度，下列叙述中不正确的是_____。

A) 该字符串可能占用其左侧单元格的空间，将全部内容显示出来

B) 该字符串可能占用其右侧单元格的空间，将全部内容显示出来

C) 该字符串可能只在其所在单元格内显示部分内容，其余部分被其右侧单元格中的内容覆盖

D) 该字符串可能只在其所在单元格内显示部分内容，多余部分被删除

25. 在 Excel 中，要改变工作表的标签，可以使用的方法是_____。

A) 单击任务栏上的按钮   B) 单击鼠标左键

C) 双击鼠标左键   D) 双击鼠标右键

26. 在 A1 单元格中输入"3"，在 A2 单元格中输入"'5"，则取值相同的一组公式是_____。

A) Average(A1:A2)，Average(3,'5') B) Min(A1:A2)，Min(3,"5")

C) Max(A1:A2)，Max(3,"5") C) Count(A1:A2)，Count(3,"5")

27. 新建的图表_____。

A) 只能插入新的工作表里   B) 只能嵌入数据表里

C) 只能保存为图像文件   D) 可以插入新工作表或嵌入数据表里

28. 在 Excel 中，工作表的列坐标范围是_____。

A) A~IV　　　　　　　B) A~XFD　　　　　　C) A~ZA　　　　　　D) A~UI

29. 在 Excel 中，填充柄位于_____。

A) 当前单元格的左下角　　　　　　　　B) 标准工具栏里

C) 当前单元格的右下角　　　　　　　　D) 当前单元格的右上角

30. 在 Excel 中，下面关于单元格的叙述正确的是_____。

A) A4 表示第 4 列第 1 行的单元格

B) 在编辑的过程中，单元格地址在不同的环境中会有所变化

C) 工作表中单元格是由单元格地址来表示的

D) 为了区分不同工作表中相同地址的单元格，可以在单元格前加上工作表的名称

31. 在 Excel 中，下列序列中不属于 Excel 预设的自动填充序列的是_____。

A) 星期一,星期二,星期三,…　　　　　　B) 一车间,二车间,三车间,…

C) 甲,乙,丙,…　　　　　　　　　　　　D) Mon,Tue,Wed,…

32. 在 Excel 中，公式 "=$C1+E$1" 是_____。

A) 相对引用　　　　B) 绝对引用　　　　C) 混合引用　　　　D) 任意引用

33. 在 Excel 中，使用坐标$D$1引用工作表第 D 列第 1 行的单元格，这称为对单元格地址的_____。

A) 绝对引用　　　　B) 相对引用　　　　C) 混合引用　　　　D) 交叉引用

34. 在 Excel 中，若在 A2 单元格中输入 "=8^2"，则显示结果为_____。

A) 16　　　　　　　B) 64　　　　　　　C) =8^2　　　　　　D) 8^2

35. 在 Excel 中，若在 A2 单元格中输入 "=56>=57"，则显示结果为_____。

A) 56>57　　　　　B) =56<57　　　　　C) TRUE　　　　　D) FALSE

36. 在 Excel 中，公式 "=AVERAGE(A1:A4)" 等价于下列公式中的_____。

A) =AI+A2+A3+A4　　　　　　　　　　B) =A1+A2+A3+A4/4

C) =(A1+A2+A3+A4)/4　　　　　　　　D) =(A1+A4)/4

37. 在 Excel 中，如果为单元格 A4 赋值 9，为单元格 A6 赋值 4，然后在单元格 A8 中输入公式 "=IF(A4>A6, "OK", "GOOD")"，则 A8 的值应当是_____。

A) OK　　　　　　　B) GOOD　　　　　　C) #REF　　　　　D) #NAME?

38. 在 Excel 中，将 B2 单元格中的公式 "=A1+A2-C1" 复制到 C3 单元格后，公式变为_____。

A) =A1+A2-C6　　　B) =B2+B3-D2　　　C) =D1+D2-F6　　　D) =D1+D2+D6

39. 在 Excel 中，要在工作簿中同时选择多个不相邻的工作表，在依次单击各个工作表标签的同时应该按住_____键。

A) Ctrl　　　　　　B) Shift　　　　　　C) Alt　　　　　　D) Delete

40. 以下不属于 Excel 中数字分类的是_____。

A) 常规　　　　　　B) 货币　　　　　　C) 文本　　　　　D) 条形码

41. 在 Excel 中，打印工作簿时下列表述错误的是_____。

A) 一次可以打印整个工作簿

B) 一次可以打印一个工作簿中的一个或多个工作表

C) 在一个工作表中可以只打印某一页

D) 不能只打印一个工作表中的一个区域位置

42. 在 Excel 中要录入身份证号，数字分类应选择_____格式。

A) 常规 　　　　B) 数字(值) 　　　　C) 科学计数 　　　　D) 文本

43. 在 Excel 中要想设置行高、列宽，应选用_____选项卡中的"格式"命令。

A) 开始 　　　　B) 插入 　　　　C) 页面布局 　　　　D) 视图

44. 在 Excel 中，在_____选项卡可进行工作簿视图方式的切换。

A) 开始 　　　　B) 页面布局 　　　　C) 审阅 　　　　D) 视图

45. 在 Excel 中套用表格格式后，会出现_____选项卡。

A) 图片工具 　　　　B) 表格工具 　　　　C) 绘图工具 　　　　D) 其他工具

二、填空题

1. 在 Excel 工作表中，当相邻单元格中要输入相同数据或按某种规律变化的数据时，可以使用_____功能实现快速输入。

2. 在 Excel 工作表的单元格 D6 中有公式"=$B$2+C6"，将 D6 单元格的公式复制到 C7 单元格内，则 C7 单元格的公式为_____。

3. 在 Excel 工作簿中，Sheet1 工作表第 6 行第 F 列单元格应表示为_____；表示 Sheet2 中的第 2 行第 5 列的绝对地址是_____。

4. 在 Excel 工作表的单元格 E5 中有公式"=E3+$E$2"，删除第 D 列后，则 D5 单元格中的公式为_____。

5. 一个工作簿中默认包含_____个工作表，最多可增加到_____个，一个工作表中可以有_____个单元格。

6. Excel 的工作表由二行、二列组成，其中用_____表示行号，用_____表示列标。

7. 在一个单元格内输入公式时，应先键入_____符号。

8. 如果 A1:A5 包含数字 8、11、15、32 和 4，用公式=MAX(A1:A5)计算，结果为_____。

9. 在 Excel 中，设 A1～A4 单元格的数值为 82、71、53、60，A5 单元格中的公式为"=IF(AVERAGE(A$1:A$4)>=60,"及格","不及格")"，则 A5 显示的值为_____。若将 A5 单元格的全部内容复制到 B5 单元格，则 B5 单元格的公式为_____。

10. 在当前工作表中，假设 B5 单元格中保存的是一个公式 SUM(B2:B4)，将其复制到 D5 单元格后，公式变为_____；将其复制到 C7 单元格后，公式变为_____；将其复制到 D6 单元格后，公式变为_____。

11. 在 Excel 中，如果要将工作表冻结便于查看，可以用"视图"选项卡的_____来实现。

12. 在 Excel 中新增"迷你图"功能，可选定数据在某单元格中插入迷你图，同时打开_____选项卡进行相应的设置。

13. 在 Excel 中，如果要对某个工作表重新命名，可以用"_____"选项卡的"格式"来实现。

14. 在 A1 单元格内输入"130001"，然后按下"Ctrl"键，拖动该单元格填充柄至 A8，则

A8 单元格中内容是_____。

15. Excel 中，对输入的文字进行编辑是选择_____选项卡。

三、操作题

1. 让新建的工作簿中包含更多工作表。

2. 更改工作表标签的颜色。

3. 让多个用户共享工作簿。

4. 把工作表隐藏起来。

5. 为工作簿设置使用权限。

6. 输入以"0"开头的数据。

7. 自主设定数值小数点位数。

8. 更加直观地输入较长的数值。

9. 同时在多个单元格中输入相同数据。

10. 删除不需要的自定义序列。

11. 让输入的数据自动换行。

12. 解决"#####"错误提示。

13. 设置数据垂直显示。

14. 在工作表中将行、列数据进行转置。

15. 为单元格添加标注。

16. 根据所选内容创建名称。

17. 在单元格 A2 到 A10 中输入数字 1～9，B1 到 J1 输入数字 1～9，用公式复制的方法在 B2:J10 区域设计出九九乘法表。

18. 使用"监视窗口"监视公式及其结果。

19. 输入单个单元格数组公式。

20. 使用 SUMIF 函数按给定条件对指定单元格求和。

21. 使用 SYD 函数计算资产和指定期间的折旧值。

22. 分页存放汇总数据。

23. 对单列数据进行分列。

24. 删除重复项。

25. 设置数据有效性。

26. 把制作好的图表作为图片插入工作表的其他位置。

27. 为图表添加背景。

28. 更改图表类型。

29. 为数据系列创建两根 Y 轴。

30. 让包含列数较多的表格打印在一张纸上。

31. 设置页眉页脚的奇偶页不同。

32. 在跨页时每页都打印表格标题。

33. 将表格转换成图片格式。

34. 编辑如下工作表。

序号	存入日	期限	年利率	金额	到期日	本息	银行
1	2013-1-1	5		1000			工商银行
2	2013-2-1	3		2500			中国银行
3		5		3000			建设银行
4		1		2200			农业银行
5		3		1600			农业银行
6		5		4200			农业银行
7		3		3600			中国银行
8		3		2800			中国银行
9		1		1800			建设银行
10		1		5000			工商银行
11		5		2400			工商银行
12		3		3800			建设银行

(1) 建立"银行存款.xlsx"工作簿，按如下要求操作。

❶ 把上面的表格内容输入工作簿的 Sheet1 中。

❷ 填充"存入日"，按月填充，步长为1，终止值为"13-12-1"。

❸ 填充"到期日"。

❹ 用公式计算"年利率"(年利率=期限×0.85)和"本息"(本息=金额×(1+期限×年利率/100))，进行填充。

❺ 在 I1 和 J1 单元格内分别输入"季度总额"、"季度总额百分比"。

❻ 分别计算出各季度存款总额和各季度存款总额占总存款的百分比。

(2) 格式设置。

❶ 在顶端插入标题行，输入文本"2013 年各银行存款记录"，华文行楷、字号 26、加宝石蓝色底纹。将 A1—J1 合并并居中，垂直居中对齐。

❷ 各字段名格式：宋体、字号12、加粗、水平、垂直居中对齐。

❸ 数据(记录)格式：宋体、字号12、水平、垂直居中对齐。第 J 列数据按百分比样式，保留2位小数。

❹ 各列最合适的列宽。

(3) 将修改后的文件命名为"你的名字加上字符 A"保存。

35. 根据表 4.2，建立图表，并按下列要求操作。

表 4.2　学生成绩表

班级	学号	姓名	性别	数学成绩	英语成绩	总成绩	平均成绩
201301	2013000011	张　郝	男	60	62		
201302	2013000046	叶志远	男	70	75		
201301	2013000024	刘欣欣	男	85	90		
201302	2013000058	成　坚	男	89	94		

续表

201303	2013000090	许坚强	男	90	95
201302	2013000056	李 刚	男	86	65
201301	2013000001	许文强	男	79	84
201303	2013000087	王梦璐	女	65	70
201302	2013000050	钱丹丹	女	73	80
201302	2013000063	刘 灵	女	79	81
201301	2013000013	康菲尔	女	86	82
201301	2013000008	康明敏	女	92	96
201301	2013000010	刘晓丽	女	99	93

建立工作簿"学生成绩.xlsx",在 Sheet1 中输入上面的表格内容,"总成绩"和"平均成绩"用公式计算获得;在第 3 行和第 4 行之间增加一条记录,其中姓名为你自己的名字,其他任意;将 Sheet1 中的内容分别复制到 Sheet2、Sheet3 和 Sheet4 中。

❶ 用 Sheet1 工作表中"平均成绩"80 分以上(包括 80 分)的记录建立图表。

❷ 分类轴为"姓名",数据系列为"数学成绩"和"英语成绩"。

❸ 采用折线图的第 4 种。

❹ 图例位于右上角,名称为"数学成绩"和"英语成绩",宋体、字号 16。

❺ 图表标题为"学生成绩",宋体、字号 20、加粗。

❻ 数值轴刻度:最小值为 60、主刻度为 10、最大值为 100。

❼ 分类轴和数值轴格式:宋体、字号 12、红色。

4.4 参考答案

一、选择题

1~5. CACDA   6~10. BDCBB   11~15. DCACB   16~20. DAAAC

21~25. CACDC   26~30. BDBCC   31~35. BCABD   36~40. CABAD

41~45. DDADB

二、填空题

1. 填充柄   2. =$B$2+B7   3. F6、$E$5 (说明:次序不能颠倒)

4. =D3+$D$2   5. 3、255、16384×1048576 (说明:次序不能颠倒)

6. 数字、字母 (说明:次序不能颠倒)   7. =   8. 32

9. 及格、=IF(AVERAGE(B$1:B$4)>=60,"及格","不及格") (说明:次序不能颠倒)

10. =SUM(D2:D4)、=SUM(C4:C6)、=SUM(D3:D5) (说明:次序不能颠倒)

11. 冻结窗格   12. 图表工具   13. 开始   14. 130008

15. 开始

三、操作题

1. 默认情况下，Excel 在一个工作簿中只有 3 张工作表，我们也可以根据需要更改默认的工作表张数。其操作步骤如下。

❶ 依次单击"文件"选项卡、"选项"命令。

❷ 打开"Excel 选项"对话框，如图 4.95 所示。在左窗格单击"常规"命令，在右窗格设置工作表张数。

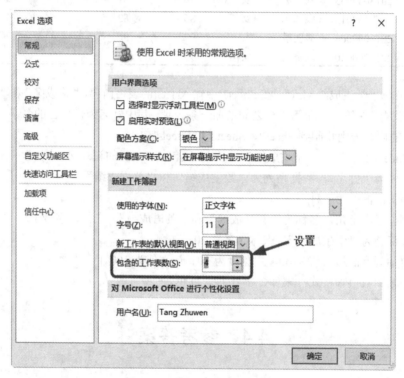

图 4.95 "Excel 选项"对话框

❸ 单击"确定"按钮。

2. 为了方便使用和管理工作表，我们可以为工作表标签设置颜色，使常用的或重要的工作表突出。其操作步骤如下。

❶ 在需要更改颜色的工作表标签上单击鼠标右键。

❷ 在弹出的快捷菜单中指向"工作表标签颜色"命令，如图 4.96 所示，在颜色面板选择需要的颜色。

3. 如果需要多人对工作簿进行编辑，那么可以将该工作簿保存为"共享"形式。若不需要他人编辑该工作簿，则可以设置编辑权限。其操作步骤如下。

❶ 在"审阅"选项卡的"更改"组中单击"共享工作簿"按钮。

❷ 打开"共享工作簿"对话框，如图 4.97 所示，选中"允许多用户同时编辑，同时允许工作簿合并"复选框，单击"确定"按钮。

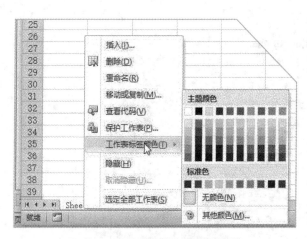

图 4.96 工作表标签右键快捷菜单

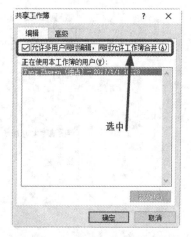

图 4.97 "共享工作簿"对话框

❸ 打开"Microsoft Excel"提示对话框,单击"确定"按钮保存文档,返回到 Excel 窗口。将工作簿共享之后,会在标题栏中显示"共享"。

4. 对于重要的工作表,如果不希望别人查看,那么可将工作表隐藏起来。其操作步骤如下。

❶ 在需要隐藏的工作表上单击鼠标右键。

❷ 在弹出的快捷菜单中单击"隐藏"命令。

5. 为工作簿设置权限后,只有通过权限验证才能访问。为工作簿设置使用权限的操作步骤如下。

❶ 如图 4.98 所示,依次单击"文件"选项卡、"保存并发送"命令、"保存到 Web"、"登录"按钮。

图 4.98 工作簿"文件"选项卡

❷ 打开"正在连接服务器"对话框,需要等待。

❸ 打开"连接到 docs.live.net"对话框,输入电子邮箱地址及密码,如图 4.99 所示。

图 4.99 "连接到 docs.live.net"对话框

❹ 依次单击"文件"选项卡、"信息"命令,在中间窗格中单击"保护工作簿"按钮,在下拉菜单中指向"按人员限制权限"命令,在下一级菜单中选择"限制访问"命令,如图 4.100 所示。

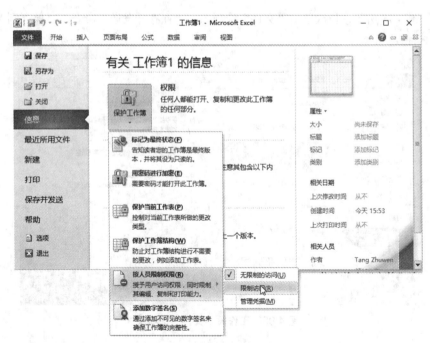

图 4.100 保护工作簿

❺ 打开"服务注册"对话框,选中"是,我希望注册使用 Microsoft 的这一免费服务。"

单选钮，单击"下一项"按钮，如图 4.101 所示。

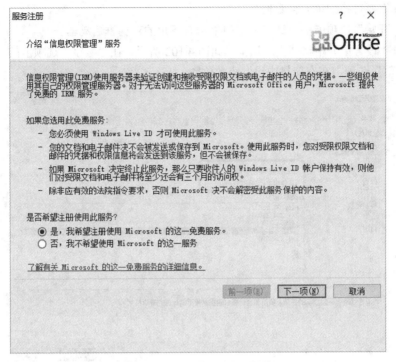

图 4.101 "服务注册"对话框

❻ 打开"Windows 权限管理"对话框，选中"是，我有 Windows Live ID"单选钮，单击"下一步"按钮。

❼ 在打开的对话框中选择计算机类型，单击"我接受"按钮，然后在打开的对话框中单击"完成"按钮，关闭对话框。

❽ 打开"选择用户"对话框，也可以单击"添加"按钮，添加允许编辑此工作表的用户，单击"确定"按钮。

❾ 返回到"员工登记表"的"文件"选项卡界面，设置权限后，在"保护工作簿"右上角会显示"权限"字样，单击"保存"按钮。

❿ 单击"开始"选项卡，在界面中显示限制访问条，权限限制后，在本台电脑中可以打开浏览，如果将工作簿发送给朋友或换电脑浏览时，则需要输入允许的用户名，否则不能打开。

6. 在使用 Excel 处理工作时，经常会遇到输入以"0"开头的数字。如果直接在单元格中输入，Excel 会把它识别成数值型数据而丢掉前面的"0"。输入以"0"开头的数据的操作步骤如下。

❶ 选择需要输入以"0"开头的数字编号的单元格。

❷ 在"开始"选项卡的"数字"组中单击"数字格式"下拉按钮。

❸ 在弹出的列表框中选择"文本"命令。

❹ 在单元格中输入以"0"开头的数字后按 Enter 键确认输入。

7. 为了确保工作表中数据的准确性，可先设定数值的小数位数，再输入数据。设定数值小数点位数的操作步骤如下。

❶ 选择需要替换的单元格数据。

❷ 在"开始"选项卡的"数字"组中单击右下角的对话框启动器。

❸ 打开"设置单元格格式"对话框，如图 4.102 所示，在"数字"选项卡的"分类"列表中选择"数值"选项，在右窗格中设置小数位数。

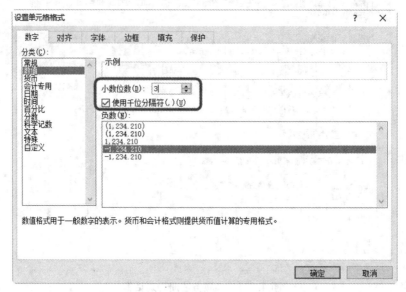

图 4.102 "设置单元格格式"对话框

❹ 单击"确定"按钮。

8. 在工作表中除了输入特殊数据需要使用文本格式外，输入较长的数值也需要使用文本格式，这样单元格中的数据才不会发生改变。其操作步骤如下。

将输入法的输入状态调整为"英文"，在单元格中先输入"'"号，再输入数据，按 Enter 键。

9. 在使用 Excel 时，会遇到需要在多个单元格中输入相同数据的情况。其操作步骤如下。

❶ 选中需要输入相同数据的单元格，输入数据。

❷ 按"Ctrl + Enter"组合键。

10. 在工作表中输入太多的自定义序列后，对于不经常使用的自定义序列可以删除。其操作步骤如下。

❶ 依次单击"文件"选项卡、"选项"命令，打开"Excel 选项"对话框，在左窗格选中"高级"选项，在右窗格单击"编辑自定义列表"按钮，如图 4.103 所示。

❷ 打开"自定义序列"对话框，选择需要删除的序列，如图 4.104 所示。

❸ 单击"删除"按钮，打开"Microsoft Excel"对话框，单击"确定"按钮。

❹ 单击"自定义序列"对话框中的"确定"按钮，关闭对话框。

11. 默认情况下，无论单元格有多宽，输入的数据都有可能跨行显示出来。若制作表格时需要文字换行，则需要对单元格进行设置。让输入的数据自动换行的操作步骤如下。

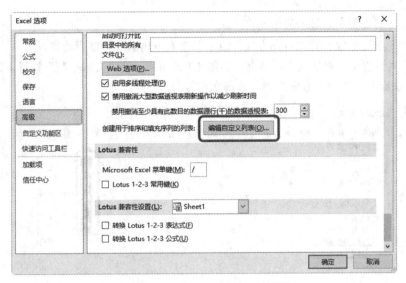

图 4.103　"Excel 选项"对话框

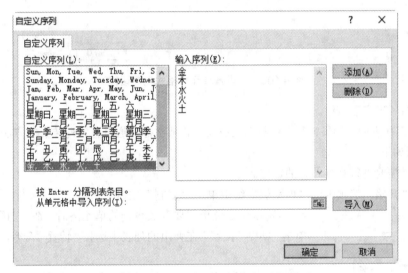

图 4.104　"自定义序列"对话框

❶ 输入文字，在"开始"选项卡的"对齐方式"组中单击右下角的对话框启动器。

❷ 打开"设置单元格格式"对话框，在"文本控制"栏目下选中"自动换行"复选框。

❸ 单击"确定"按钮。

12. 在 Excel 中，当列宽不够宽或使用了负的日期、负的时间时，单元格内可能会出现"#####"错误显示。解决此问题的操作步骤如下。

将鼠标移至出现"#####"显示的列标上，当指针变成 ⧾ 形状时，双击鼠标左键即可，或者按下鼠标左键向右拖曳调整列宽。

13. 默认情况下，单元格中的文本或数据都是横向显示的，有时需要在表格一侧垂直显示。其操作步骤如下。

❶ 选择需要设置垂直显示的单元格区域。

❷ 在"开始"选项卡的"对齐方式"组中单击右下角的对话框启动器。

❸ 打开"设置单元格格式"对话框,如图 4.105 所示,在"文本控制"栏目下选中"合并单元格"复选框,在右侧"方向"栏下选择文字方向。

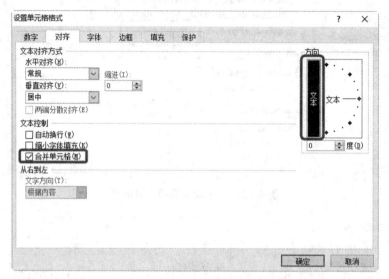

图 4.105 "设置单元格格式"对话框

❹ 单击"确定"按钮。

14. 在工作表中,如果将行、列数据存放反了,那么需要通过行、列转置的方法进行调整。其操作步骤如下。

❶ 选择需要进行行列转置的数据。

❷ 在"开始"选项卡的"剪贴板"组中单击"复制"按钮。

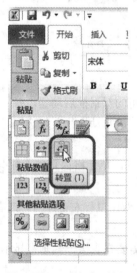

图 4.106 "粘贴"按钮

❸ 鼠标定位至需要存放数据的单元格后,在"剪贴板"组中单击"粘贴"按钮,在弹出的列表中选择"转置"命令,如图 4.106 所示。

15. 对单元格中的一些特殊数据进行强调说明时,可使用批注功能来实现,也可以对修改内容进行注解。其操作步骤如下。

❶ 选择需要进行说明的单元格。

❷ 在"审阅"选项卡的"批注"组中单击"新建批注"按钮。

❸ 插入批注后,在批注框中输入批注内容。

16. 如果要创建名称的单元格区域包含标题,可以通过选择包含标题在内的区域自动命名。其操作步骤如下。

❶ 选择要定义名称的单元格区域。

❷ 在"公式"选项卡的"定义的名称"组中单击"根据所选内容创建"按钮。

❸打开"以选定区域创建名称"对话框,在"以下选定区域

的值创建名称"栏下选中"首行"复选框。

❹单击"确定"按钮。

17. 在单元格 A2 到 A10 中输入数字 1～9，B1 到 J1 输入数字 1～9，用公式复制的方法在 B2:J10 区域设计出九九乘法表。其操作步骤如下。

❶在 B2 单元格中输入公式"=IF($A2<B$1, "", $A2&"×"&B$1&"="&$A2*B$1)"。

❷选中 B2 单元格，向下拖曳填充柄，填充 B3～B10 单元格区域。

❸选中 B2～B10 单元格区域，向右拖曳填充柄，填充 C2～J10 单元格区域，填充效果如图 4.107 所示。

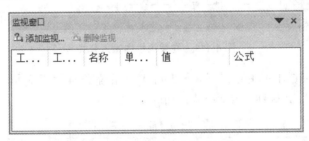

4.107　用填充柄完成的九九乘法表效果图

18. 在 Excel 中更改公式时，可以通过"监视窗口"来监视某些单元格的值所发生的变化。监视区域的值在单独的监视窗口中显示，无论工作簿显示的是哪个区域，监视窗口始终可见。其操作步骤如下。

❶ 在"公式"选项卡的"公式审核"组中单击"监视窗口"按钮，打开"监视窗口"对话框，如图 4.108 所示。

图 4.108　"监视窗口"对话框

❷ 单击"添加监视…"命令，打开"添加监视点"对话框，如图 4.109 所示。

图 4.109　"添加监视点"对话框

❸ 输入监视区域或者在工作表中拖曳鼠标并进行选择，单击"添加"按钮，返回"监视窗口"对话框。监视窗口在工作簿中始终处于可见状态，在监视区显示工作表中输入的公式，如图 4.110 所示。

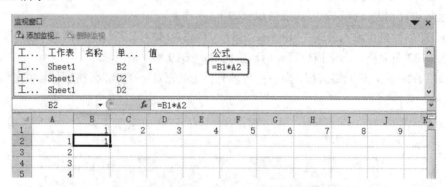

图 4.110　监视区显示工作表中输入的公式

19. 数组公式是指对两组或多组参数进行多重计算，并返回一种或多种结果，其特点是每个数组参数必须有相同多的行和列。输入单个单元格数组公式的操作步骤如下。

❶ 选择需要输入数组公式的单元格区域，如 D2:D7。

❷ 在编辑栏中输入公式，如"=B2:B7+C2:C7"，如图 4.111 所示。

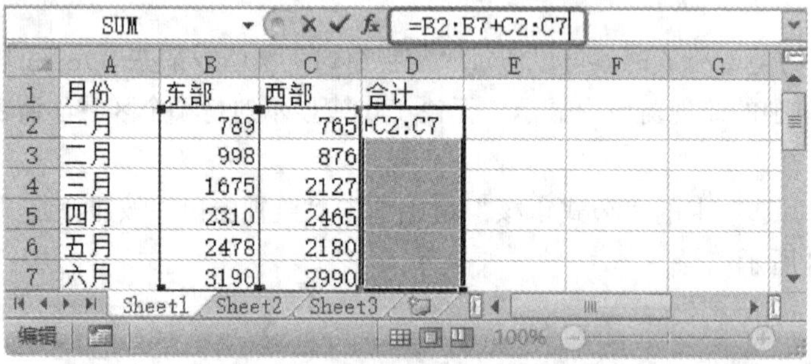

图 4.111　在编辑栏中输入公式

❸ 按"Shift + Ctrl + Enter"组合键确认。系统会自动用大括号"{ }"进行标记"{=B2:B7+C2:C7}"，以区别于普通公式，如图 4.112 所示。

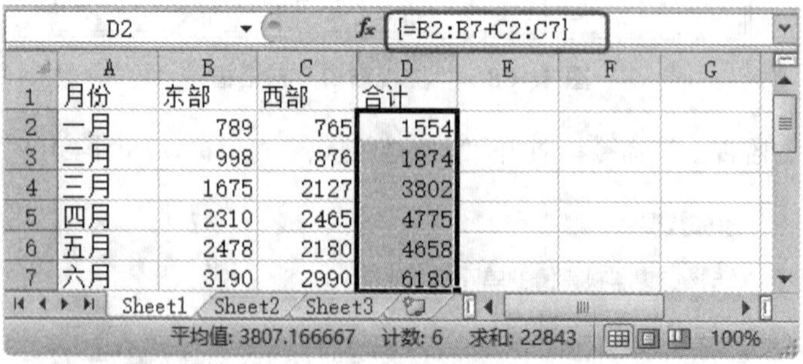

图 4.112　数组公式

20. 如果需要对工作表中满足给定条件的单元格数据求和，可以结合 SUM 函数和 IF 函数，但使用 SUMIF 函数可以更快地完成计算。如图 4.113 所示，“计算所有女员工合计值”的操作步骤如下。

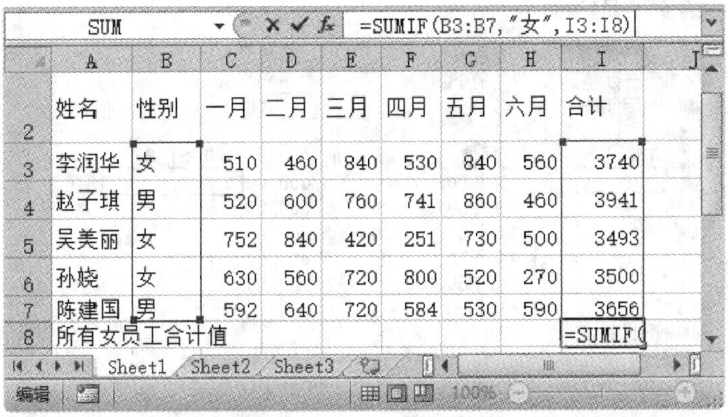

	A	B	C	D	E	F	G	H	I
2	姓名	性别	一月	二月	三月	四月	五月	六月	合计
3	李润华	女	510	460	840	530	840	560	3740
4	赵子琪	男	520	600	760	741	860	460	3941
5	吴美丽	女	752	840	420	251	730	500	3493
6	孙娆	女	630	560	720	800	520	270	3500
7	陈建国	男	592	640	720	584	530	590	3656
8	所有女员工合计值								=SUMIF(

图 4.113　SUMIF 函数示例

❶ 选中存放计算结果的单元格，如“I8”单元格。

❷ 在编辑栏中输入“=SUMIF(条件区域，条件，计算求和的单元格区域)”，本例为“=SUMIF(B3:B7，"女"，I3:I8)”。

❸ 按 Enter 键确认计算结果，如图 4.114 所示。

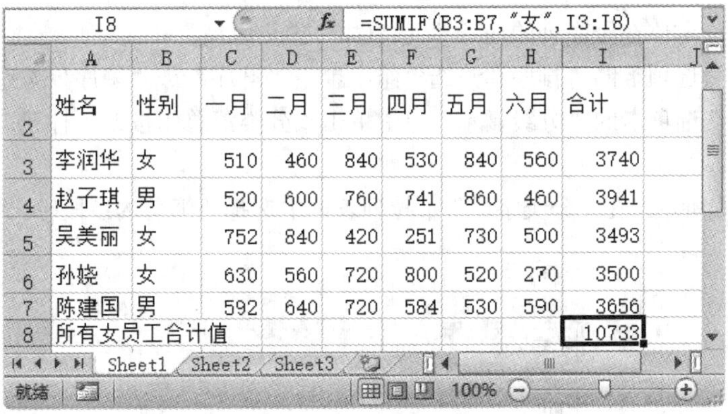

	A	B	C	D	E	F	G	H	I
2	姓名	性别	一月	二月	三月	四月	五月	六月	合计
3	李润华	女	510	460	840	530	840	560	3740
4	赵子琪	男	520	600	760	741	860	460	3941
5	吴美丽	女	752	840	420	251	730	500	3493
6	孙娆	女	630	560	720	800	520	270	3500
7	陈建国	男	592	640	720	584	530	590	3656
8	所有女员工合计值								10733

图 4.114　SUMIF 函数示例计算结果

21. SYD 函数的作用是给出固定资产按年度总和折旧法计算的每期折旧金额。SYD 语法为：

SYD(cost,salvage,lift,per)

某公司资产原值 50,000 元，使用 5 年后，现资产残值为 5,000 元，按年度总和折旧法计算每年折旧金额。以此为例，其操作步骤如下。

❶ 如图 4.115 所示，将已知数据输入相应的单元格(如 C3:C5)。

❷ 选择存放每年折旧额的单元格(如 D8)，在编辑栏中输入公式“=SYD($C$3，$C$4，$C$5，$A8)”，按 Enter 键。

❸ 单击 D8 单元格，向下拖曳填充柄填充 D9:D12 单元格区域，计算出每年折旧金额。

图 4.115 SYD 函数示例

❹ 选择存放每年折旧值之和的单元格(如 D4)，在"公式"选项卡的"函数库"组中单击"自动求和"按钮，按 Enter 键，计算出折旧合计值。

22. 在每个分类汇总后插入一个自动分页符，可以实现分页存放汇总数据。其操作步骤如下。

❶将鼠标指针定位在排序列的任一单元格(如"销售区域")。

❷在"数据"选项卡的"排序和筛选"组中单击"升序"或"降序"按钮。

❸在"数据"选项卡的"分级显示"组中单击"分类汇总"按钮，打开"分类汇总"对话框。

❹如图 4.116 所示，在"分类字段"下拉列表框中选择要汇总的字段(如"销售区域")，在

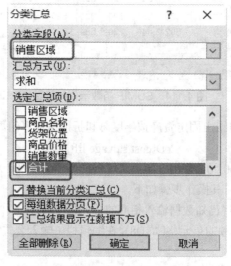

图 4.116 "分类汇总"对话框

"选定汇总项"列表框中选中要汇总的序列(如"合计"),单击选中"每组数据分页"前面的复选框。

❺单击"确定"按钮,结果如图 4.117 所示。

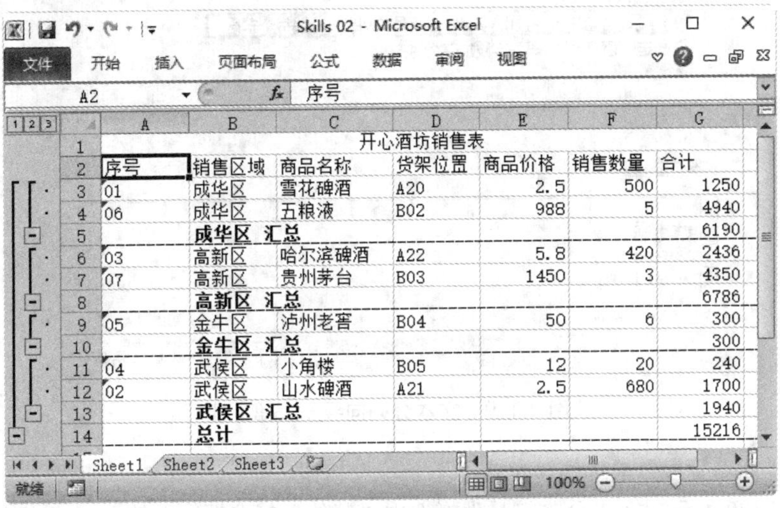

图 4.117 分类汇总结果

23. 分列是将 Excel 一个单元格中的内容根据分隔符分成多个独立的列,以快速将一列单元格拆分。其操作步骤如下。

❶如图 4.118 所示,选择 D 列。

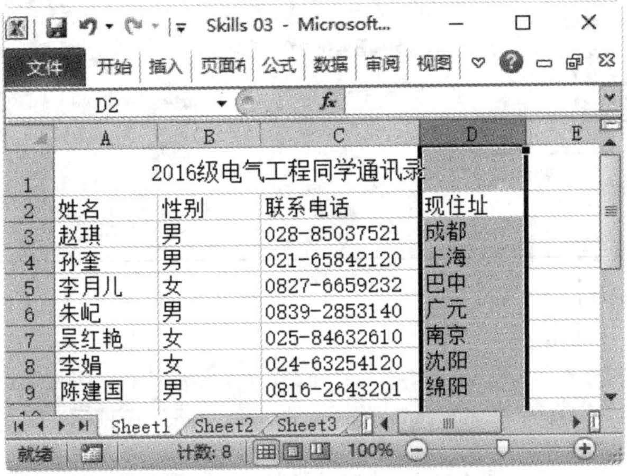

图 4.118 快速拆分列示例

❷在"开始"选项卡的"单元格"组中单击"插入"按钮,在下拉列表中选择"插入工作表列"命令。

❸选择要分列的 C 列。

❹在"数据"选项卡的"数据工具"组中单击"分列"按钮,打开"文本分列向导"对话框,如图 4.119 所示。

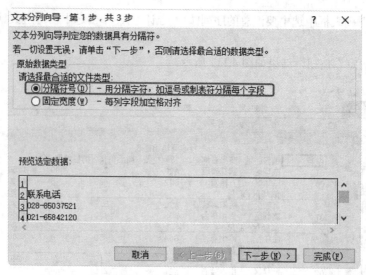

图 4.119　文本分列向导——第 1 步

❺选中"分隔符号"单选钮，单击"下一步"按钮。

❻如图 4.120 所示，在"分隔符号"栏选中"其他"复选框，并输入"-"符号，单击"下一步"按钮。

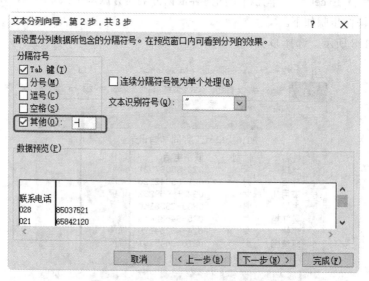

图 4.120　文本分列向导——第 2 步

❼如图 4.121 所示，在"列数据格式"栏选中"文本"单选钮，单击"完成"按钮。操作完成后，在 C 列留下电话区号，在 D 列加入电话号码。

24. 重复项是指一行中所有项与另一行中项完全匹配，它由单元格中显示的值确定，而不必是存储的单元格中的值。删除重复项的操作步骤如下。

❶选中数据区，如图 4.122 所示。

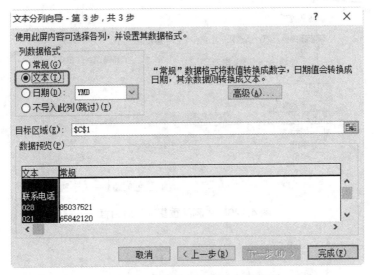

图 4.121　文本分列向导——第 3 步

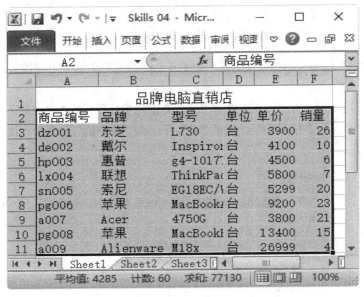

图 4.122　删除重复项示例

❷ 在"数据"选项卡的"数据工具"组中单击"删除重复项"按钮，打开"删除重复项"对话框。

❸ 如图 4.123 所示，在"列"选项组中选中"品牌"复选框，单击"确定"按钮。

❹ 弹出"Microsoft Excel"对话框，如图 4.124 所示，单击"确定"按钮。

25. 向单元格中输入数据时，为了规范数据或防止出错，可以设置数据有效性来规定输入数据的范围。其操作步骤如下。

❶ 选中单元格区域。

图 4.123　"删除重复项"对话框

图 4.124　"Microsoft Excel"对话框

❷ 在"数据"选项卡的"数据工具"组中单击"数据有效性"上部按钮，打开"数据有效性"对话框。

❸ 如图 4.125 所示，在"设置"选项卡的"有效性条件"栏的"允许"下拉列表中，选择"整数"；在"数据"下拉列表中，选择"介于"；在"最小值"、"最大值"框中分别输入数据值。

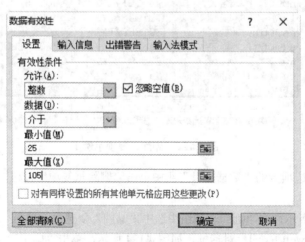

图 4.125　"数据有效性"对话框

❹ 单击"输入信息"选项卡，在"标题"和"输入信息"框输入提示信息。

❺ 单击"出错警告"选项卡，在"标题"框中输入信息。

❻ 单击"确定"按钮。当在单元格中输入数据无效时，就会打开要求重新输入的提示。

26. 为防止他人对图表进行更改，可以把制作好的图表作为图片插入工作表的其他位置。其操作步骤如下。

❶ 选中图表。

❷ 在"开始"选项卡的"剪贴板"组中单击"剪切"按钮。

❸ 单击"Sheet2"，在"开始"选项卡的"剪贴板"组中单击"粘贴"按钮，在下拉列表中选择"图片"选项，如图 4.126 所示。

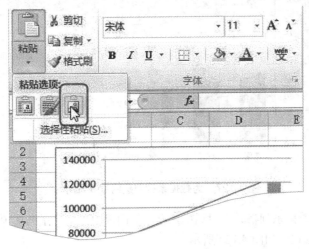

图 4.126　"粘贴"按钮"图片"选项

27. 为了美化图表，可以给图表区域和图形区域添加背景。其操作步骤如下。

❶ 选中图表。

❷ 在"图表工具"选项卡的"格式"子选项卡的"形状样式"组中单击"形状填充"按钮，在弹出的下拉列表中选择需要填充的颜色。

28. 如果对创建的图表类型不满意或不符合查看数据的方式，可以更改图表类型。其操作步骤如下。

❶ 选中图表。

❷ 在"图表工具"选项卡的"设计"子选项卡的"类型"组中单击"更改图表类型"按钮。

❸ 打开"更改图表类型"对话框，在左侧选中需要的类型(如"折线图")，在右侧选择一种样式。

❹ 单击"确定"按钮。

29. 在 Excel 2010 中创建的图表，默认数据系列都绘制在主坐标轴上。有时，数据间差距太大，导致有些数据系列在图表中无法全部显示出来。为了解决这个问题，可以为数据系列创建两根 Y 轴。其操作步骤如下。

❶ 如图 4.127 所示，在折线图表上单击鼠标右键，在快捷菜单中选中"设置数据系列格式"命令。

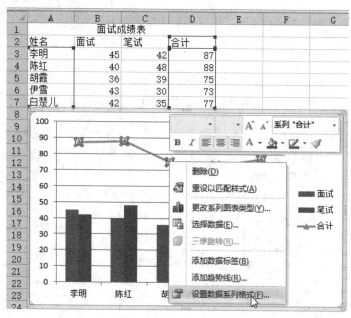

图 4.127 为数据系列创建两根 Y 轴示例

❷ 打开"设置数据系列格式"对话框，在左侧面板中单击"系列选项"，在右侧面板中选中"次坐标轴"单选钮，如图 4.128 所示。

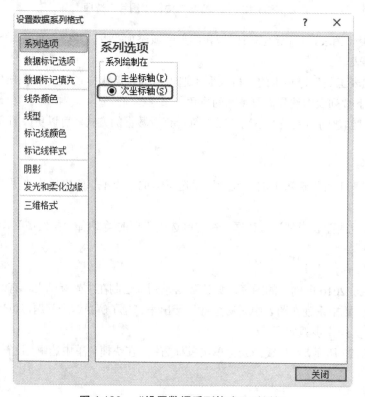

图 4.128 "设置数据系列格式"对话框

❸ 单击"关闭"按钮，效果如图 4.129 所示。

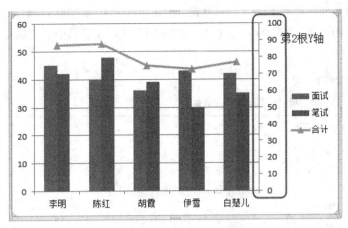

图 4.129　2 根 Y 轴效果图

30. 默认情况下，打印表格的行数为 54 行，列数为 1 列，如果表格的列数超过了默认列，则需要进行手动设置，让包含列数较多的表格打印在一张纸上。其操作步骤如下。

❶ 在"视图"选项卡的"工作簿视图"组中单击"分页预览"按钮，如图 4.130 所示。

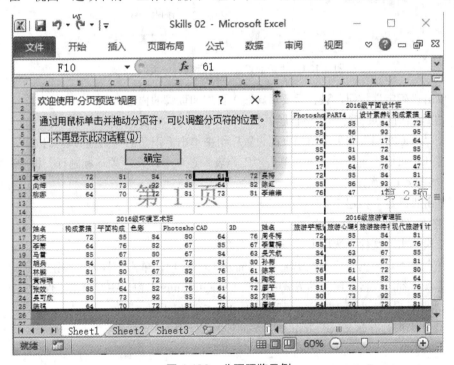

图 4.130　分页预览示例

❷ 进入"分页预览"视图界面后，打开"欢迎使用'分页预览'视图"对话框，其中显示的虚线框表示打印范围。

❸ 单击"确定"按钮。

31. 设置页眉/页脚的奇偶页不同的操作步骤如下。

❶ 在"页面布局"选项卡的"页面设置"组中单击右下角的对话框启动器按钮。

❷ 打开"页面设置"对话框，单击"页眉/页脚"选项卡，选中"奇偶页不同"复选框，如图 4.131 所示。

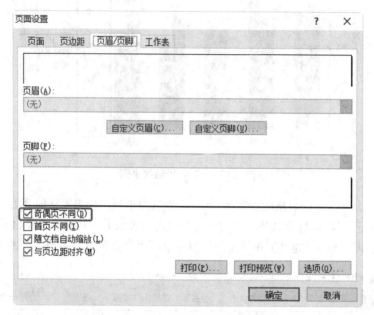

图 4.131　"页面设置"对话框——页眉/页脚

❸ 单击"确定"按钮，设置后要重新输入页眉和页脚的内容。

32. 在跨页时每页都打印表格标题。

❶ 在"页面布局"选项卡的"页面设置"组中单击右下角的对话框启动器按钮。

❷ 打开"页面设置"对话框，单击"工作表"选项卡，在"顶端标题行"框中标题单元格区域，如图 4.132 所示。

❸ 单击"确定"按钮。

33. 将表格转换成图片格式。

❶ 依次单击"文件"选项卡、"打印"命令。

❷ 在右侧"打印机"列表框中选中"SnagIt 10"选项，单击"打印"按钮。

❸ 等候片刻，表格以图片的方式发送至"SnagIt Editor"窗口中，单击"保存"按钮。

34. 本题只提供一种操作方法，其他操作可完成的也正确。

(1) 建立"银行存款.xlsx"工作簿，按如下要求操作。

操作步骤：

a) 启动 Excel，新建工作簿；

b) 依次单击"文件"选项卡、"另存为"按钮；

c) 打开"另存为"对话框，在"文件名"框中输入"银行存款"，在"保存类型"下拉列表中选择"Excel 工作簿"；

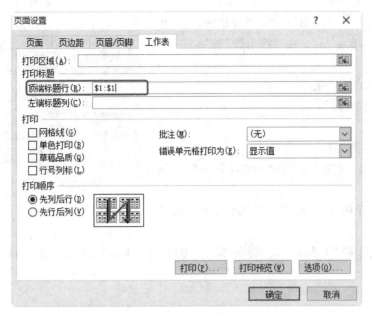

图 4.132　"页面设置"对话框——工作表

d) 单击"保存"按钮。

❶ 把上面的表格内容输入工作簿的 Sheetl 中。

操作步骤：输入后如图 4.133 所示。

图 4.133　银行存款示例

❷ 填充"存入日"，按月填充，步长为 1，终止值为"13-12-1"。

操作步骤：

a) 选中 B2:B13 单元格区域；

b) 在"开始"选项卡的"编辑"组中单击"填充"按钮；

c) 在下拉菜单中单击"系列"命令，打开"序列"对话框；

d) 如图 4.134 所示，在"序列产生在"栏选中"列"单选钮，在"类型"栏选中"日期"

单选钮，在"日期单位"栏选中"月"单选钮，在"步长值"文本框中填入"1"，在"终止值"文本框中填入"13/12/1"；

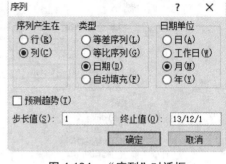

图 4.134 "序列"对话框

e)单击"确定"按钮。

❸ 填充"到期日"。

操作步骤：

a) 单击单元格 F2；

b) 在编辑栏中输入公式"=B2+C2*365"，按"Enter"键；

c) 单击单元格 F2，向下拖曳填充柄到单元格 F13。

❹ 用公式计算"年利率"(年利率=期限×0.85)和"本息"(本息=金额×(1+期限×年利率/100))，进行填充。

操作步骤：

a) 单击单元格 D2；

b) 在编辑栏中输入公式"=C2*0.85"，按 Enter 键；

c) 单击单元格 D2，向下拖曳填充柄到单元格 D13；

d) 单击单元格 G2，在编辑栏中输入公式"=E2*(1+C2*D2/100)"，按 Enter 键；

e) 单击单元格 G2，向下拖曳填充柄到单元格 G13。

❺ 在 I1 和 J1 单元格内分别输入"季度总额"、"季度总额百分比"。

操作步骤：单击单元格 I1，输入"季度总额"，单击单元格 J1，输入"季度总额百分比"。

❻ 分别计算出各季度存款总额和各季度存款总额占总存款的百分比。

操作步骤：

a) 单击单元格 I4，在编辑栏输入公式"=SUM(E2:E4)"，按 Enter 键；

b) 单击单元格 I4，在"开始"选项卡的"剪贴板"组，单击"复制"按钮；

c) 分别单击单元格 I7、I10、I13，在"开始"选项卡的"剪贴板"组中单击"粘贴"按钮；

d) 单击单元格 B4，在编辑栏输入"总存款"，按 Enter 键；

e) 单击单元格 E4，在"开始"选项卡的"编辑"组中单击"自动求和"按钮，按 Enter 键；

f) 单击单元格 J4，在编辑栏输入公式"=I4/$E$14"，按 Enter 键；

g) 单击单元格 J4，在"开始"选项卡的"剪贴板"组中单击"复制"按钮；

h) 分别单击单元格 J7、J10、J13，在"开始"选项卡的"剪贴板"组中单击"粘贴"按钮；完成第(1)问后，效果如图 4.135 所示。

(2) 格式设置。

❶ 在顶端插入标题行，输入文本"2013 年各银行存款记录"，华文行楷、字号 26、加宝石蓝色底纹。将 A1—J1 合并并居中，垂直居中对齐。

操作步骤：

a) 用鼠标右键单击第一行的行号，在快捷菜单中单击"插入"命令，Excel 插入一个空行；

图 4.135　完成第(1)问效果图

b) 在编辑栏输入文本"2013 年各银行存款记录";

c) 在"开始"选项卡的"字体"组中单击"字体"框右侧的下拉箭头,在下拉列表中选中"华文行楷"(若无字体,则应事先安装),再单击"字号"框右侧的下拉箭头,在下拉列表中选中"26 磅",然后单击"填充颜色"右侧下拉按钮,在颜色列表中选择"宝石蓝色";

d) 选中单元格区域 A1:J1;

e) 在"开始"选项卡的"对齐方式"组中,依次单击"合并后居中"按钮、"垂直居中"按钮。

❷ 各字段名格式:宋体、字号 12、加粗、水平、垂直居中对齐。

操作步骤:

a) 选中单元格区域 A2:J2;

b) 在"开始"选项卡的"字体"组中,使用"字体"、"字号"、"加粗"按钮进行设置;

c) 在"开始"选项卡的"对齐方式"组中,使用"居中"、"垂直居中"按钮进行设置。

❸ 数据(记录)格式:宋体、字号 12、水平、垂直居中对齐。第 J 列数据按百分比样式,保留 2 位小数。

操作步骤:

a) 选中单元格区域 A3:J15;

b) 在"开始"选项卡的"字体"组中,使用"字体"、"字号"、"加粗"按钮进行设置;

c) 在"开始"选项卡的"对齐方式"组中,使用"居中"、"垂直居中"按钮进行设置;

d) 选中 J 列,在"开始"选项卡的"数字"组中单击"百分比样式"按钮,再单击"增加小数位"按钮 2 次。

❹ 各列最合适的列宽。

操作步骤:

a) 选中 A 列到 J 列;

b) 在"开始"选项卡的"单元格"组中单击"格式"按钮,在弹出的快捷菜单中单击"自动调整列宽"命令。

(3) 将修改后的文件命名为"你的名字加上字符 A"保存。

操作步骤：

a) 依次单击"文件"选项卡、"另存为"按钮；

b) 打开"另存为"对话框，在"文件名"栏输入如"张三 A"的文件名；

c) 单击"保存"按钮。

35. 根据表 4.2 建立图表，并按下列要求操作。

建立工作簿"学生成绩.xlsx"，在 Sheet1 中输入表 4.2 的表格内容，"总成绩"和"平均成绩"用公式计算获得；在第 3 行和第 4 行之间增加一条记录，其中姓名为你自己的名字，其他任意；将 Sheet1 中的内容分别复制到 Sheet2、Sheet3 和 Sheet4 中。

题干部分操作步骤如下：

a) 启动 Excel，新建工作簿；

b) 依次单击"文件"选项卡、"另存为"命令；

c) 打开"另存为"对话框，在"文件名"框中输入"学生成绩"，在"保存类型"下拉列表中选择"Excel 工作簿"；

d) 单击"保存"按钮；

e) 在 Sheet1 中输入上面的表格内容，结果如图 4.136 所示；

f) 单击单元格 G2，在"编辑栏"输入"=SUM(E2:F2)"或"=E2+F2"；单击单元格 H2，在"编辑栏"输入"=AVERAGE(E2:F2)"或"=(E2+F2)/2"；

g) 选中单元格区域 G2:H2，向下拖曳"填充柄"至第 14 行；

h) 将光标移到第 4 行行号上，当光标变成右向黑箭头时，单击鼠标右键，在下拉快捷菜单中单击"插入"命令，即可在在第 3 行和第 4 行之间插入一个空行；在空行中，按要求输入数据；

	A	B	C	D	E	F	G	H	I
1	班级	学号	姓名	性别	数学成绩	英语成绩	总成绩	平均成绩	
2	201301	2013000011	张 郁	男	60	62			
3	201302	2013000046	叶志远	男	70	75			
4	201301	2013000024	刘欣欣	男	85	90			
5	201302	2013000058	成 坚	男	89	94			
6	201303	2013000090	许坚强	男	90	95			
7	201302	2013000056	李 刚	男	86	65			
8	201301	2013000001	许文强	男	79	84			
9	201301	2013000087	王梦璐	女	65	70			
10	201302	2013000050	钱丹丹	女	73	80			
11	201302	2013000063	刘 灵	女	79	81			
12	201301	2013000013	康菲尔	女	86	82			
13	201301	2013000008	康明敏	女	92	96			
14	201301	2013000010	刘晓丽	女	99	93			
15									

图 4.136 学生成绩操作示例

i) 在 Sheet1 中单击"全选"按钮,在"开始"选项卡的"剪贴板"组中单击"复制"按钮;在 Sheet2 中单击"全选"按钮,在"开始"选项卡的"剪贴板"组中单击"粘贴"命令;同样的方法,将 Sheet1 中的内容分别复制到 Sheet3 和 Sheet4 中。

❶～❼问操作步骤如下:

a) 在"学生成绩.xlsx"工作簿中单击 Sheet1 工作表,在数据区域单击任意单元格;

b) 在"数据"选项卡的"排序和筛选"组中单击"筛选"按钮,如图 4.137 所示;

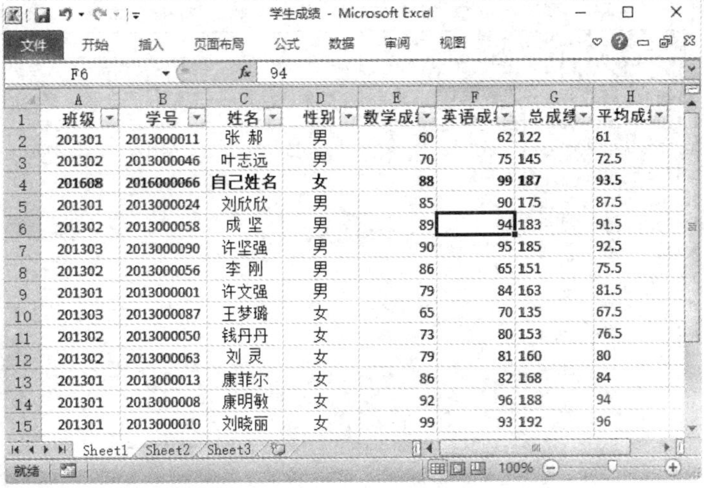

图 4.137 单击"筛选"按钮后效果

c) 如图 4.138 所示,单击"平均成绩"右侧的下拉箭头,在下拉列表中去掉小于 80 分复选框中的"√",单击"确定"按钮;

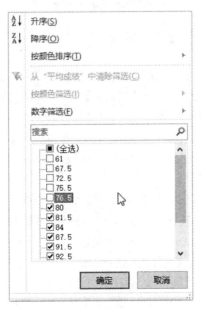

图 4.138 "平均成绩"下拉列表

d) 如图 4.137 所示，选中"姓名"、"数学成绩"和"英语成绩"所在的单元格区域 C1:C15 和 E1:F15；

e) 在"插入"选项卡的"图表"组中单击"折线图"按钮，在列表中选择一种二维折线图，在"图表工具"选项卡的"设计"子选项卡的"图表布局"组中单击"其他"按钮，在列表中选中"布局 4"，生成的图表如图 4.139 所示。

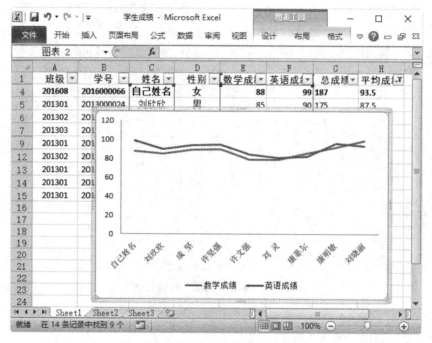

图 4.139　图表——布局 4

f) 在图表中选中图例，用鼠标将其拖曳到右上角，在"开始"选项卡的"字体"组中选择字体"宋体"、字号"16"；

g) 在"图表工具"选项卡的"布局"子选项卡的"标签"组中单击"图表标题"按钮，在列表中单击"图表上方"命令；选中"图表标题"，将其修改为"学生成绩"，在"开始"选项卡的"字体"组中选择字体"宋体"、字号"20"、加粗；

h) 如图 4.140 所示，在"图表工具"选项卡的"布局"子选项卡的"坐标轴"组中单击"坐标轴"按钮，用鼠标指针指向"主要纵坐标轴"，在级联菜单中单击"其他主要纵坐标轴选项"，打开"设置坐标轴格式"对话框；

数值轴刻度：最小值为 60、主刻度为 10、最大值为 100。

i) 如图 4.141 所示，在"设置坐标轴格式"对话框中单击的左窗格的"坐标轴选项"，在右窗格按设置最小值为 60、最大值为 100、主要刻度单位为 10，单击"关闭"按钮；

j) 在图表中，选中分类轴，在"开始"选项卡的"字体"组中选择字体"宋体"、字号"12"，单击"字体颜色"按钮，选择"红色"，同样的方法，设置数值轴的宋体、字号、颜色。

完成设置后的图表如图 4.142 所示。

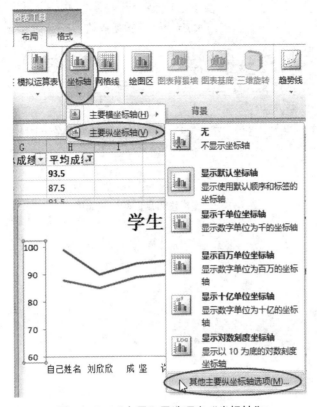

图 4.140 "布局"子选项卡"坐标轴"

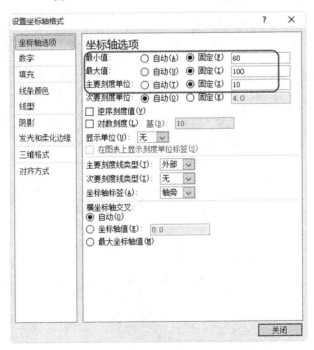

图 4.141 "设置坐标轴格式"对话框

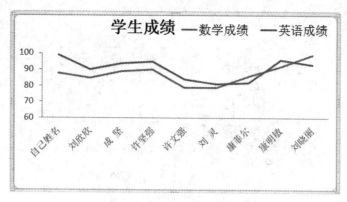

图 4.142　完成设置后的学生成绩图表

第 5 章 PowerPoint 的使用

5.1 案例实验

实验一 幻灯片制作基础

【实验目的】

(1) 掌握在幻灯片中输入文本的操作方法。

(2) 掌握在幻灯片中插入图片、形状、艺术字的操作步骤和技巧。

(3) 掌握在幻灯片中插入表格的操作步骤和技巧。

(4) 掌握幻灯片背景设置的技巧。

任务 1 在幻灯片中输入文本

编辑幻灯片时，除"空白"版式外，一般可在每张幻灯片的占位符中添加文本和图形元素。如果输入的文本太多而导致占位符容纳不下，那么，PowerPoint 会通过缩小字号和行距来容纳所有文本。

如果读者希望自己设置幻灯片的布局，或需要在占位符之外添加文本，可以在输入文字之前先添加文本框。其操作步骤如下。

❶ 在"插入"选项卡的"文本"组中单击"文本框"按钮，选择"横排文本框"或"垂直文本框"命令。

❷ 在幻灯片上拖曳鼠标绘制文本框。

❸ 释放鼠标，在文本框内输入所需要的文字后，在幻灯片空白处单击。

任务 2 在幻灯片中插入图片

在幻灯片中可以插入的图像包括图片、剪贴画、屏幕截图等。其操作步骤如下。

❶ 选中要插入图片的幻灯片。

❷ 在"插入"选项卡的"图像"组中单击"图片"按钮。或者，在占位符中单击"插入来自文件的图片"按钮。

❸ 在弹出的"插入图片"窗口中选择一张图片，单击"插入"按钮。图片被插入幻灯片中，同时显示"图片工具"选项卡的"格式"子选项卡，在其中可以调整图片的亮度和对比度、添加艺术效果、修改图片样式、旋转和裁剪等。

如果在"图像"组中单击"相册"按钮，则可以创建一个"相册"演示文稿，并将加入的第一张图片做成其中一张幻灯片。

任务 3　在幻灯片中添加艺术字

使用艺术字为演示文稿添加特殊文字效果。例如，可以拉伸标题、对文本进行变形、使文本适应预设形状，或应用渐变填充。相应的艺术字将成为读者可以在文档中移动或放置在幻灯片中的对象，以此添加文字效果或进行强调。读者还可以随时修改艺术字或将其添加到现有艺术字对象的文本中。

在幻灯片中插入艺术字的操作步骤如下。

❶ 选中要插入艺术字的幻灯片。

❷ 在"插入"选项卡的"文本"组中单击"艺术字"按钮，打开如图 5.1 所示的艺术字样式列表。

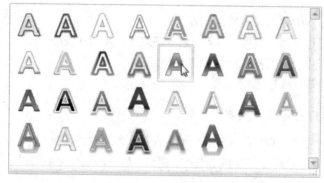

图 5.1　艺术字样式列表

❸ 单击选中一种样式，在幻灯片中插入"请在此放置您的文字"样式。

❹ 输入文字。

将现有文字转换为艺术字的操作步骤如下。

❶ 选定要转换为艺术字的文字。

❷ 在"插入"选项卡的"文字"组中单击"艺术字"，然后单击所需的艺术字。

删除艺术字样式的操作步骤如下。

❶ 选定要删除其艺术字样式的艺术字。

❷ 在"绘图工具"选项卡的"格式"子选项卡的"艺术字样式"组中单击"其他"按钮，然后单击"清除艺术字"，如图 5.2 所示。

删除文字的艺术字样式后，文字会保留下来，改为普通文字。

任务 4　在幻灯片中添加形状

可以在幻灯片中添加一个形状，或者合并多个形状以生成一个绘图或一个更为复杂的形状。可用的形状包括：线条、基本几何形状、箭头、公式形状、流程图形状、星、旗帜和标注。添加一个或多个形状后，还可以在其中添加文字、项目符号、编号和快速样式。

在幻灯片中添加形状的操作步骤如下。

❶ 在"开始"选项卡的"绘图"组中单击"形状"。

❷ 单击所需形状，接着单击幻灯片中的任意位置，然后拖动以放置形状。

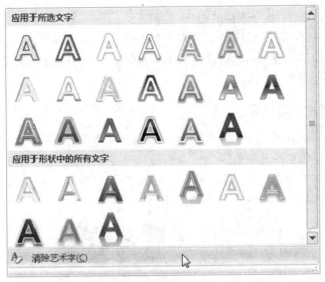

图 5.2 清除艺术字

若要创建规范的正方形或圆形(或限制其他形状的尺寸),则在拖动的同时按住 Shift 键。

若要添加多个相同的形状,则用鼠标右键单击要添加的形状,然后单击"锁定绘图模式"。添加完成后,按 Esc 键。

任务 5 在幻灯片中插入表格

在幻灯片中插入表格的操作步骤如下。

❶ 选中要插入表格的幻灯片。

❷ 在"插入"选项卡的"表格"组中单击"表格"按钮。移动鼠标,选择所需的行列数。

也可以单击"表格"按钮后,再选择"插入表格"命令,如图 5.3(a)所示;或者在占位符中单击"插入表格"按钮,打开"插入表格"对话框,如图 5.3(b)所示,选择所需的行列数,单击"确定"按钮。

(a)"插入表格"命令　　　　(b)"插入表格"对话框

图 5.3 插入表格

在幻灯片中插入 Excel 电子表格的操作步骤如下。

❶ 选择要插入 Excel 电子表格的幻灯片。

❷ 在"插入"选项卡的"表格"组中单击"表格",然后单击"Excel 电子表格"。

在向演示文稿中添加表格后,可以使用 PowerPoint 中的表格工具来设置表格的格式、样式或者对表格做其他类型的更改。

任务 6 幻灯片背景设置

背景样式是 PowerPoint 独有的样式,它们使用新的主题颜色模式,新的模型定义了将用于文本和背景的两种深色和两种浅色。

要选择背景样式,则在"设计"选项卡的"背景"组中单击"背景样式"按钮,在背景样式库中选择一种样式后单击"确定"按钮,如图 5.4 所示。

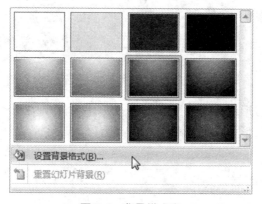

图 5.4 背景样式库

要设置背景格式,则单击"设置背景格式",打开如图 5.5 所示的"设置背景格式"对话框,在此进行设置即可。

图 5.5 "设置背景格式"对话框

实验二 格式化幻灯片

【实验目的】

(1) 掌握在幻灯片中插入 SmartArt 图形的方法，能熟练应用 "SmartArt 工具" 选项卡设置 SmartArt 图形。

(2) 掌握应用样式设置文本框样式的技巧，能熟练应用 "绘图工具" 选项卡设置对象的格式。

(3) 掌握在幻灯片中插入视频的方法，能熟练应用 "视频工具" 选项卡设置视频对象。

任务. 格式化如图 5.6 所示幻灯片中的文本框、图片、影片等对象

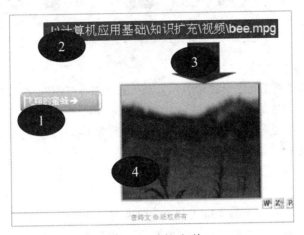

图 5.6 示例幻灯片

❶ 选中示例幻灯片中编号为 1 的文本框。

❷ 在 "开始" 选项卡的 "段落" 组中单击 "转换为 SmartArt 图形" 按钮，在其列表中选择一个 SmartArt 图形样式，如 "垂直项目符号列表"。

所选文本框转换为 SmartArt 图形，同时系统显示 "SmartArt 工具" 选项卡。

❸ 在 "SmartArt 工具" 选项卡的 "设计" 子选项卡的 "SmartArt 样式" 组中单击 "其他" 按钮 ，在列表中选择 "嵌入" 三维样式，如图 5.7 所示。

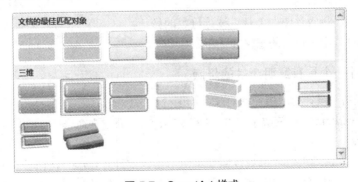

图 5.7 SmartArt 样式

④ 选中示例幻灯片中编号为 2 的另一个文本框。

⑤ 在"绘图工具"选项卡的"格式"子选项卡的"形状样式"组中单击"其他"按钮▼，在其列表(见图 5.8)中选择一个形状样式，如"彩色填充 – 靛蓝，强调颜色 2"。

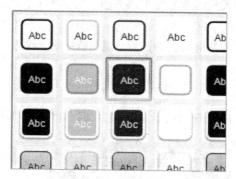

图 5.8 形状样式

或者，使用"形状填充"、"形状轮廓"、"形状效果"等按钮进行设置。

⑥ 选中示例幻灯片中编号为 3 的图形对象。

⑦ 在"绘图工具"选项卡的"格式"子选项卡的"形状样式"组中单击"形状填充"按钮，指向"纹理"，选择"胡桃"。

单击"形状轮廓"按钮，在"主题颜色"列表中选择"蓝色"。

⑧ 选中示例幻灯片中编号为 4 的影片对象。

⑨ 在"视频工具"选项卡的"格式"子选项卡的"视频样式"组中单击"视频效果"按钮，指向"发光"，选择一个发光变体，如"黑色，5pt 发光，强调文字颜色 4"。

⑩ 在"视频工具"选项卡的"播放"子选项卡的"视频选项"组中选中"全屏播放"复选框，或者进行其他设置。

图 5.6 是格式化后的效果。

实验三 设计个性化的母版

【实验目的】

(1) 理解幻灯片母版的概念。

(2) 掌握应用"母版视图"工具组设计母版的技巧。

(3) 掌握幻灯片中占位符的意义和作用。

任务 设计一个具有鲜明个性的母版

事先准备好用于设计母版所需的对象，如图片、徽标等。

❶ 启动 PowerPoint，或依次单击"文件"选项卡、"新建"命令、"创建"按钮，出现"演示文稿 1"窗口。

❷ 在"视图"选项卡的"母版视图"组中单击"幻灯片母版"按钮。这时，出现"幻灯片母版"选项卡，一组"幻灯片母版"的板式缩略图显示在左侧的"幻灯片窗格"中，如图 5.9 所示。

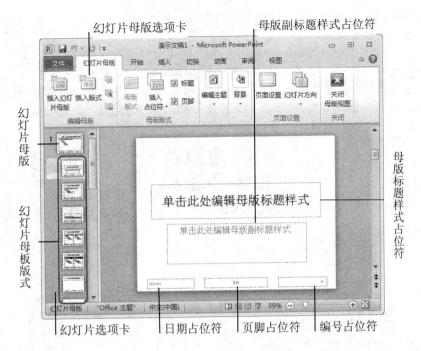

图 5.9　幻灯片母版

❸ 在标题幻灯片上绘制一个矩形。

在"幻灯片"选项卡上单击标题幻灯片板式缩略图。

在"插入"选项卡的"插图"组中单击"形状"按钮，选择"矩形"，在演示文稿的幻灯片上绘制一个矩形，用默认填充色。在"绘图工具"选项卡的"格式"子选项卡的"大小"组中将矩形大小修改为 3.2 cm×25.4 cm；在"排列"组中单击"下移一层"按钮右半部分，选择"置于底层"，将该矩形置于其他对象的底层。

❹ 设置矩形格式。在"绘图工具"选项卡的"格式"子选项卡的"形状样式"组中单击"其他"按钮 ，在其列表中选择一种填充色。

或者，在"形状样式"组中单击"形状填充"按钮，显示如图 5.10(a)所示的菜单。

◆ 可在"主题颜色"列表中，另选一种主题色。

◆ 若单击"无填充颜色"，则清除形状中的默认填充色。

◆ 若单击"其他填充颜色"，则打开"颜色"对话框。在其中可选择其他标准色或自定义颜色。

◆ 若用鼠标指向"渐变"，则显示"渐变"子菜单，如图 5.10(b)所示。可在其列表中选择一种"浅色变体"或"深色变体"。

◆ 若用鼠标指向"纹理"，则显示"纹理"子菜单，如图 5.10 (c)所示。可在其列表中选择一种纹理。

◆ 若在图 5.10 (a)中单击"图片"命令，则打开"插入图片"窗口，如图 5.11 所示。在"导航"窗格中选择保存有图片的文件夹(如 CH05)，在"内容"窗格中单击图片文件，再单击"插入"按钮。

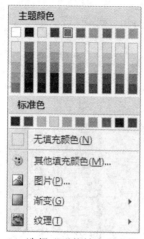 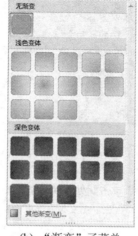 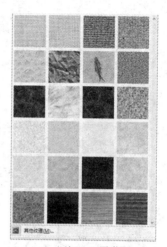

(a) 选择"形状填充"菜单　　　(b) "渐变"子菜单　　　(c) "纹理"子菜单

图 5.10　"形状填充"菜单

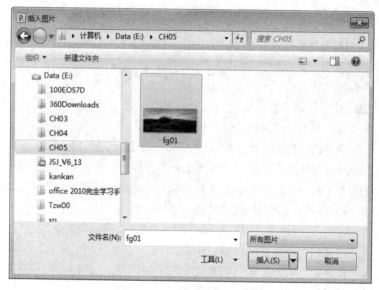

图 5.11　"插入图片"窗口

本任务将所选图片填充到形状中。

● 若单击图 5.10 (b)中的"其他渐变"或图 5.10 (c)中的"其他纹理",则打开"设置图片格式"对话框,如图 5.12 所示。在该对话框的左侧列表中单击"填充",在对话框的右侧选择"无填充"项,将清除形状中的填充颜色;选择"纯色填充"项,单击"颜色"按钮 ，可在列表中另选一种主题色,还可设置填充色的透明度;选择"渐变填充"项,可设置精美的渐变效果;选择"图片或纹理填充"项,或插入来自文件的图片(本任务中将图片的透明度设置为 30%)、本机中的剪贴画或粘贴板上的图片,单击"纹理"按钮 ，可在其列表中选择一种纹理效果;选择"图案填充"项,可在其列表中选择一种图案,还可在"前景色"、"背景色"列表中为图案选择颜色;选择"幻灯片背景填充"项,可将当前幻灯片背景填充到形状中。

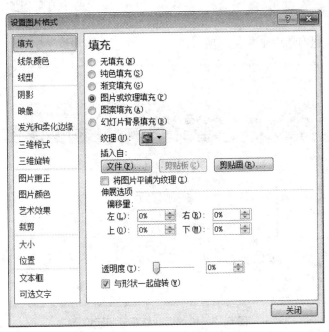

图 5.12 "设置图片格式"对话框

◆ 在图 5.12 的左侧列表中单击"线条颜色",在右侧选择"渐变线",将矩形框的颜色设置成透明度为 20% 的渐变色。另外,还可设置线型、阴影等。

◆ 用鼠标右键单击矩形,在快捷菜单中选择"大小和位置",打开"大小和位置"对话框,在"位置"选项卡中设置该图形在幻灯片上的位置(水平:0 cm,垂直:3 cm)。

完成设置后,单击"关闭"按钮。

❺ 修改标题幻灯片上的母版标题样式占位符、副标题样式占位符。

在标题幻灯片上,选中母版标题样式占位符。在"开始"选项卡的"字体"组中单击"字体"下拉列表,选择"华文中宋"字体;单击"字号"下拉列表,选择"44"磅。在"绘图工具"选项卡的"格式"子选项卡的"大小"组中,将其大小设置为 3.2 cm×21 cm。单击"大小"组右下角的"对话框启动器" ,打开"设置形状格式"对话框,选择"位置"选项,将其位置设置为水平 3.4 cm、垂直 3 cm,然后单击"关闭"按钮。

用同样的方法将母版副标题样式占位符的字体设置为楷体、加粗,字号设置为 32 磅,大小设置为 9.5 cm×18.5 cm,位置设置为水平 5.8 cm、垂直 7 cm。

❻ 在标题幻灯片上插入图片和个性化徽章(公司 LOGO)。

单击母版幻灯片任意空白处,在"插入"选项卡的"插图"组中单击"图片",打开"插入图片"对话框,将事先准备好图片插入标题母版幻灯片中。用步骤❺的方法调整图片的大小、设置其位置(水平:22.3 cm,垂直:15.7 cm)。

用同样的方法,插入事先准备好的个性化徽章,并将它定位于水平 0.8 cm、垂直 3.55 cm。

❼ 在"插入"选项卡的"文本"组中单击"文本框"下拉箭头,选择"垂直文本框",在标题幻灯片上画出一文本框,并输入"本章目录"。单击"绘图工具"选项卡的"大小"组右下的"对话框启动器",打开"设置形状格式"对话框,选择"位置"选项,将该文本框定位

于水平 1.9 cm、垂直 8.9 cm。

修改完成的标题幻灯片如图 5.13 所示。

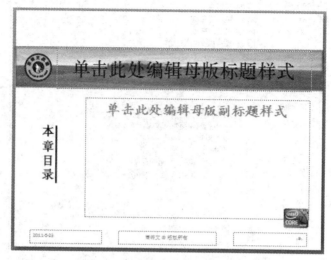

图 5.13　修改后的标题母版示例

❽ 修改幻灯片母版。在"幻灯片窗格"中单击幻灯片母版缩略图。按照步骤❹～步骤❻绘制图形、修改母版标题占位符和母版文本占位符。

❾ 修改幻灯片母版上的项目符号。选中"母版文本样式"占位符，在"开始"选项卡的"段落"组中单击"项目符号"或"编号"下拉箭头，选择"项目符号和编号"对话框的"项目符号"选项卡，单击"自定义"按钮，打开"符号"对话框，如图 5.14 所示。在"字体"下拉列表中选中"Wingdings 2"，在其列表中选中"◆"型符号，单击"确定"按钮后，返回到"项目符号和编号"对话框，再单击"确定"按钮，完成项目符号的修改。

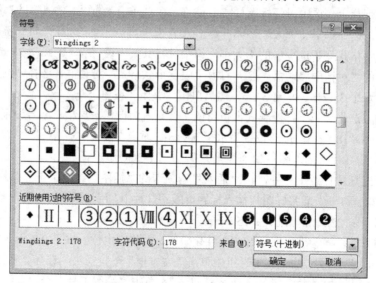

图 5.14　"符号"对话框

修改完成的幻灯片母版如图 5.15 所示。

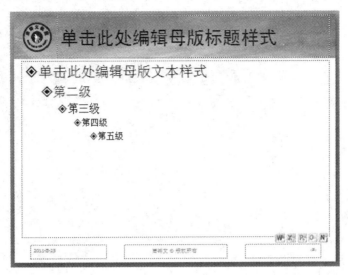

图 5.15 修改后的幻灯片母版示例

⑩ 在"幻灯片母版"选项卡的"编辑母版"组中单击"保留"按钮，使其在未被使用的情况下也能留在演示文稿中。这时，幻灯片窗格上的幻灯片母版左侧出现了一个灰色的图钉。

⑪ 在"幻灯片母版"选项卡的"关闭"组中单击"关闭母版视图"按钮，返回到演示文稿窗口，显示一张标题幻灯片。

⑫ 在"开始"选项卡的"幻灯片"组中单击"新建幻灯片"下拉箭头，选择"标题和内容"，即插入一张新幻灯片。在"大纲/幻灯片窗格"中的"幻灯片"选项卡上显示所有幻灯片的缩略图。

⑬ 若改变当前幻灯片的版式，则在"开始"选项卡的"幻灯片"组中单击"版式"，选择所需的版式。

⑭ 单击"文件"选项卡，选择"另存为"命令，将此演示文稿以"JSJ_05.pptx"为文件名保存。

实验四 创建自定义动画

【实验目的】

(1) 理解动画的概念。

(2) 理解动作路径动画。

(3) 掌握使用系统中的动作路径创建自定义动画的方法。

(4) 掌握为自定义动画选择运行方式、时间长度、调整播放次序的方法。

任务 1 创建自定义动画效果。

使用系统中的动作路径创建自定义动画效果。

❶ 选定要制作成动画的对象。

❷ 在"动画"选项卡的"动画"组中单击"其他"按钮，弹出"动画"库，如图 5.16 所示。

❸ 在"动画"库中单击"其他动作路径"命令，打开"更改动作路径"对话框，如图 5.17 所示。

图 5.16　"动画"库　　　　　　图 5.17　"更改动作路径"对话框

❹ 在"基本"栏下选择"泪滴形"样式，单击"确定"按钮，如图 5.18(a)所示。

❺ 所有动画在同一位置时，会影响动画效果，选中动画路径按住鼠标左键不放，拖动至其他合适位置，如图 5.18(b)所示。

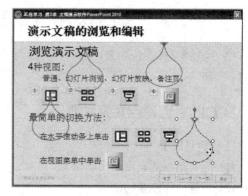

(a) 浏览演示文稿 1　　　　　　(b) 浏览演示文稿 2

图 5.18　自定义动作路径示例

任务 2　为自定义动画选择运行方式、时间长度、调整播放次序

为任务 1 中动作路径选择运行方式、时间长度、调整播放次序。

❶ 在幻灯片中选择第 2 个"泪滴形"动作路径。

❷ 在"动画"选项卡的"计时"组中单击"开始"右侧的下拉箭头,在下拉列表中选择动画播放顺序,如"上一动画之后"选项,如图 5.19 所示。

❸ 单击"动画"选项卡的"动画"组右下角的"对话框启动器",打开"泪滴形"对话框,如图 5.20 所示。

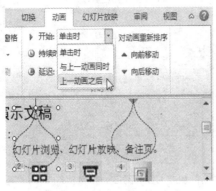

图 5.19 设置动画的运行方式

图 5.20 "泪滴形"对话框

❹ 在该对话框中单击"计时"选项卡,在"期间"下拉列表中选择运行时间长度,如"慢速(3 秒)",单击"确定"按钮。

❺ 先在图 5.18 所示的幻灯片中选择"浏览演示文稿"文本对象,再在"动画"选项卡的"动画"组中单击"飞入"样式。这时,该对象的动画次序号为"5"(这需要调整)。

❻ 在"动画"选项卡的"计时"组中单击"向前移动"按钮。单击一次,向前移动一个序号(本任务中,需要单击 4 次,将其序号变为"1")。

❼ 如有必要,重复前述步骤,直到用户自己满意为止。

实验五 将演示文稿打包

【实验目的】

(1) 理解将演示文稿打包成 CD 的含义。

(2) 掌握将演示文稿打包成 CD 的操作方法。

(3) 理解"复制到文件夹"与"复制到 CD"的区别。

任务 以 JSJ_PPT_V5_5.PPTX 为例将演示文稿打包

以 JSJ_PPT_V5_5.PPTX 为例,将演示文稿打包。读者制作的任何演示文稿都可以用于完成该任务。

❶ 打开演示文稿 JSJ_PPT_V5_5.PPTX,依次单击"文件"选项卡、"保存并发送"选项。

❷ 在窗口中间"文件类型"栏下单击"将演示文稿打包成 CD"命令,在窗口右侧单击"打包成 CD"按钮,如图 5.21 所示。

❸ 打开如图 5.22 所示的"打包成 CD"对话框,在"CD 命名为"框中输入名称,如"计算机基础-5"。

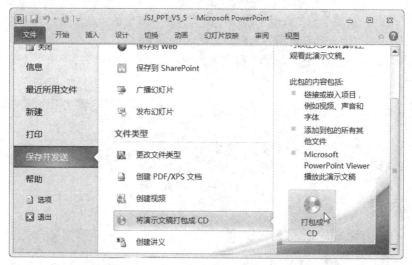

图 5.21　"将演示文稿打包成 CD"窗口

❹ 单击"复制到文件夹"按钮，打开如图 5.23 所示的"复制到文件夹"对话框，在"位置"框中输入复制到文件夹的路径，单击"确定"按钮。

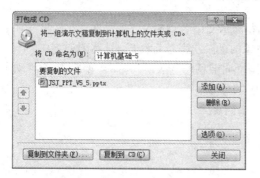

图 5.22　"打包成 CD"对话框

图 5.23　"复制到文件夹"对话框

❺ 系统将打开一个对话框提示用户打包演示文稿的所有链接文件，单击"是"按钮开始复制，并打开"正在将文件复制到文件夹"的提示框。

❻ 复制完成后，自动打开文稿保存位置的窗口。操作完成后，在"打包成 CD"对话框中单击"关闭"按钮，关闭对话框。

❼ 在另外一台没有安装 PowerPoint 的计算机上使用刚刚完成的打包程序。

5.2　案例分析

例 5.1　在正文文本占位符中键入文本时，突然看到这个小按钮 ⬚，它是＿＿＿＿＿按钮。

A) 粘贴选项　　　　　B) 自动调整选项　　　C) 自动更正选项　　　D) 文本框选项

答：B。

知识点：文本输入、占位符、自动调整。

分析：这是"自动调整选项"按钮，它表示文本将缩小以放入占位符中。用户可以使用该按钮的菜单执行下列操作：停止占位符的自动调整、将文本拆分到两张幻灯片上、在新幻灯片上继续操作或者更改为两栏版式。用户可以根据需要关闭该功能。

例 5.2　在 PowerPoint 幻灯片浏览视图中，以下有关叙述不正确的是_____。

A）按序号由小到大的顺序显示文稿中全部幻灯片的缩图

B）可以对其中某张幻灯片的整体进行复制、移动等操作

C）可以对其中某张幻灯片的整体进行删除等操作

D）可以对其中某张幻灯片的内容进行编辑和修改

答：D。

知识点：幻灯片视图、幻灯片浏览视图、幻灯片的复制、幻灯片的移动、幻灯片的删除。

分析：在 PowerPoint 幻灯片浏览视图中，不可以对其中某张幻灯片的内容进行编辑和修改。

例 5.3　为了将幻灯片中选中的图形"置于底层"命令，此时最快捷的操作是_____。

A）单击鼠标右键　　　　　　　　B）单击鼠标左键

C）单击"视图"选项卡　　　　　　D）单击"绘图工具"选项卡

答：A。

知识点：图形排列、快捷菜单、绘图工具。

分析：如果在幻灯片中插入了多个图形对象，它们可能会互相覆盖，此时应调整各图形对象在幻灯片中的相应位置，此时需要单击鼠标右键，在调出的快捷菜单中选择"置于底层"命令。另一种操作方法：选中图形后，会出现"绘图工具"选项卡的"格式"子选项卡，在"排列"组中单击"下移一层"右侧的下拉箭头，在下拉菜单中可选择"置于底层"命令。但这不是最快捷的。

例 5.4　在工作时，用户可以在备注窗格中键入演讲者备注并设置其格式。_____是转到"备注页"视图的适当原因。

A）打印备注　　　　　　　　　　B）确保备注按期望显示

C）单击备注窗格　　　　　　　　D）调整备注窗格，增加可用空间

答：B。

知识点：备注页视图、幻灯片放映视图、编辑备注、添加演讲者信息。

分析："备注页"视图显示所有文本格式(如字体颜色)以及备注文本是否适应占位符。如果备注太长，则会截断备注。用户可以根据需要在"备注页"视图中编辑备注，该视图只显示了有多少可用空间。

例 5.5　在"幻灯片放映"视图中，通过_____可以返回到上一张幻灯片。

A）按 Backspace 键　　　　　　　B）按 Page Up 键

C）按向上键　　　　　　　　　　D）以上全对

答：D。

知识点：幻灯片放映、快捷键操作。

分析：如果需要转到的幻灯片并不是紧邻当前幻灯片的前一张幻灯片，则应指向屏幕左下角的"幻灯片放映"工具栏，然后单击幻灯片图标。在它的菜单上，指向"定位至幻灯片"，

然后选择所需的幻灯片。

例5.6 应用主题时，它始终影响演示文稿中的每一张幻灯片。这个说法正确吗？

答：不正确。

知识点：添加主题、更改幻灯片版式。

分析：如果需要将主题仅应用于一张或几张幻灯片，则应选择这些幻灯片，然后显示主题库，用右键单击所需的主题，最后单击"应用于选定幻灯片"。

例5.7 能否从某些幻灯片版式中的图标中插入文本框？

答：不能。

知识点：绘制文本框、插入图片和内容。

分析：通过使用内容版式中的图标，可以插入图片、图表、SmartArt 图形、表格和媒体文件。但是，若要插入文本框，则应转至"插入"选项卡。在该选项卡中，先单击"文本框"，然后在幻灯片上绘制一个框。

5.3 强化训练

一、选择题

1. 在演示文稿插入新幻灯片的方法正确的是_____。

A) 在"插入"选项卡的"图像"组中单击"屏幕截图"

B) 在"开始"选项卡的"幻灯片"组中单击"新建幻灯片"旁边的箭头

C) 单击"插入"选项卡的"添加新幻灯片"

D) 在"开始"选项卡的"幻灯片"组中单击"版式"旁边的箭头

2. 在 PowerPoint 的幻灯片浏览视图下，不能完成的操作是_____。

A) 调整个别幻灯片位置   B) 删除个别幻灯片

C) 编辑个别幻灯片内容   D) 复制个别幻灯片

3. PowerPoint 主题所包含的三个关键元素是_____。

A) 一组特殊颜色；在任何颜色下都非常漂亮的字体；阴影

B) 彩色纹理；在大型屏幕上易于辨认的字体；阴影和映像

C) 配色方案；协调字体；特殊效果，例如阴影、发光、棱台、映像、三维等

D) 在任何颜色下都非常漂亮的字体；彩色纹理；配色方案

4. 在幻灯片上调整图片大小和定位图片时，进行_____操作非常重要。

A) 将图片大小调整为 5.07"X 5/7"

B) 保持纵横比，让相对高度和宽度始终保持一致

C) 使用四向箭头调整图片大小和移动图片

D) 设置图片边框

5. 在 PowerPoint 中，设置幻灯片放映时的切换效果为"百叶窗"，应使用"切换"选项卡_____组中的选项。

A)"动作按钮"　　　　　　　　　B)"切换到此幻灯片"

C)"预设动画"　　　　　　　　　D)"自定义动画"

6. 在设置嵌入幻灯片中的视频的格式(添加边框、重新着色、调整亮度和对比度、指定开始播放视频的方式等)时，应该_____。

A) 单击幻灯片上的视频，然后在"格式"和"播放"选项卡上指定"视频样式"选项

B) 添加 PowerPoint 主题

C) 应用特殊效果，然后发布演示文稿

D) 以上操作方法都正确

7. 演示者视图是指_____。

A) 可以在便携式计算机上查看备注

B) 观众只能看到您的幻灯片，而看不到演示者备注

C) 该视图需要有多个监视器，或者一台投影仪或具有双显示功能的便携式计算机

D) 以上说法都正确

8. 在 PowerPoint 中，若要为幻灯片中的对象设置放映时的动画效果为"飞入"，应在_____中选择。

A)"动画"选项卡的"动画"组　　　B)"开始"选项卡的"幻灯片"组

C)"动画"选项卡的"计时"组　　　D)"幻灯片放映"选项卡的"设置"组

9. 若要在幻灯片放映视图中结束幻灯片放映，应执行的操作是_____。

A) 按键盘上的 Esc 键

B) 单击右键并选择"结束放映"

C) 继续按键盘上的向右键，直至放映结束

D) 以上说法都正确

10. 在打印演示文稿之前，通过_____访问打印预览。

A) 在"开始"选项卡上单击"打印预览"

B) 在"文件"选项卡上单击"打印"。"打印预览"显示在右侧

C) 在"文件"选项卡上单击"打印"。"打印预览"显示在"设置"下

D) 在"视图"选项卡上单击"打印预览"

11. 如果要关闭幻灯片，但不想退出 PowerPoint 程序窗口，可以_____。

A) 选择"文件"选项卡的"关闭"命令

B) 选择"文件"选项卡的"退出"命令

C) 单击 PowerPoint 标题栏上的"关闭"按钮

D) 双击窗口左上角的程序图标

12. 在 PowerPoint 中，在磁盘上保存的幻灯片文件的后缀是_____。

A) .potx　　　　B) .pptx　　　　C) .psp　　　　D) .pps

13. 在 PowerPoint 中，将幻灯片打包为可播放文件后其后缀是_____。

A) .ppt　　　　B) .ppz　　　　C) .psp　　　　D) .pps

14. 在 PowerPoint 中，可对母版进行编辑和修改的视图是_____。

A) 幻灯片浏览视图　　　　　　　B) 备注页视图

C) 幻灯片母版视图   D) 大纲视图

15. 在 PowerPoint 中，"文件"选项卡中的"打开"命令的快捷键是_____。

A) Ctrl+P   B) Ctrl+O   C) Ctrl+S   D) Ctrl+N

16. 在 PowerPoint 的幻灯片浏览视图中，想选定多张不连续的幻灯片时，要按住_____键。

A) Delete   B) Shift   C) Ctrl   D) Esc

17. 在 PowerPoint 中，不能在"字体"窗口中进行设置的是_____。

A) 文字颜色   B) 文字对齐格式   C) 文字字号   D) 文字字形

18. 在 PowerPoint 的"切换"选项卡中，允许的设置是_____。

A) 设置幻灯片切换时的视觉效果、听觉效果和定时效果

B) 只能设置幻灯片切换时的听觉效果

C) 只能设置幻灯片切换时的视觉效果

D) 只能设置幻灯片切换时的定时效果

19. 在幻灯片放映过程中，通过_____不可以回到上一张幻灯片。

A) 按 P 键   B) 按 PageUp 键   C) 按 Backspace 键   D) 按 Space 键

20. 在 PowerPoint 中打印文件，以下不是必要条件的是_____。

A) 连接打印机

B) 对被打印的文件进行打印前的幻灯片放映

C) 安装打印驱动程序

D) 进行打印设置

21. 在 PowerPoint 中，不能实现的功能为_____。

A) 设置对象出现的先后次序

B) 使两张幻灯片同时放映

C) 设置声音的循环播放

D) 设置同一文本框中不同段落的相互次序

22. 在 PowerPoint 中，若要设置幻灯片切换时采用特殊效果，可以通过_____来实现。

A) "插入"选项卡中的相应按钮

B) "视图"选项卡中的相应按钮

C) "幻灯片放映"选项卡中的相应按钮

D) "切换"选项卡中的相应按钮

23. 下列说法正确的是_____

A) 在幻灯片中插入的声音用一个小喇叭图标表示

B) 在 PowerPoint 中，可以录制声音

C) 在幻灯片中可以插入影片或声音

D) 以上 3 种说法都正确

24. 在 PowerPoint 中，如果要对多张幻灯片进行同样的外观修改，则_____。

A) 必须对每张幻灯片进行修改   B) 只需在幻灯片母版上进行一次修改

C) 只需更改标题母版的版式   D) 没法修改，只能重新制作

25. 在 PowerPoint 中，为当前幻灯片的标题文本占位符添加边框线，首先要_____。

A) 使用"颜色和线条"命令　　　　　　B) 切换至标题母版

C) 选中标题文本占位符　　　　　　　D) 切换至幻灯片母版

26. 要进行幻灯片页面设置、主题选择，可以在_____选项卡中操作。

A) "视图"　　　　　B) "插入"　　　　　C) "设计"　　　　　D) "开始"

27. 要对幻灯片母版进行设计和修改时，应在_____选项卡中操作。

A) "设计"　　　　　B) "审阅"　　　　　C) "插入"　　　　　D) "视图"

28. 从当前幻灯片开始放映幻灯片的快捷键是_____。

A) Shift + F5　　　B) Shift + F4　　　C) Shift + F3　　　D) Shift + F2

29. 从第一张幻灯片开始放映幻灯片的快捷键是_____。

A) F2　　　　　　　B) F3　　　　　　　C) F4　　　　　　　D) F5

30. 要设置幻灯片中对象的动画效果以及动画的出现方式时,应在_____选项卡中操作。

A) "切换"　　　　　B) "动画"　　　　　C) "设计"　　　　　D) "审阅"

31. 要设置幻灯片的切换效果以及切换方式时，应在_____选项卡中操作。

A) "切换"　　　　　B) "设计"　　　　　C) "开始"　　　　　D) "动画"

32. 要对幻灯片进行保存、打开、新建、打印等操作时，应在_____选项卡中操作。

A) "文件"　　　　　B) "开始"　　　　　C) "设计"　　　　　D) "审阅"

33. 要在幻灯片中插入表格、图片、艺术字、视频、音频等元素时，应在_____选项卡中操作。

A) "文件"　　　　　B) "开始"　　　　　C) "插入"　　　　　D) "设计"

34. 要让 PowerPoint 2010 制作的演示文稿在 PowerPoint 2003 中放映，必须将演示文稿的保存类型设置为_____。

A) PowerPoint 演示文稿　　　　　　　B) PowerPoint 97-2003 演示文稿

C) XPS 文档　　　　　　　　　　　　D) Windows Media 视频

35. 希望对齐幻灯片上的标题和图片，以便标题紧挨着图片下方居中对齐。在选择了该图片和标题后，在功能区上单击"图片工具"下的"格式"选项卡。现在，在_____可以找到相应的命令来进行所需的调整。

A) "调整"组中的"更改图片"按钮

B) "排列"组中的"旋转"按钮

C) "排列"组中的"对齐"按钮

D) "图片样式"组中的"图片版式"按钮

二、填空题

1. PowerPoint 的视图方式有_____、_____、_____、_____、_____和备注页视图 6 种。

2. 在 PowerPoint 的普通视图和_____视图模式下，可以改变幻灯片的顺序。

3. 在 PowerPoint 窗口中，用于添加幻灯片内容的主要区域是窗口中间的_____。

4. 在 PowerPoint 工作界面中，_____窗格用于显示幻灯片的序号或选用的幻灯片设计模板等当前幻灯片的有关信息。

5. 添加新幻灯片时，首先应在"开始"选项卡上，单击箭头所在的"_____"按钮的下半部分选择它的版式。

6. 快速将幻灯片的当前版式替换为其他版式的方式是，右键单击要替换其版式的幻灯片，然后指向"_____"。

7. 经过_____后的 PowerPoint 演示文稿，在任何一台安装 Windows 操作系统的计算机上都可以正常放映。

8. 在 PowerPoint 中，要删除演示文稿中的一张幻灯片，可以利用鼠标单击要删除的幻灯片，再按下_____键。

9. 如果想让公司的标志以相同的位置出现在每张幻灯片上，不必在每张幻灯片上重复插入该标志，只需简单地将其放在幻灯片的_____上，该标志就会自动地出现在每张幻灯片上。

10. 在 PowerPoint 中，如果要在幻灯片浏览视图中选定若干张编号不连续的幻灯片，那么应先按住_____键，再分别单击各幻灯片。

11. 在 PowerPoint 中，模板是一种特殊的文件，其文件扩展名是_____。

12. 在 PowerPoint 中，单击"文件"选项卡，选择_____命令，可退出 PowerPoint 程序。

13. 在 PowerPoint 中，若想向幻灯片中插入影片，应选择"_____"选项卡。

14. 要在 PowerPoint 中设置幻灯片动画，应在"_____"选项卡中进行操作。

15. 要在 PowerPoint 中显示标尺、网络线、参考线，以及对幻灯片母版进行修改，应在"_____"选项卡中进行操作。

16. 在 PowerPoint 中要用到拼写检查、语言翻译、中文简繁体转换等功能时，应在"_____"选项卡中进行操作。

17. 在 PowerPoint 中对幻灯片进行页面设置时，应在"_____"选项卡中操作。

18. 要在 PowerPoint 中设置幻灯片的切换效果以及切换方式，应在"_____"选项卡中进行操作。

19. 在 PowerPoint 中对幻灯片进行另存、新建、打印等操作时，应在"_____"选项卡中进行操作。

20. 在 PowerPoint 中对幻灯片放映条件进行设置时，应在"_____"选项卡中进行操作。

三、操作题

1. 让大纲窗格自动隐藏。
2. 重用其他演示文稿幻灯片。
3. 让幻灯片随窗口大小自动调整显示比例。
4. 使幻灯片内容更安全。
5. 让演示文稿自动保存。
6. 对图形设置了格式后，发现效果不好。现在要求只更改形状而保留格式。
7. 设置幻灯片中的网格大小。
8. 让声音跨幻灯片播放。
9. 只播放音频中需要的片段。

10. 在幻灯片中添加了音频和视频文件后，将其压缩成媒体文件。

11. 将自己的模板设置成默认模板。

12. 用最简单的方法将一张幻灯片的配色方案应用到其他幻灯片。

13. 使用母版添加统一的图片。

14. 自定义新版式。

15. 自定义背景颜色。

16. 使用声音突出超链接。

17. 让超链接文本颜色不发生改变。

18. 让链接图片显示文字提示。

19. 删除超链接。

20. 让对象播放动画后隐藏。

21. 取消 PPT 放映结束时的黑屏片。

22. 在打印时不显示标题幻灯片编号。

23. 在一张 A4 的纸张中编排多张幻灯片。

24. 在播放时保持字体不变。

25. 让观众自由引导幻灯片放映。

26. 幻灯片的建立和编辑。

(1) 幻灯片的创建。创建包含 10 张左右幻灯片的"自我介绍+节日贺卡"PPT 文件，并以"学号后三位数+姓名简历.pptx"为文件名保存在相应文件夹中。例如，将名为"603 张 XXX 简历.pptx"的文件存放在"603 张 XXX"的文件夹中。

个人简历包含如下内容，每项内容 1~2 张幻灯片。

- 姓名、性别、年龄，并粘贴个人照片。
- 个人兴趣、爱好。
- 学习经历(或母校介绍等)。
- 家乡简介。
- 个人理想或大学校园生活介绍(贴图)。
- 最后制作 1~2 张节日祝福贺卡。
- 结束语。
- 致谢。

(2) 幻灯片的编辑。

(3) 幻灯片的格式化。

27. 对题 26 中制作的幻灯片进行放映设置。

(1) 设置动画效果。

(2) 设置动作按钮。

(3) 插入声音。

(4) 设置幻灯片的放映方式。

(5) 设置幻灯片切换效果。可以给每张幻灯片设置一种切换效果，也可以给所有幻灯片设置同一种切换效果。

(6) 排练计时。设置幻灯片的自动播放效果。练习过程中需要反复排练几次，直至达到满意的播放效果为止。

5.4 参考答案

一、选择题

1~5. BCCBB   6~10. ABCDB   11~15. ABDCB   16~20. BBDDB
21~25. BDDBC   26~30. CDADB   31~35. AACBC

二、填空题

1. 普通视图、幻灯片浏览视图、幻灯片放映视图、阅读视图、母版视图

2. 幻灯片浏览   3. 幻灯片窗格   4. 幻灯片/大纲   5. 新建幻灯片

6. 版式   7. 打包   8. Delete   9. 母版

10. Ctrl   11. dotx   12. 退出   13. 插入

14. 动画   15. 视图   16. 审阅   17. 设计

18. 切换   19. 文件   20. 幻灯片放映

三、操作题

1. 当用户需要用固定模式浏览幻灯片时，就可以将常用的工作视图设置为默认视图。如让大纲窗格自动隐藏，其操作步骤如下。

❶依次单击"文件"选项卡、"选项"命令。

❷打开"PowerPoint 选项"对话框，在左窗格单击"高级"选项，在右窗格"显示"组中选择"用此视图打开全部文档"为"普通-备注和幻灯片"选项。

❸单击"确定"按钮。

2. 在浏览其他演示文稿时，常会发现内容和格式都很好的幻灯片，这可以用到自己的幻灯片中。其操作步骤如下。

❶在"开始"选项卡的"幻灯片"组中单击"新建幻灯片"按钮的下拉箭头，在下拉菜单中选择"重用幻灯片"命令。

❷打开"重用幻灯片"窗格，单击"浏览"按钮，在下拉菜单中选择"浏览文件"命令。

❸打开"浏览"对话框，选择存放演示文稿的路径，选中需要插入的演示文稿，单击"打开"按钮。

❹将演示文稿中的幻灯片全部导入"重用幻灯片"窗格中，单击幻灯片即可插入所做的演示文稿中。

❺在插入幻灯片时，如果需要插入时保留格式，单击选中"保留源格式"复选框，单击需要插入的幻灯片。

3. 让幻灯片随窗口大小自动调整显示比例的操作步骤如下。

在幻灯片窗口，单击"显示比例"右侧的"使幻灯片适应当前窗口"按钮。

4. 对于重要的或者不想让他人看到的幻灯片，可以设置密码保护，以提高演示文稿的安全性。其操作步骤如下。

❶依次单击"文件"选项卡、"信息"命令、"保护演示文稿"按钮。

❷在弹出的列表中选择"用密码进行加密"命令。

❸打开"加密文档"对话框，在密码框中输入密码，单击"确定"按钮。

❹打开"确认密码"对话框，在"重新输入密码"框中输入密码，单击"确定"按钮。

5. 在编辑演示文稿的过程中，有可能发生死机或断电等意外情况，导致正在编辑的内容丢失，但设置自动保存，让 PowerPoint 每隔一段时间就保存一次。其操作步骤如下。

❶依次单击"文件"选项卡、"选项"命令。

❷打开"PowerPoint 选项"对话框，在左窗格单击"保存"选项，在右窗格"保存演示文稿"组的"保存自动恢复信息时间间隔"框中输入时间。

❸单击"确定"按钮。

6. 对图形设置了格式后，发现效果不好。若要只更改形状而保留格式，则操作步骤如下。

❶选择需要更改的形状。

❷在"绘图工具"选项卡的"格式"子选项卡的"插入形状"组中单击"编辑形状"按钮。

❸在下拉列表中指向"更改形状"命令，在下一级列表中单击选择需要的形状。

7. 利用网格来对齐对象十分方便，显示网格越密，对齐时参考价值就越大。设置幻灯片中的网格大小的操作步骤如下。

❶在"视图"选项卡的"显示"组中单击右下角的"对话框启动器"。

❷打开"网格线和参考线"对话框，如图 5.24 所示。

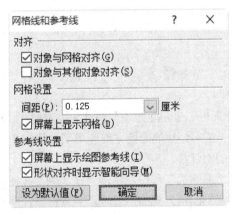

图 5.24　"网格线和参考线"对话框

❸在"网格设置"栏，设置"间距"(如 0.125 厘米)。

❹单击"确定"按钮。

8. 如果插入的音频与整个演示文稿相符，那么为了提高效率，可以让声音跨幻灯片播放，而不需要重新插入音频。其操作步骤如下。

❶在幻灯片中，选中插入的音频对象。

❷在"音频工具"选项卡的"播放"子选项卡的"音频选项"组中单击"开始"框右侧的

下拉箭头，在弹出的下拉列表中选择"跨幻灯片播放"。

9. 若只需要播放音频中需要的片段，则可对插入的音频进行裁剪。其操作步骤如下。

❶在幻灯片中，选中插入的音频对象。

❷在"音频工具"选项卡的"播放"子选项卡的"编辑"组中单击"剪裁音频"按钮。

❸打开"剪裁音频"对话框，如图 5.25 所示。在"开始时间"和"结束时间"框中输入音频起始值和终止值。

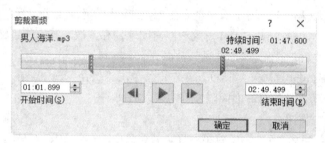

图 5.25 "剪裁音频"对话框

❹单击"确定"按钮。

10. 在幻灯片中添加了音频和视频文件后，将其压缩成媒体文件，以减小音频和视频的大小，提高幻灯片的播放质量。其操作步骤如下。

❶依次单击"文件"选项卡、"信息"命令、"压缩媒体"按钮，在下拉列表中选择"演示文稿质量"命令。

❷打开"压缩媒体"对话框，等待压缩进度，压缩完成后单击"关闭"按钮。

11. 若在新建演示文稿时使用自己的模板而不是空白模板，可以按照下列操作步骤将自己的模板设置成默认模板。

❶依次单击"文件"选项卡、"另存为"命令。

❷打开"另存为"对话框，在"保存类型"下拉列表中选择"PowerPoint 模板"选项，在"文件名"文本框中输入文件名。

保存为模板文稿后，启动 PowerPoint 时或新建演示文稿时，都直接显示模板文稿的格式。

12. 用最简单的方法将一张幻灯片的配色方案应用到其他幻灯片。其操作步骤如下。

❶选择所需的配色方案的幻灯片。

❷在"开始"选项卡的"剪贴板"组中，单击"格式刷"按钮。

❸将鼠标指针移到需要复制配色方案的幻灯片，当鼠标指针变成带格式刷的样式时，单击鼠标左键。

❹将鼠标指针移到需要复制配色的幻灯片，单击鼠标左键。

13. 制作演示文稿时，加上企业的徽标，可以使用母版添加统一的图片。其操作步骤如下。

❶在"视图"选项卡的"母版视图"组中，单击"幻灯片模板"按钮，打开"幻灯片母版"选项卡。

❷在"幻灯片母版"视图的左窗格中，选择第一张幻灯片版式。

❸在"插入"选项卡的"图像"组中单击"图片"按钮。

❹打开"插入图片"对话框，选择图片保存路径，选中需要插入的图片，单击"插入"按钮。

❺插入图片后，自动切换到"图片工具"选项卡的"格式"子选项卡；若有必要，则在"大小"组中单击"裁剪"按钮，用鼠标拖曳裁剪标记裁剪图片，裁剪完成后，单击幻灯片编辑区域任意位置，退出裁剪状态；若有必要，则在"大小"组中调整图片大小。

❻依次单击"幻灯片母版"选项卡、"关闭"组中的"关闭母版视图"按钮。

❼在状态栏单击"幻灯片浏览视图"按钮，即可看到统一的图片。

14. 如果从哪里都找不到合适的演示文稿的标准版式，那么可以自定义新版式。其操作步骤如下。

❶在"视图"选项卡的"母版"组中单击"幻灯片母版"按钮，打开"幻灯片母版"选项卡。

❷在"幻灯片母版"视图的左窗格中，选择最后一张幻灯片版式。

❸在"幻灯片母版"选项卡的"编辑母版"组中单击"插入版式"按钮；在"母版版式"组中，单击"插入占位符"下拉箭头，在下拉列表中选择一种占位符(如内容(竖排))命令，如图 5.26 所示。

❹在需要出现占位符的位置上，按住鼠标左键拖曳鼠标，即可绘制指定大小的占位符。

❺重复步骤❸、❹，绘制其他需要的占符位。

❻依次单击"幻灯片母版"选项卡、"关闭"组中的"关闭母版视图"按钮。

自定义好新版式后，就可以编辑演示文稿时使用这个新版式了。

15. 若幻灯片的背景不符合演示文稿主题，那么可以自定义背景颜色。其操作步骤如下。

图 5.26　"插入占位符"下拉列表

❶在"设计"选项卡的"背景"组中单击"背景样式"按钮，在下拉列表中选择"设置背景格式"命令。

❷打开"设置背景格式"对话框，如图 5.27 所示。

❸在左窗格单击"填充"，在右窗格选中"渐变填充"单选钮，在"预设颜色"列表框中选择所需要的渐变颜色，单击"类型"框右侧的下拉箭头，在下拉列表中选择"标题的阴影样式"选项，在"渐变光圈"中选择颜色条，在"颜色"列表框中选择所需要的颜色。

❹单击"关闭"按钮。

16. 若希望用声音突出超链接，则可以为链接添加声音。其操作步骤如下。

❶在幻灯片中，选择需要进行超链接的对象。

❷在"插入"选项卡的"链接"组中单击"动作"按钮。

图 5.27　"设置背景格式"对话框

❸打开"动作设置"对话框，如图 5.28 所示。在"单击鼠标"选项卡中选中"超链接到"单选钮；选中"播放声音"复选框，单击"播放声音"框右侧的下拉箭头，在列表中选择"鼓掌"选项。

图 5.28　"动作设置"对话框

❹单击"确定"按钮。

17. 默认情况下，设置文本对象超链接后，在放映过程中单击文字，文字颜色都会发生相应改变。若要让超链接文本颜色不发生改变，与原来的颜色(如黑色)一样，则可对其进行设置。其操作步骤如下。

❶在幻灯片中，选择需要进行超链接的文本对象。

❷在"设计"选项卡的"主题"组中单击"颜色"按钮，在下拉列表中选择"新建主题颜色"命令。

❸打开"新建主题颜色"对话框，如图 5.29 所示。在"主题颜色"列表中，选择"超链接"的颜色为"黑色"，选择"已访问的超链接"的颜色也为"黑色"。

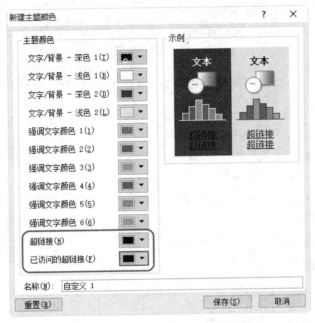

图 5.29 "新建主题颜色"对话框

❹单击"保存"按钮。

18. 为幻灯片设置超链接时可以利用屏幕提示功能，在幻灯片放映时给浏览者提供提示效果，如，让链接图片显示文字提示。其操作步骤如下。

❶在幻灯片中选中图片对象。

❷在"插入"选项卡的"链接"组中单击"超链接"按钮。

❸打开"插入超链接"对话框，如图 5.30 所示，单击"屏幕提示"按钮。

图 5.30 "插入超链接"对话框

❹打开"设置超链接屏幕提示"对话框,如图5.31所示。在"屏幕提示文字"文本框中输入所需的提示,如"积分制管理培训"。

图5.31 "设置超链接屏幕提示"对话框

⑤单击"确定"按钮。

19. 删除超链接的操作步骤如下。

❶在幻灯片中,选中设置过超链接的对象。

❷在"插入"选项卡的"链接"组中单击"超链接"按钮。

❸打开"编辑超链接"对话框,如图5.32所示,单击"删除链接"按钮。

图5.32 "编辑超链接"对话框

20. 在播放设置了动画的幻灯片时,有时为了不影响后面出场的动画,需要将幻灯片的动画播放后隐藏起来。其操作步骤如下。

❶在"动画"选项卡的"高级动画"组中单击"动画窗格"按钮,以显示动画窗格。

❷在"动画窗格"中,用鼠标右键单击需要设置动画播放后为效果的动画,在下拉列表中选择"效果选项"命令,如图5.33所示。

❸打开"淡出"(设置的动画效果为"淡出")对话框,在"效果"选项卡的"增强"组中选择"动画播放后"为"播放动画后隐藏"选项,如图5.34所示。

❹单击"确定"按钮。

21. 每次播放完幻灯片后,屏幕总会显示为黑屏,取消PPT放映结束时黑屏片的操作步骤如下。

❶依次单击"文件"选项卡、"选项"命令。

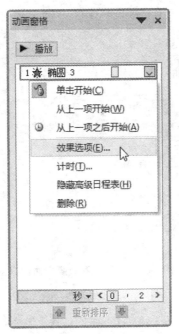

图 5.33　动画"效果选项"命令

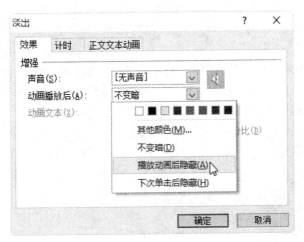

图 5.34　"淡出"对话框

❷打开"PowerPoint 选项"对话框，在左窗格单击"高级"选项，在右窗格"幻灯片放映"组中单击去掉"以黑幻灯片结束"复选框中的对钩。

❸单击"确定"按钮。

22. 在插入幻灯片编号时，系统默认在所有幻灯片中显示编号。在打印时不显示标题幻灯片编号的操作步骤如下。

❶在"插入"选项卡的"文本"组中单击"幻灯片编号"按钮。

❷打开"页眉和页脚"对话框，如图 5.35 所示。在"幻灯片"选项卡中选中"幻灯片编号"复选框、"标题幻灯片中不显示"复选框。

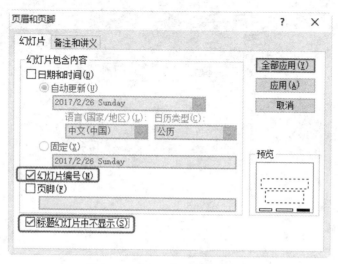

图 5.35 "页眉和页脚"对话框

❸单击"全部应用"按钮。

23. 打印幻灯片时,默认是每页只打印一张幻灯片。若要在一张 A4 的纸张中编排多张幻灯片,则操作步骤如下。

❶依次单击"文件"选项卡、"打印"命令。

❷在右窗格中单击"整页幻灯片"按钮,在列表中选择"4 张水平放置的幻灯片"或"4 张垂直放置的幻灯片"。

24. 由于每台计算机中所安装的字体文件都不尽同,将在 A 计算机上制作完成的演示文稿在 B 计算机上打开时,字体可会发生改变。让幻灯片在播放时保持字体不变的操作步骤如下。

❶依次单击"文件"选项卡、"选项"命令。

❷打开"PowerPoint 选项"对话框,在左窗格单击"保存",在右窗格"共享此演示文稿时保持保真度组"中,选中"将字体嵌入文件"复选框,如图 5.36 所示。

图 5.36 "PowerPoint 选项"对话框

❸单击"确定"按钮。

25. 将幻灯片设置为让观众自由引导幻灯片放映的操作步骤如下。

❶按下 Shift 键同时，单击演示文稿窗口左下角的"幻灯片放映"按钮。

❷打开"设置放映方式"对话框，如图 5.37 所示。在"放映类型"组中，选中"观众自行浏览(窗口)"单选钮。

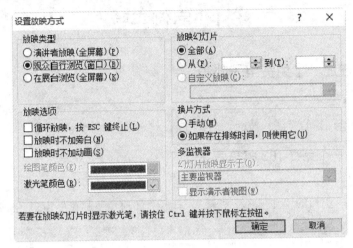

图 5.37 "设置放映方式"对话框

❸单击 "确定"按钮。

26. 略。

27. 略。

第6章 网络应用初步

6.1 案例实验

实验一 注册一个免费电子邮箱

【实验目的】

掌握注册电子邮箱的方法和技能。

任务 注册一个免费 163 邮箱。

❶ 登录网易网站。

❷ 单击网站右上角的"注册免费邮箱",打开"注册免费邮箱"窗口,如图 6.1 所示。

图 6.1 注册 163 免费邮箱窗口

❸ 在"邮件地址"栏,填写邮件地址,如"tzw.007"。若已被他人使用,则要另换一个地址。

❹ 在"密码"栏按要求填入事先拟定的密码,在"确认密码"栏,再次填入拟定的密码。

❺ 在"验证码"栏，输入右侧的验证码。

❻ 在"手机号码"栏，输入申请者本人的手机号，发送短信验证。

❼ 单击"已发送短信验证，立即注册"，完成注册。

实验二　写邮件、收发邮件

【实验目的】

学会写邮件、发邮件、阅读邮件。

任务　用实验一注册的 163 邮箱向自己的 QQ 邮箱发送一封电子邮件。

❶ 登录邮箱。打开网易免费邮箱登录窗口，如图 6.2 所示。

图 6.2　网易免费邮箱登录窗口

在地址栏输入邮箱地址，在密码栏输入密码。

❷ 单击"登录"按钮，登录邮箱。

❸ 单击左上窗格上方的"写信"选项卡，进入"写信"窗口，如图 6.3 所示。

❹ 在"收件人"栏输入收件人地址，即你自己的 QQ 邮箱 地址。若要发送该邮件给多人，则在"收件人"栏依次填写多个收件人地址，并用";"分隔。

❺ 在"主题"栏填写邮件主题。

❻ 在正文中书写邮箱内容，并进行格式设置。

图 6.3　写邮件窗口

若有对正文的补充或说明，以及图片、程序等，则单击"添加附件"，将需要随本邮件一起发送的文件上传。

❼ 单击"发送"，邮件发送。

若要查看本邮箱收到哪些邮箱，则可单击"收件箱"标签。未阅读的邮件，"发件人"和"主题"的字体加粗显示。单击"发件人"或"主题"，可阅读该邮件。

6.2　案例分析

例 6.1　地理上跨越城市、地区的网络称为_____。

A) LAN　　　　　　　B) WAN　　　　　C) Internet　　　　D) MAN

答：B。

知识点：计算机网络分类。

分析：按地理范围细分，网络可分为 LAN、MAN、WAN 及互联网。

LAN 的作用范围较小，一般在 1 公里的数量级，通常位于一座或一组建筑中。

MAN 是覆盖一个城市或地区的网络，覆盖范围约在 10 千米的数量级。

WAN 是覆盖范围在 100 千米的数量级或以上的网络。

互联网是多个网络互相连接所形成的网络，也可以认为是一个 WAN。

例 6.2 在 OSI 模型的七层结构中，能直接通信的是_____。

A) 数据链路层间   B) 应用层间   C) 网络层间   D) 物理层间

答：D。

知识点：网络模型。

分析：在 OSI 模型中，物理层以上的各层把数据上一层传到下一层，最终由物理层通过物理介质发送出去，另一方的物理层收到信息后，物理层以上的各层从下一层获得数据。所以，只有物理层之间能够直接通信。

例 6.3 以下不能采用光纤连接的网络拓扑是_____。

A) 总线形   B) 环形   C) 星形   D) 树形

答：A。

知识点：网络设备、Internet 连接。

分析：光纤连接目前只适于点-点型连接。

例 6.4 下列我国某高校(syzy)校园网服务器(zxserver)在 Internet 中的域名正确的是_____。

A) zxserver.syzy.edu.cn   B) cn.edu.zxserver.syzy

C) edu.cn.syzy.zxserver   D) syzy.zxserver.edu.cn

答：A。

知识点：域名。

分析：域名的结构一般为：主机名.网络名.机构名.最高域名。该题中的主机名是 zxserver，网络名应该是 syzy，而高校一般划为教育机构，所以机构名是 edu，中国的顶级域名是 cn。

例 6.5 下列网址正确的是_____。

A) http://www.yahoo.com   B) http@www.yahoo.com

C) kkk://www.yahoo.com   D) ftp@www.yahoo.com

答：A。

知识点：网址。

分析：网址一般结构为：协议://域名，@用于电子邮件地址中。

例 6.6 以下 IP 地址正确的是_____。

A) 123.345.123.1   B) 128.193.1   C) 197.168.0.1   D) 197.256.0.1

答：C。

知识点：IP 地址。

分析：IP 地址由四组十进制数组成，每一组数占 8 位 2 进制位，所以每组数的表示范围是 0～255，每组数之间以“.”隔开。

例 6.7 以下不属于防火墙技术的是_____。

A) IP 过滤   B) 线路过滤   C) 应用层代理   D) 计算机病毒监测

答：D。

知识点：网络安全。

分析：计算机病毒监测只是防火墙的附加功能之一，不是防火墙主要采用的技术。

例 6.8 MODEM 的主要作用是_____。

A）帮助打字 B）显示图形
C）就是游戏操纵杆 D）实现数字信号与模拟信号之间的转换
答：D。

知识点：Internet 拨号连接

分析：MODEM 也称调制解调器，主要作用是实现计算机内部数字信号与外部传输介质上的模拟信号之间的转换。

例 6.9 下列关于电子邮件的说法，正确的是_____。
A）收件人必须有 E_mail 账号，发件人可以没有 E_mail 账号
B）发件人必须有 E_mail 账号，收件人可以没有 E_mail 账号
C）发件人和收件人均必须有 E_mail 账号
D）发件人必须知道收件人的邮政编码
答：C。

知识点：Internet 服务、电子邮件。

分析：电子邮件是 Internet 最广泛使用的一种服务，任何用户存放在自己计算机上的电子信件可以通过 Internet 的电子邮件服务传递到另外的 Internet 用户的信箱中去。反之，你也可以收到从其他用户那里发来的电子邮件。发件人和收件人均必须有 E_mail 账号 。

例 6.10 用"综合业务数字网"（又称"一线通"）接入因特网的优点是上网通话两不误，它的英文缩写是_____。
A）ADSL B）ISDN C）ISP D）TCP
答：B。

知识点：网络的基本概念、ADSL、ISP、TCP/IP 协议。

分析：ADSL 是非对称数字用户线的缩写；ISP 是指因特网服务提供商；TCP 是协议。

6.3 强化训练

一、选择题

1. 计算机网络按其覆盖的范围，可划分为_____。
A）以太网和移动通信网 B）电路交换网和分组交换网
C）局域网、城域网和广域网 D）星形结构、环形结构和总线结构
2. 计算机网络的目标是实现_____。
A）数据处 B）文件检索
C）资源共享和数据传输 D）信息传输
3. 下列域名中，表示教育机构的是_____。
A）ftp.bta.net.cn B）ftp.cnc.ac.cn C）www.ioa.ac.cn D）www.buaa.edu.cn
4. 下列属于计算机网络所特有的设备是_____。
A）显示器 B）UPS 电源 C）服务器 D）鼠标

5. 统一资源定位器 URL 的格式是_____。

A) 协议://IP 地址或域名/路径/文件名　　　　B) 协议://路径/文件名

C) CP/IP 协议　　　　D) http 协议

6. 计算机网络拓扑是通过网络中节点与通信线路之间的几何关系反映出网络中各实体间的_____。

A) 逻辑关系　　　B) 服务关系　　　C) 结构关系　　　D) 层次关系

7. 下列各项中，非法的 IP 地址是_____。

A) 126. 96. 2. 6　　　　B) 190. 256. 38. 8

C) 203. 113. 7. 15　　　　D) 203. 226. 1. 68

8. 下面关于光纤叙述不正确的是_____。

A) 光纤由能传导光波的石英玻璃纤维加保护层组成

B) 用光纤传输信号时，在发送端先要将电信号转换成光信号，而在接收端要由光检测器还原成电信号

C) 光纤在计算机网络中普遍采用点到点连接

D) 光纤无法在长距离内保持较高的数据传输率

9. 对于众多个人用户来说，接入因特网最经济、简单、采用最多的方式是_____。

A) 专线连接　　　B) 局域网连接　　　C) 无线连接　　　D) 电话拨号

10. 单击 Internet Explorer 11.0 地址栏中的"刷新"按钮，下面有关叙述一定正确的是_____。

A) 可以更新当前显示的网页

B) 可以终止当前显示的传输，返回空白页面

C) 可以更新当前浏览器的设置

D) 以上说法都不对

11. Internet 在中国被称为因特网或_____。

A) 网中网　　　B) 国际互联网　　　C) 国际联网　　　D) 计算机网络系统

12. 下列不属于网络拓扑结构形式的是_____。

A) 星形　　　B) 环形　　　C) 总线形　　　D) 分支形

13. Internet 上的服务都是基于某一种协议，Web 服务是基于_____。

A) SNMP 协议　　　B) SMTP 协议　　　C) HTTP 协议　　　D) TELNET 协议

14. 下面关于 TCP/IP 协议的叙述不正确的是_____。

A) 全球最大的网络是因特网，它所采用的网络协议是 TCP/IP

B) TCP/IP 协议即传输控制协议 TCP 和因特网协议 IP

C) TCP/IP 协议本质上是一种采用报文交换技术的协议

D) TCP 协议用于负责网上信息的正确传输，而 IP 协议则是负责将信息从一处传输到另一处

15. 电子邮件地址由两部分组成，用@分开，其中@号前为_____。

A) 用户名　　　B) 机器名　　　C) 本机域名　　　D) 密码

16. 若干台功能独立的计算机，在_____的支持下，用双绞线相连的系统属于计算机网络。

A) 操作系统　　　　B) TCP/IP 协议　　　C) 计算机软件　　　D) 网络软件

17. 不能作为计算机网络中传输介质的是_____。

A) 微波　　　　　　B) 光纤　　　　　　C) 光盘　　　　　　D) 双绞线

18. 在计算机网络中，通常把提供并管理共享资源的计算机称为_____。

A) 服务器　　　　　B) 工作站　　　　　C) 网关　　　　　　D) 网桥

19. 在计算机网络中，表征数据传输可靠性的指标是_____。

A) 传输率　　　　　B) 误码率　　　　　C) 信息容量　　　　D) 频带利用率

20. 一座大楼内的一个计算机网络系统，属于_____。

A) PAN　　　　　　B) LAN　　　　　　C) MAN　　　　　　D) WAN

21. 下列属于广域网的是_____。

A) 因特网　　　　　B) 校园网　　　　　C) 企业内部网　　　D) 以上网络都不是

22. 计算机网络的拓扑结构包括_____。

A) 星形、无线、电缆、树形　　　　　　B) 星形、卫星、电缆、树形
C) 星形、光纤、环形、树形　　　　　　D) 星形、总线型、环形、网状

23. 下面关于双绞线的叙述不正确的是_____。

A) 双绞线一般不用于局域网

B) 双绞线可用于模拟信号的传输，也可以用于数字信号的传输

C) 双绞线的线对扭在一起可以减少相互间的辐射电磁干扰

D) 双绞线普遍应用于点到点的连接

24. 国际标准化组织(ISO) 制定的开发系统互联(OSI) 参考模型，有 7 个层次，下列 4 个层次中最高的是_____。

A) 表示层　　　　　B) 网络层　　　　　C) 会话层　　　　　D) 物理层

25. 若某一用户要拨号上网，_____是不必要的。

A) 一个路由器　　　　　　　　　　　　B) 一个调制解调器
C) 一个上网账户　　　　　　　　　　　D) 一条普通的电话线

二、填空题

1. 计算机网络主要由_____和_____两部分组成。

2. 因特网提供服务采用的模式是_____。

3. 传输媒体可以分为_____和_____两大类。

4. 在计算机网络上，网络的主机之间传送数据和通信是通过一定的_____进行的。

5. 万维网(WWW)采用_____的信息结构。

6. 网络协议由_____、_____、_____ 3 个要素组成。

7. 用于衡量电路或通道的通信容量或数据传输速率的单位是_____。

8. 计算机网络节点的地理分布和互联关系上的几何排序称为计算机的_____结构。

9. ISP 是掌握 Internet_____的机构。

10. _____被认为是美国信息高速公路的雏形。

11. TCP/IP 的网络层最重要的协议是_____协议，它可将多个网络连成一个互联网。

12. 一台主机配置的 IP 地址是 200.18.34.55，子网掩码是 255.255.255.0，那么这台主机所处网络的网络地址是_____。

13. 数据链路层协议要解决的 3 个基本问题是_____、_____、_____。

14. 在电子邮件中，用户可以同时发送文本和_____信息。

15. 收发电子邮件，首先必须拥有_____。

三、操作题

1. 申请一个免费电子邮箱，给自己发一封电子邮件。通过 E-mail 问候你的几个同学。

2. 通过谷歌(http://www.google.com)或百度(http://www.baidu.com)搜索引擎找出《南方都市报》的网址，并将该网址放入收藏夹中。

3. 学会设置 Outlook 邮件管理工具，并利用 Outlook 收发电子邮件。

申请到电子邮箱后，每人给老师发一封电子邮件。注意：在邮件中添加一张图片作为附件，落款标明班级、学号、姓名。

6.4　参考答案

一、选择题

1～5. CCDCA　　　6～10. DBDDA　　　11～15. BDCCA　　　16～20. BCABB

21～25. ADAAA

二、填空题

1. 通信子网、资源子网　　　　　　　　　2. 客户/服务器

3. 导向传输媒体(或有线)、非导向传输媒体(或无线)　　　4. 通信协议

5. 超文本链接　　6. 语法、语义、同步　　　　　7. 带宽

8. 拓扑　　　　　9. 接口　　　10. 因特网(INTERNET)

11. IP　　　　　12. 200.18.34.0　　13. 封装成帧、透明传输、差错检测

14. 多媒体　　　15. 电子邮箱

三、操作题

略。